网络工程师

实训教程

华为、新华三、思科案例集锦

（视频教学版）

刘伟◎编著

清華大学出版社

北京

内 容 简 介

本书以项目案例为导向，系统介绍了华为、新华三（H3C）和思科三大主流厂商的常用网络技术，内容紧密结合行业实际应用，结构清晰、实用性强。全书分为五篇：第一篇指导读者完成模拟器的安装和介绍三大厂商网络设备系统的基本操作；第二篇详解各厂商交换机配置技术；第三篇解析主流路由协议的实现与配置；第四篇探讨常见广域网接入技术；第五篇围绕中小型企业网络项目，提供多厂商融合的解决方案。

本书可作为华为 ICT 学院的实验教材，有效强化学生的实践能力；也可作为高等院校计算机网络相关专业的实验指导用书，以及企业网络技术培训的参考教材。同时，对于从事网络管理、运维工作的技术人员，本书亦是一本极具实用价值的技术手册。

版权所有，侵权必究。举报：010-62782989，beiqinquan@tup.tsinghua.edu.cn。

图书在版编目（CIP）数据

网络工程师实训教程 ：华为、新华三、思科案例集锦 ：视频教学版 / 刘伟编著. 北京 ：清华大学出版社, 2025. 9 (2025. 12重印). -- ISBN 978-7-302-70367-9

Ⅰ. TP393

中国国家版本馆 CIP 数据核字第 2025GN7721 号

责任编辑： 袁金敏
封面设计： 黄秋蕊
责任校对： 徐俊伟
责任印制： 刘　菲

出版发行： 清华大学出版社

网　　址： https://www.tup.com.cn，https://www.wqxuetang.com
地　　址： 北京清华大学学研大厦 A 座　　**邮　　编：** 100084
社 总 机： 010-83470000　　**邮　　购：** 010-62786544
投稿与读者服务： 010-62776969，c-service@tup.tsinghua.edu.cn
质量反馈： 010-62772015，zhiliang@tup.tsinghua.edu.cn

印 装 者： 河北盛世彩捷印刷有限公司
经　　销： 全国新华书店
开　　本： 190mm×235mm　　**印　　张：** 15.25　　**字　　数：** 359 千字
版　　次： 2025 年 10 月第 1 版　　**印　　次：** 2025 年 12 月第 2 次印刷
定　　价： 69.80 元

产品编号：113004-01

前　　言

编写背景

随着网络技术的迅猛发展，5G、物联网、云计算等新技术不断普及，网络环境日趋复杂。这不仅催生了行业对具备专业知识和技能的复合型网络技术人才的需求，也对相关人才项目实战水平提出了更高的要求。本书旨在培养初学者和从业者在数据通信领域的实践能力，为他们未来的职业发展奠定坚实基础。

本书作者从事教育工作多年，基于对大学生的技能水平和企业的用人需求有着深入的了解，针对网络初学者在理论知识和设备操作能力上的不足，结合自己多年的实践与教学经验，精心编写了这本图书。本书以项目实战为主，每个项目都提供了详细的步骤解析，以及必要的资源辅助读者学习成长。真正实现学练一体，让读者在项目中学习网络技术，更好地掌握网络技术的实际应用。

本书特色

（1）内容精练，体验至上。本书内容经过精心筛选，既全面又精练。由浅入深的内容设计，可以让读者轻松掌握知识，阅读体验极佳。结构布局合理，体例完善，图文并茂，让每一页都充满阅读乐趣。

（2）目标导向，实践为王。本书以实际应用为目标，采用案例驱动的方式，真实模拟企业环境。这不仅可以培养读者的网络设计、配置、分析和排错能力，更能为他们未来的职业生涯打下坚实基础。

（3）与时俱进，紧跟前沿。本书内容是现在大多数中小型企业网络环境中常用的技术，对于重点和难点内容，进行了深入的剖析和解读，以确保读者能够真正理解和掌握。

（4）学练一体，完美融合。本书通过大量的实验案例让读者在实践中学习和成长。每个步骤都有详细的操作指导和分析，真正做到了学练一体，以确保学习效果的最大化。

（5）视频教学，直击核心。除了文字内容，本书还额外提供了实操教学视频。这些视频不仅可以指导读者进行实际操作，还结合网络工程师的职业规划、技术难点和工作项目等内容，为读者提供全方位的教学指导。

本书内容

本书共 5 篇 17 个项目案例，知识结构如下图所示。

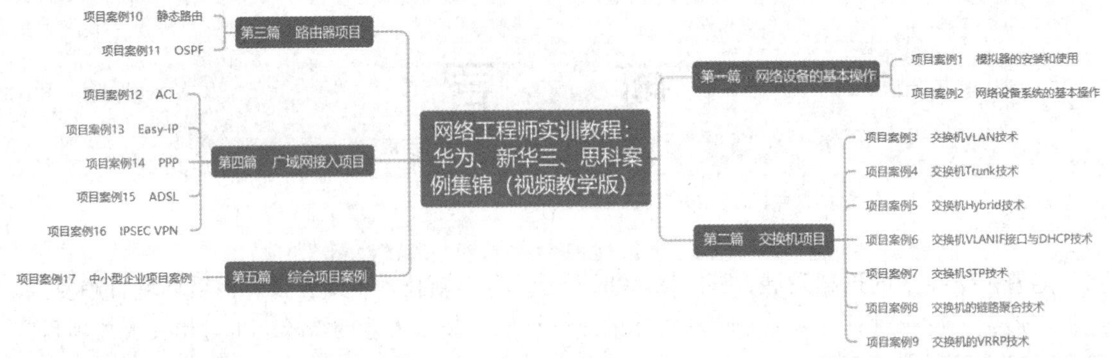

读者对象

本书面向多层次读者，可满足多样化需求。

（1）华为 ICT 学院学员的最佳拍档。作为学院的配套教材，本书为学员提供全面、深入的 ICT 知识体系，助力学员掌握前沿技术。

（2）计算机网络专业学生的进阶指南。无论对于初学者或希望提升技能的学子，本书都是其学习的得力助手，可帮助您深入理解晦涩难懂的知识，提升技能。

（3）企业培训的必备教材。针对企业培训需求，本书提供了系统化的培训内容，可帮助企业快速提升员工或学员的 ICT 技能。

（4）网络技术人员的实用手册。对于正在从事或希望深入此领域的技术人员，本书提供了实用的技术参考和解决方案，可帮助您解决实际问题。

作者寄语

“读书之法，在循序而渐进，熟读而精思”，建议读者在学习本书时，可以参考以下学习方法。

（1）对于理论知识，要学会先总结，然后去理解和记忆。

华为相关技术的知识点特别多，有的读者学完以后去找相关的工作，对于面试官问的问题，他觉得都学过，但就是答不上来。因此，在学习过程中，读者一定要对所学的知识点先提炼和总结，再记忆，这样才能在面试时从容应对。

（2）多做实验，提高操作能力和排错能力。

华为的职业认证比较注重学员的动手能力，所以读者在平时的学习中要加强操作能力和排错能力的培养。俗话说：“熟读唐诗三百首，不会作诗也会吟。”本书大部分篇幅都在讲解实验，就是希望读者通过实践提高操作能力和排错能力。

（3）多问为什么，每个知识点的问题都要及时解决。

许多学生在刚开始学习一门技术时，很有激情，能全身心地投入。但是当遇到问题时，觉得请教同学和教师是一件很难为情的事情，等问题积累多了，慢慢就听不懂教师所讲的内容了，也做不出实验了，最后对这门课就失去了信心。所以一定要记住有问题要马上解决，这样才能时刻保持追求技术的激情，把一门技术学好、学透。

（4）对于不理解的内容，反复研究，定能逐步领悟并掌握。

面对初次接触的新技术，感到困惑和挑战是难免的。但请记住，反复学习和实践都是通往精通之路的基石。初始的不理解，正是探索知识的起点。面对海量的内容，记不住是常态，但正是这些挑战和遗忘，造就了最终的掌握和理解。

本书资源及服务

（1）教学视频。本书提供关键知识点的教学视频，读者可使用手机扫描以下教学视频二维码进行学习，也可以扫描书中各知识点旁边的二维码观看各章节的教学视频。

（2）技术支持。若您在学习本书的过程中发现疑问或错漏之处，也可通过扫描以下技术支持二维码与我们取得联系。您可以进入读者交流群，与更多读者在线交流学习，也可以通过技术支持或者售后服务与我们取得联系，感谢您的支持。

教学视频

技术支持

本书作者

本书由长沙卓应教育咨询有限公司的刘伟编写并统稿，针对庞大的多厂商网络及其复杂技术编写一本适合学生的教材不是一件容易的事情，衷心感谢长沙卓应教育咨询有限公司各位领导的支持和指导。本书的顺利出版也离不开清华大学出版社编辑的支持与指导，在此一并表示衷心的感谢。尽管本书经过作者与清华大学出版社编辑的精心审读与校对，但限于时间、篇幅，难免存在疏漏之处，请各位读者不吝指教。

作者

2025 年 8 月

目　录

第一篇　网络设备的基本操作

第二篇　交换机项目

第三篇 路由器项目

第四篇 广域网接入项目

第五篇 综合项目案例

第一篇

网络设备的基本操作

|| 项目案例 1 ||

模拟器的安装和使用

“工欲善其事，必先利其器。”本书主要讲解真实项目案例中网络设备的基本操作。由于大部分读者没有真实的网络设备，因此这里介绍几款网络设备的模拟器。这些模拟器不一定是最好的，但是容易入手且适合大多数普通计算机使用。其中，华为模拟器推荐使用 eNSP，新华三模拟器推荐使用 HCL，思科模拟器推荐使用 GNS3。

扫一扫，看视频

1.1 华为模拟器 eNSP 的安装

1.1.1 eNSP 概述

在安装 eNSP 之前，首先在计算机上安装 WinPcap、Wireshark 和 VirtualBox。

（1）WinPcap：WinPcap 是一款用于网络抓包的专业软件。它不仅可以帮助用户快速且出色地抓取和分析网络上的信息包，而且可以用于网络监控、网络扫描、安全工具等各个方面，为用户带来人性化、便捷化的使用体验。

（2）Wireshark：Wireshark 是一款网络封包分析软件。网络封包分析软件的功能是截取网络封包，并尽可能地显示出最为详细的网络封包资料。Wireshark 使用 WinPcap 作为接口，直接与网卡进行数据报文交换。

（3）VirtualBox：VirtualBox 是一款简单易用且免费的开源软件。VirtualBox 软件体积小，使用时不会占用太多内存，操作简单，用户可以轻松创建虚拟机。不仅如此，VirtualBox 的功能也很实用，支持虚拟机克隆和 Direct3D 等。

安装完以上三款软件以后，才可以安装 eNSP。

（4）eNSP：eNSP（Enterprise Network Simulation Platform）是一款由华为提供的可扩展、图形化操作的网络仿真工具平台，主要对企业网络路由器、交换机进行软件仿真，完美呈现真实设备实景，支持大型网络模拟，让广大用户在没有真实设备的情况下能够模拟演练，学习网络技术。

1.1.2　WinPcap 的安装

WinPcap 的安装步骤如下。

（1）双击安装程序的图标，进入安装界面，如图 1-1 所示。

（2）单击 Next 按钮，进入用户协议界面，如图 1-2 所示。

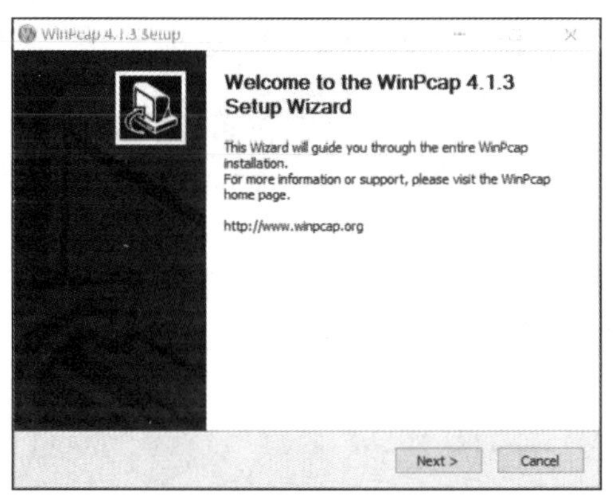

图 1-1　WinPcap 安装界面

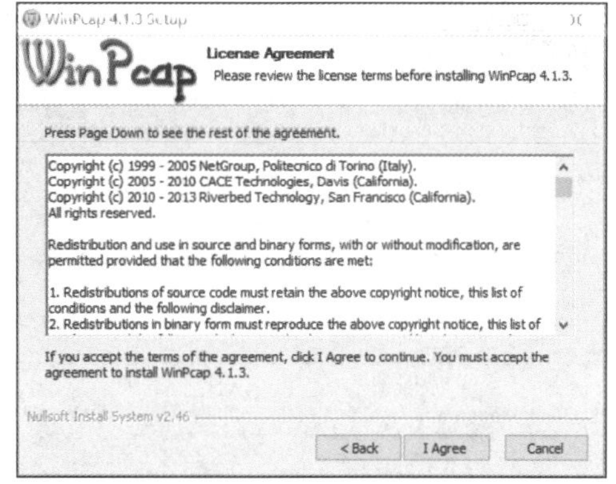

图 1-2　用户协议界面

（3）单击 I Agree 按钮，进入自动安装选择界面，如图 1-3 所示。

（4）单击 Install 按钮，选择自动安装。单击 Finish 按钮，安装完成，如图 1-4 所示。

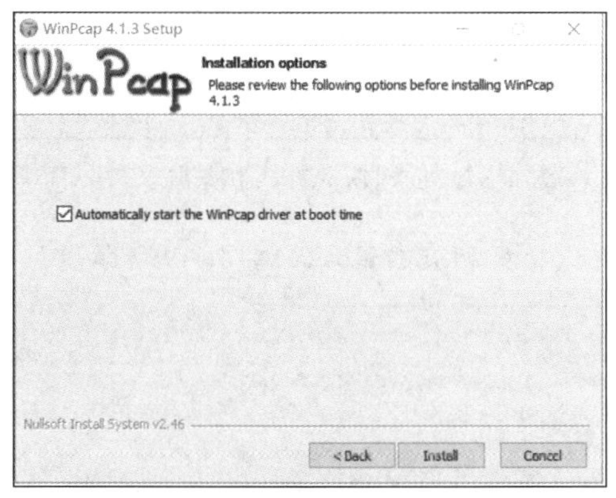

图 1-3　自动安装选择界面

图 1-4　WinPcap 安装完成界面

1.1.3　Wireshark 的安装

Wireshark 的安装步骤如下。

（1）双击安装程序的图标，进入安装界面，如图 1-5 所示。

（2）单击 Next 按钮，进入用户协议界面，如图 1-6 所示。

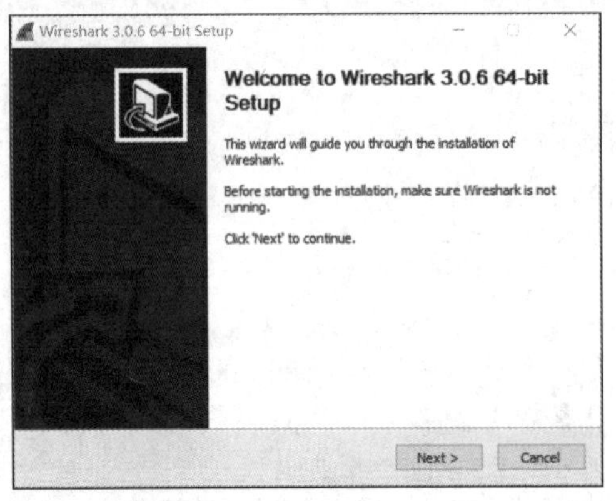

图 1-5　Wireshark 安装界面

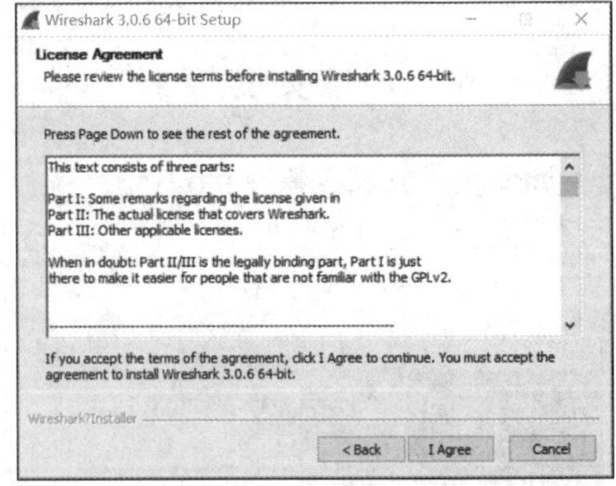

图 1-6　用户协议界面

（3）单击 I Agree 按钮，进入选择组件界面，选择所有组件，如图 1-7 所示。

（4）单击 Next 按钮，进入创建快捷方式和关联文件界面，如图 1-8 所示。

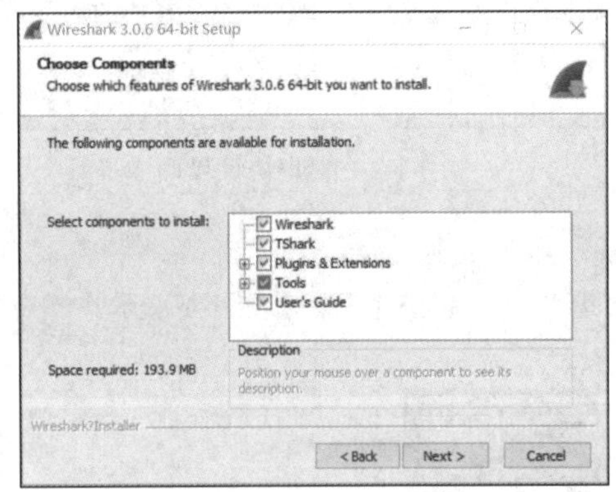

图 1-7　选择组件界面

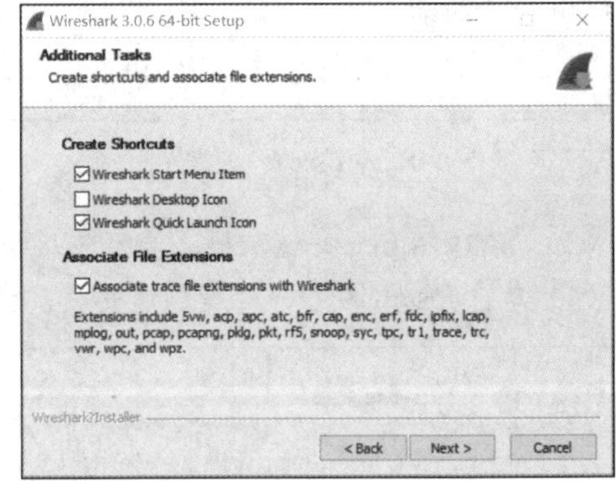

图 1-8　创建快捷方式和关联文件界面

（5）单击 Next 按钮，进入选择安装目录界面并选择好相应的目录，如图 1-9 所示。

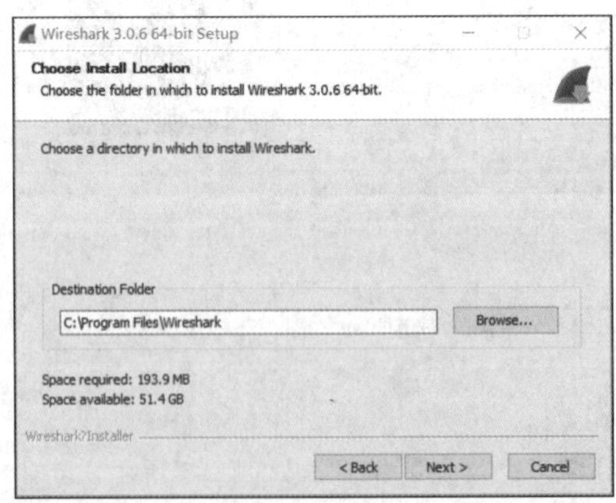

图 1-9　选择安装目录界面

（6）单击 Next 按钮，进入选择是否安装 Npcap 界面，如图 1-10 所示。

（7）单击 Next 按钮，进入选择是否安装 USBPcap 界面，如图 1-11 所示。

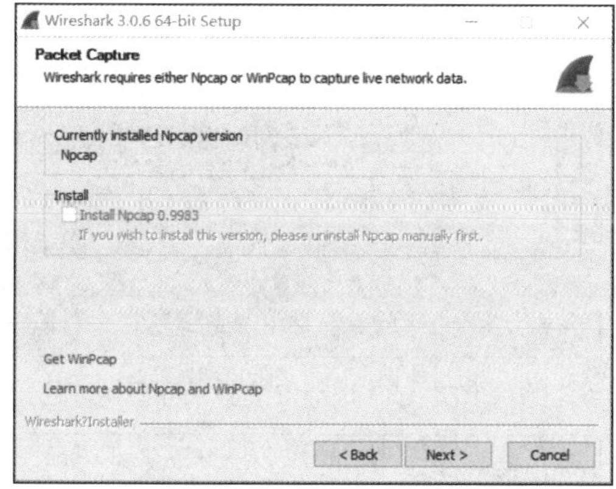

图 1-10　选择是否安装 Npcap 界面

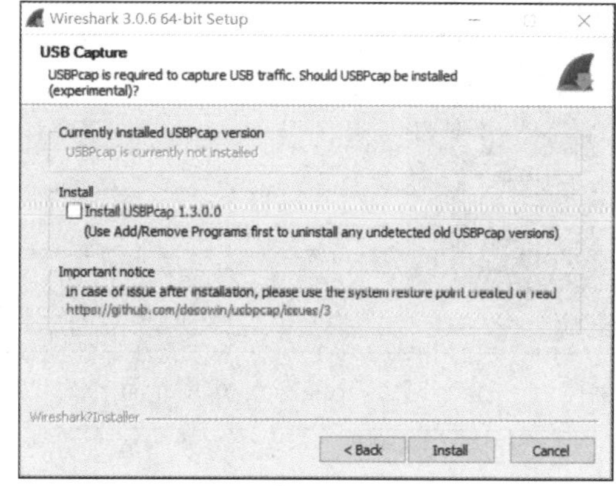

图 1-11　选择是否安装 USBPcap 界面

（8）单击 Install 按钮，进入安装界面，如图 1-12 所示。

（9）等待安装，完成后单击 Finish 按钮，如图 1-13 所示。

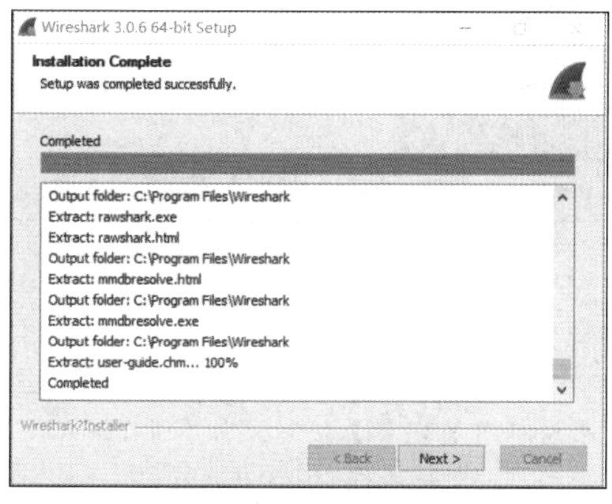

图 1-12　正在安装界面

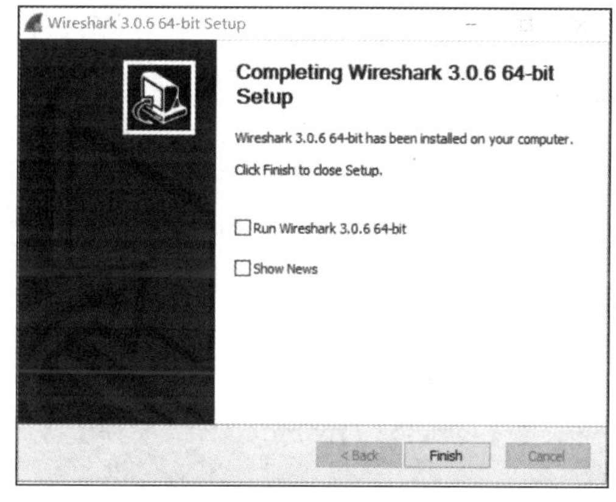

图 1-13　安装成功界面

1.1.4　VirtualBox 的安装

VirtualBox 的安装步骤如下。

（1）双击安装程序的图标，进入安装界面，如图 1-14 所示。

（2）单击【下一步】按钮，进入选择安装目录界面，选择相应的目录，如图 1-15 所示。

（3）单击【下一步】按钮，进入选择安装的功能界面，选择所有功能，如图 1-16 所示。

（4）单击【下一步】按钮，进入警告界面，在此界面中会提示将重置网络连接，如图 1-17 所示。

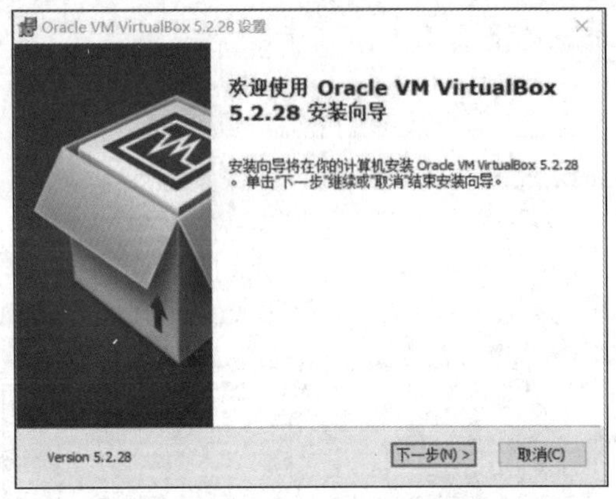

图 1-14　VirtualBox 安装界面

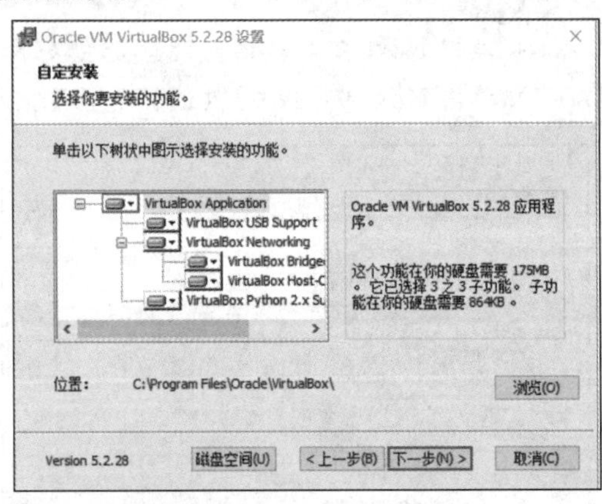

图 1-15　选择安装目录界面

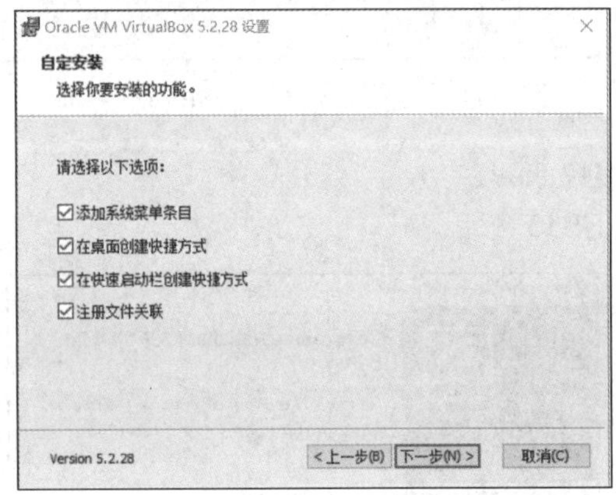

图 1-16　选择安装的功能界面

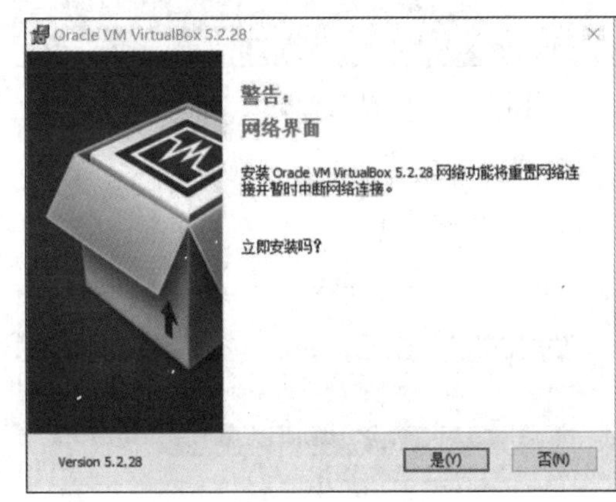

图 1-17　提示重置网络连接界面

（5）单击【是】按钮，进入准备安装界面，如图 1-18 所示。

（6）单击【安装】按钮，Windows 安全中心会弹出提示窗口，在弹出的窗口中勾选【始终信任来自“Oracle Corporation”的软件】复选框，然后单击【安装】按钮，如图 1-19 所示。

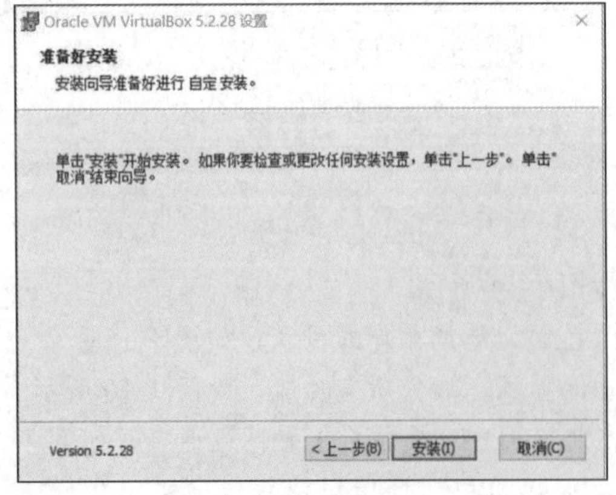

图 1-18　准备安装界面

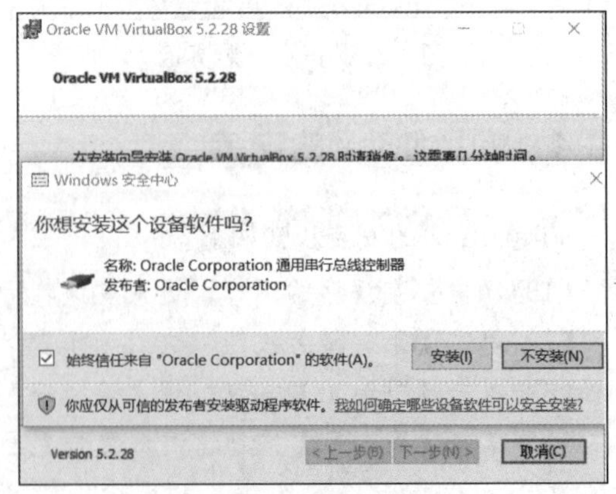

图 1-19　勾选相应复选框

（7）在打开的界面中，勾选【安装后运行 Oracle VM VirtualBox 5.2.28】复选框，然后单击【完成】按钮完成安装，如图 1-20 所示。

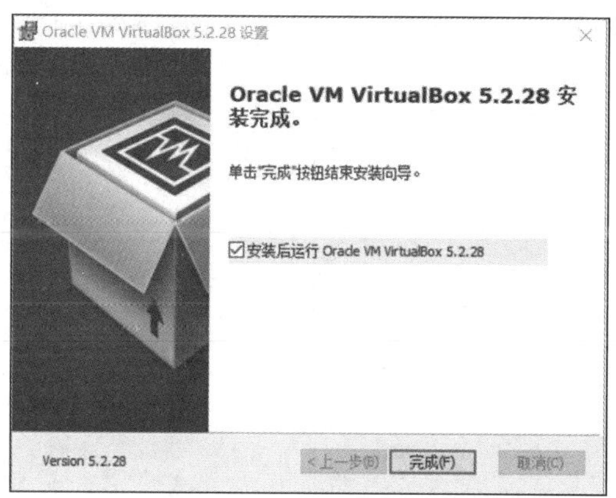

图 1-20　安装完成界面

1.1.5　eNSP 的安装

WinPcap、Wireshark、VirtualBox 三款软件全部安装完成后，才可以安装 eNSP。eNSP 的安装步骤如下。

（1）双击安装程序的图标，进入选择安装语言界面，如图 1-21 所示。

（2）选择【中文（简体）】，单击【确定】按钮，进入安装界面，如图 1-22 所示。

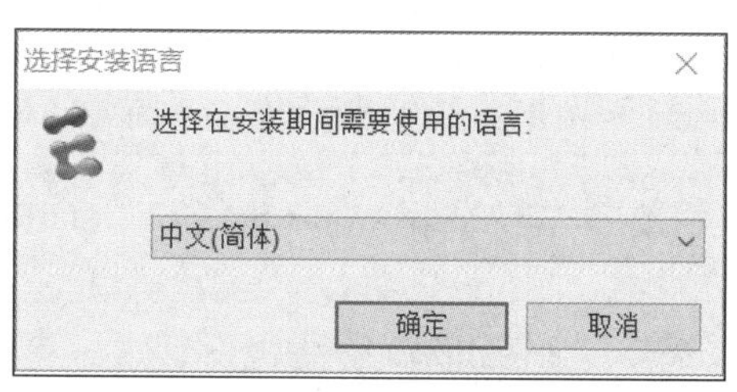

图 1-21　选择安装语言界面

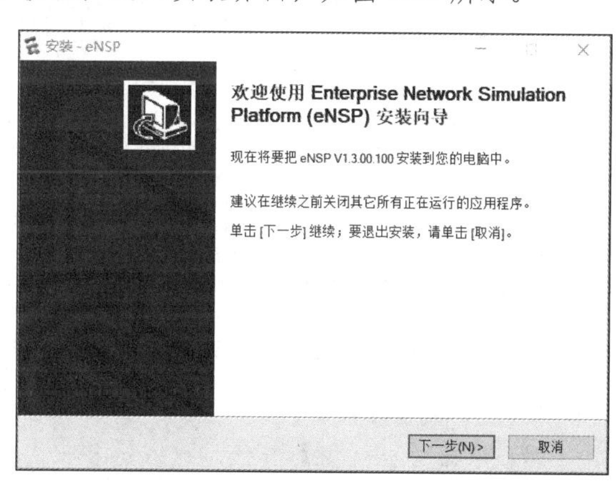

图 1-22　安装 eNSP 界面

（3）单击【下一步】按钮，进入许可协议界面，在此界面中，阅读许可协议条款， 选中【我愿意接受此协议】单选按钮，如图 1-23 所示。

（4）单击【下一步】按钮，进入选择目标位置界面，设置软件安装目录，目录路径中不能包含非英文字符，如图 1-24 所示。

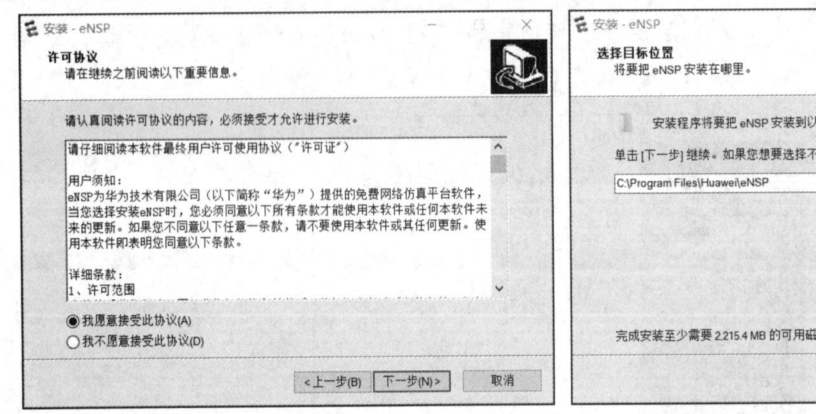

图 1-23　许可协议界面　　　图 1-24　选择目标位置界面

（5）单击【下一步】按钮，进入选择开始菜单文件夹界面，在此界面中选择相应文件夹，如图 1-25 所示。

（6）单击【下一步】按钮，进入选择附加任务界面，在此界面中勾选【创建桌面快捷图标】复选框，如图 1-26 所示。

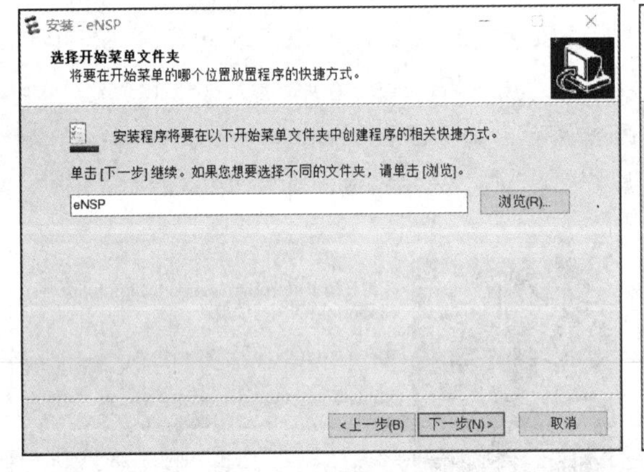

图 1-25　选择开始菜单文件夹界面

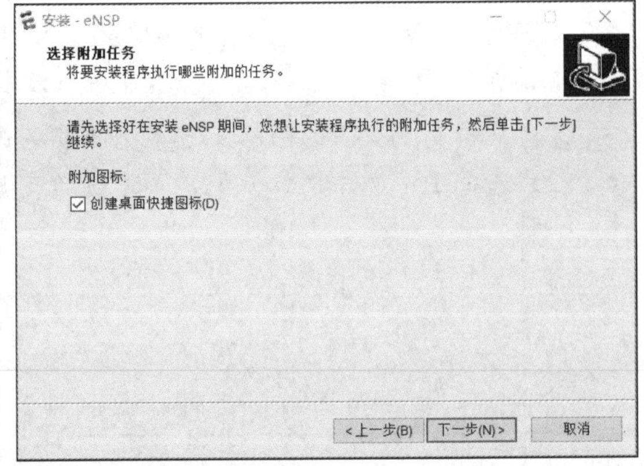

图 1-26　选择附加任务界面

（7）单击【下一步】按钮，系统会检测是否安装了 WinPcap、Wireshark、VirtualBox，如图 1-27 所示。

（8）单击【下一步】按钮，进入准备安装 eNSP 界面，如图 1-28 所示。

（9）单击【安装】按钮，安装 eNSP，安装完成后单击【完成】按钮，如图 1-29 所示。

（10）eNSP 安装完成后，需要对系统防火墙进行配置，以便允许 eNSP 应用通过防火墙。

① 打开【控制面板】窗口，选择【Windows Defender 防火墙】，单击【允许应用通过 Windows 防火墙】，如图 1-30 所示。

② 在打开的窗口中单击【更改设置】按钮，勾选与 eNSP 相关的应用的复选框，并勾选相应的【专用】和【公用】复选框，然后单击【确定】按钮，如图 1-31 所示。

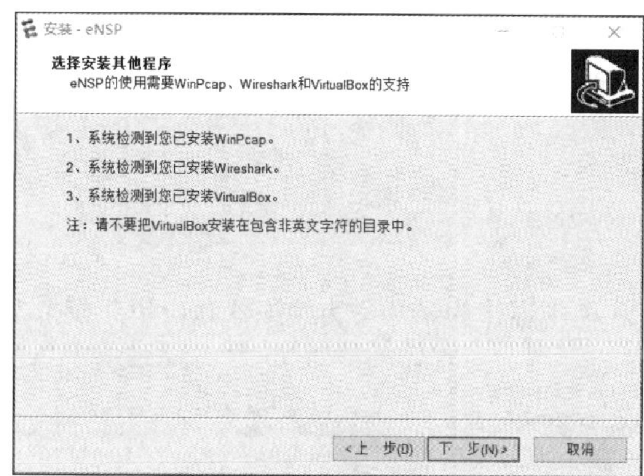

图 1-27　检测是否安装相关程序

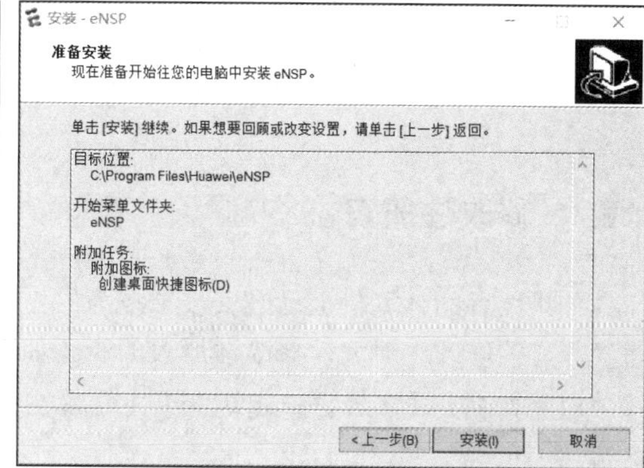

图 1-28　准备安装 eNSP 界面

图 1-29　eNSP 安装成功界面　　　　图 1-30　设置系统防火墙界面

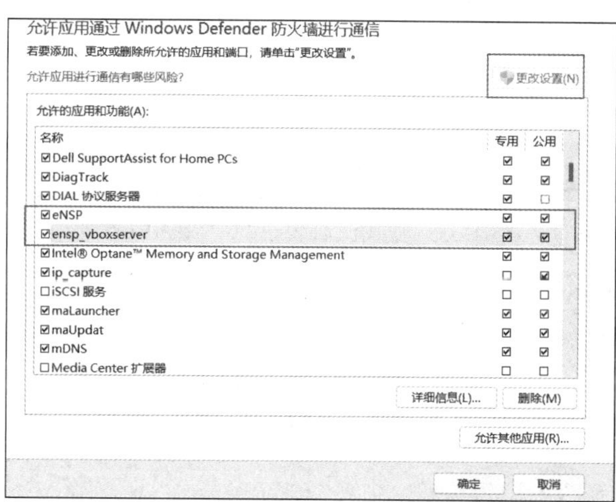

图 1-31　在防火墙上允许 eNSP 应用访问

扫一扫，看视频

1.2　新华三模拟器 HCL 的安装

1.2.1　修改注册表

如果读者的计算机上已经安装了华为的 eSNP 模拟器，为了让华为模拟器和新华三模拟器兼容，必须修改注册表。修改注册表的步骤如下。

（1）按 Win + R 键打开【运行】对话框，输入 regedit，然后按 Enter 键，如图 1-32 所示。

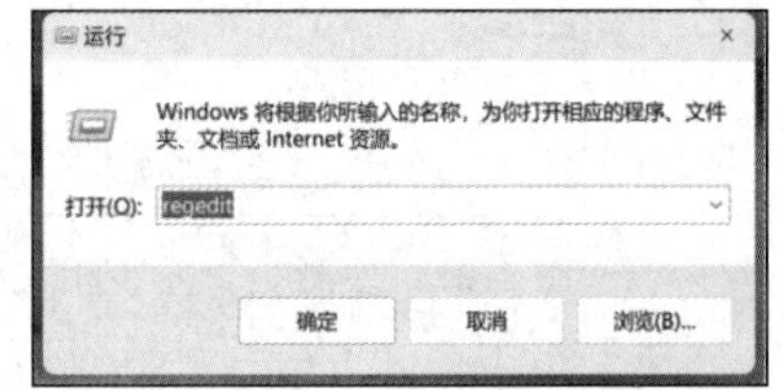

图 1-32　【运行】对话框

（2）单击 HKEY_LOCAL_MACHINE 进入 SOFTWARE，选择 Oracle 下的 VirtualBox，如图 1-33 所示。

（3）右击 Version，选择【修改】命令，如图 1-34 所示，进入【编辑字符串】对话框，把数值数据（V）从 5.2.28 改为 6.0.14，如图 1-35 和图 1-36 所示。

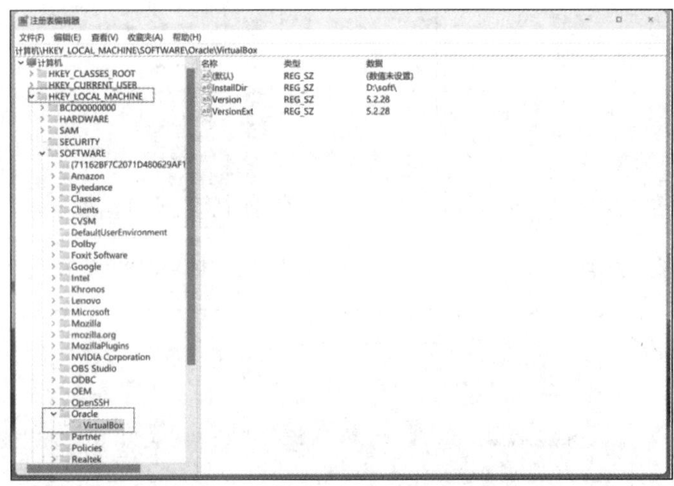

图 1-33　查找注册表中的 VirtualBox

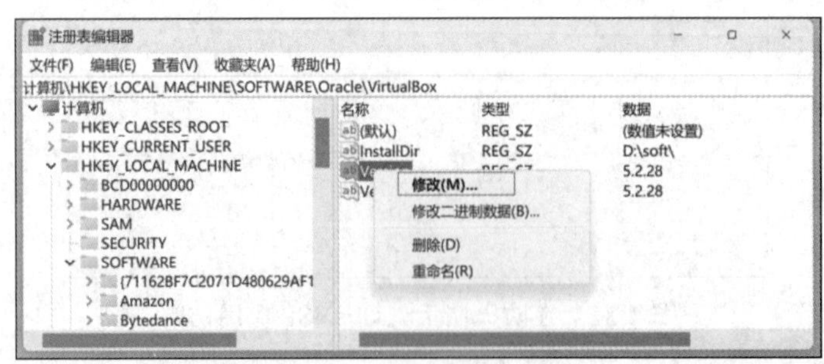

图 1-34　选择【修改】命令

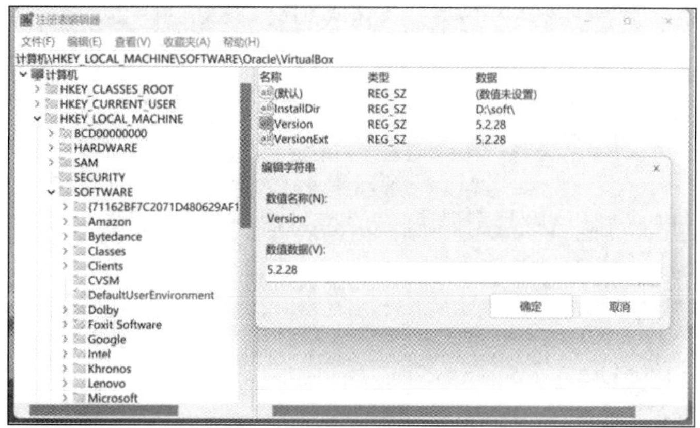

图 1-35　Version 默认值

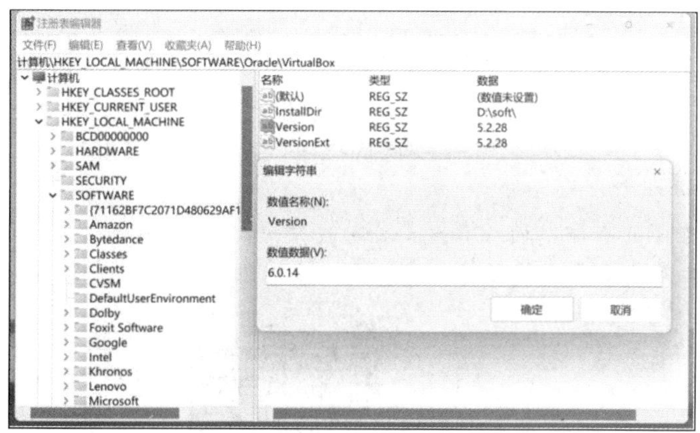

图 1-36　修改后的值

（4）右击 VersionExt，选择【修改】命令进入【编辑字符串】对话框，把数值数据（V）从 5.2.28 改为 6.0.14，如图 1-37 和图 1-38 所示。

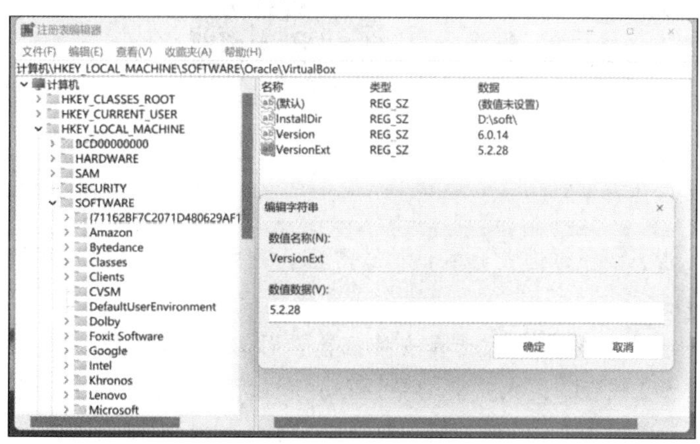

图 1-37　VersionExt 默认值

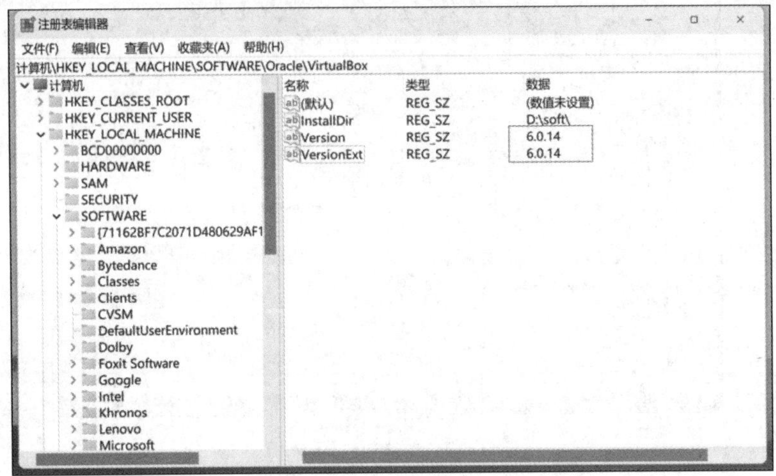

图 1-38　修改后的值

1.2.2　HCL 的安装

HCL 的安装步骤如下。

（1）双击安装程序的图标，进入选择安装语言界面，如图 1-39 所示。

（2）选择【简体中文】，单击 OK 按钮，进入安装向导界面，如图 1-40 所示。

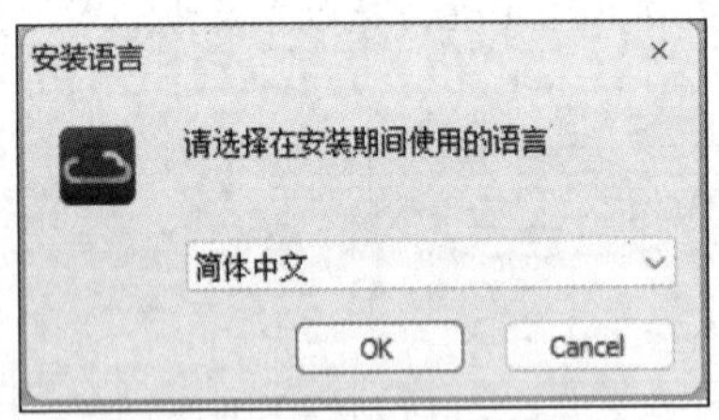

图 1-39　选择安装语言界面

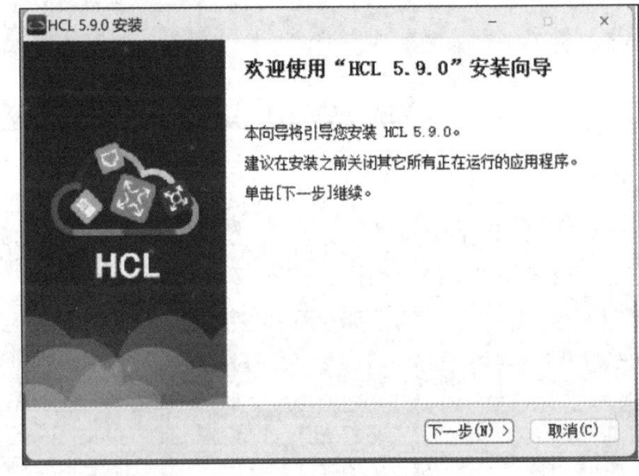

图 1-40　安装向导界面

（3）单击【下一步】按钮，进入许可证协议界面，选中【我接受“许可证协议”中的条款】单选按钮，如图 1-41 所示。

（4）单击【下一步】按钮，进入选择安装位置界面，设置软件安装目录，如图 1-42 所示。

（5）单击【下一步】按钮，进入安装向导，安装完成后单击【完成】按钮，如图 1-43 所示。

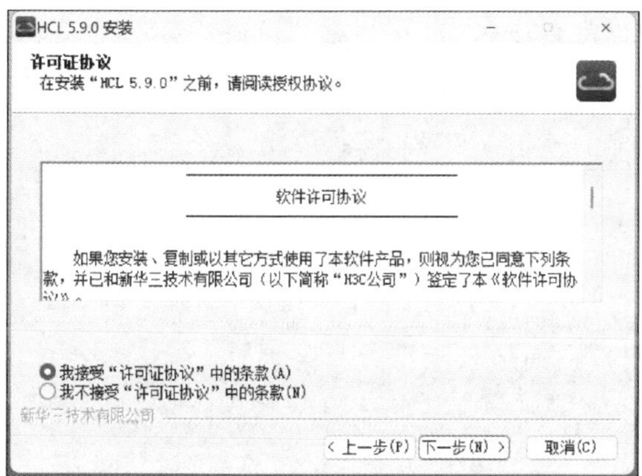

图 1-41　许可证协议界面

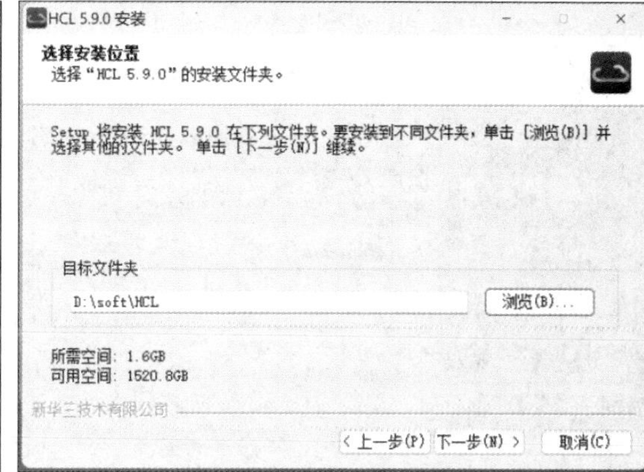

图 1-42　选择安装位置界面

图 1-43　HCL 安装完成界面

1.3　思科模拟器 GNS3 的安装

扫一扫，看视频

1.3.1　GNS3 的安装

GNS3 的安装步骤如下。

（1）双击安装程序的图标，进入程序安装界面，如图 1-44 所示。

（2）选择 Next 按钮，进入接受用户协议界面，如图 1-45 所示。

（3）单击 I Agree 按钮，进入选择开始菜单界面，如图 1-46 所示。

（4）单击 Next 按钮，进入选择组件界面，选择默认配置，如图 1-47 所示。

（5）单击 Next 按钮，进入选择安装目录界面，如图 1-48 所示。

（6）单击 Next 按钮，进入选择是否安装 Npcap 界面，如图 1-49 所示。

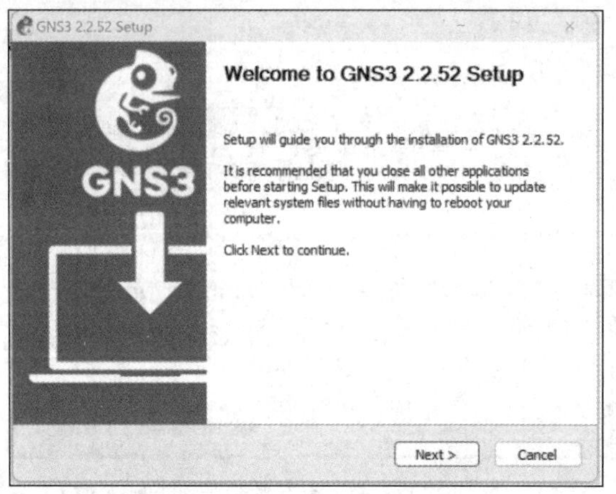

图 1-44　安装程序界面

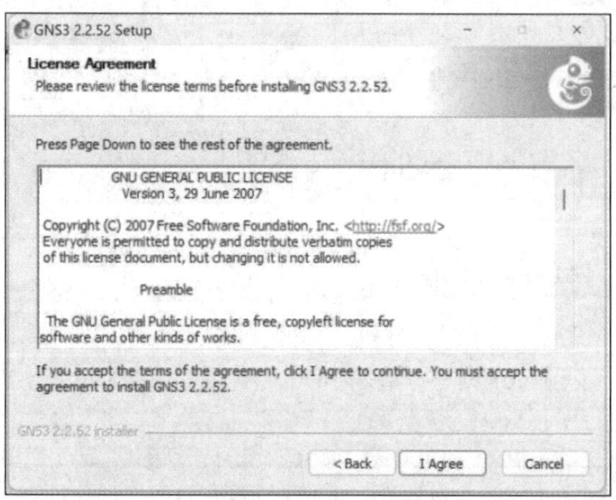

图 1-45　选择接受用户协议界面

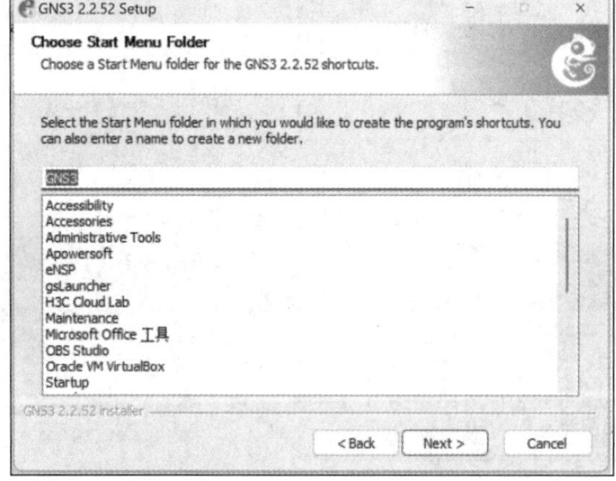

图 1-46　选择开始菜单界面

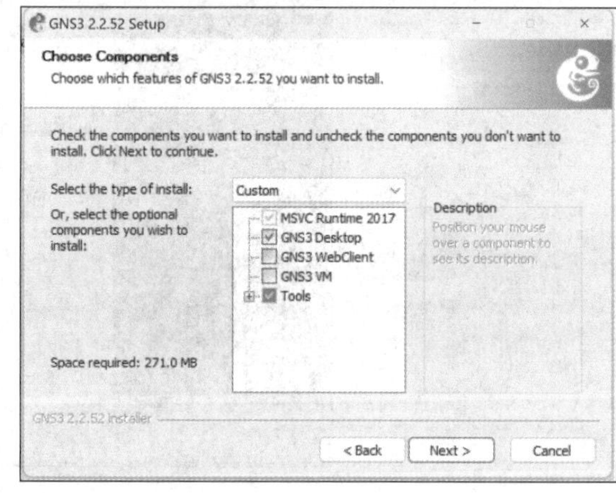

图 1-47　选择组件界面

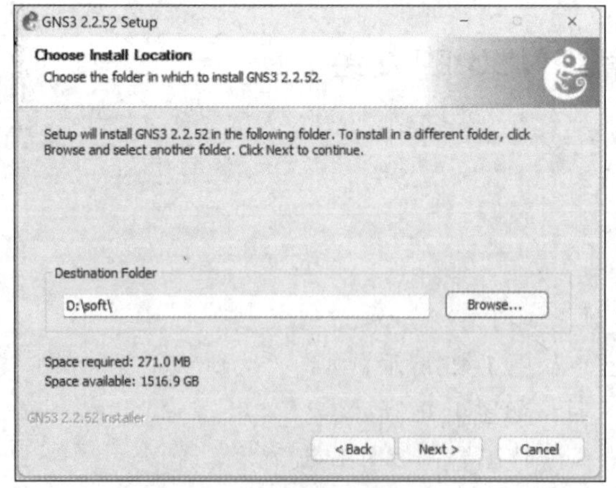

图 1-48　选择安装目录界面

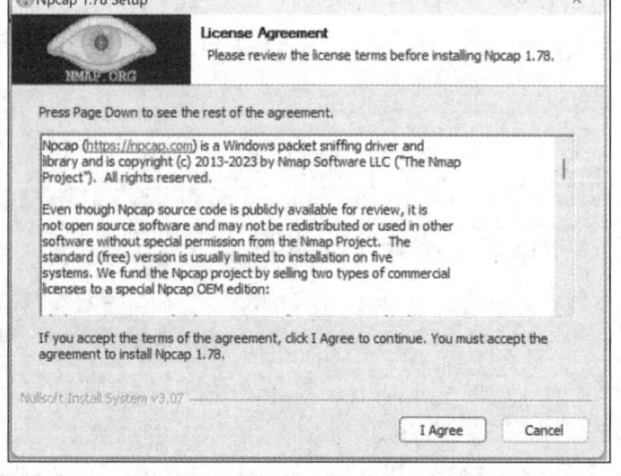

图 1-49　选择是否安装 Npcap 界面

（7）选择 I Agree 按钮，开始安装 GNS3，如图 1-50 所示。

（8）单击 Next 按钮，完成安装后，单击 Finish 按钮完成安装，如图 1-51 所示。

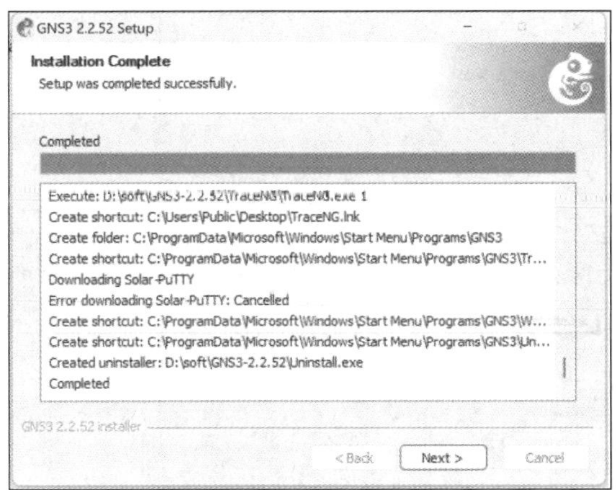

图 1-50　GNS3 的安装界面

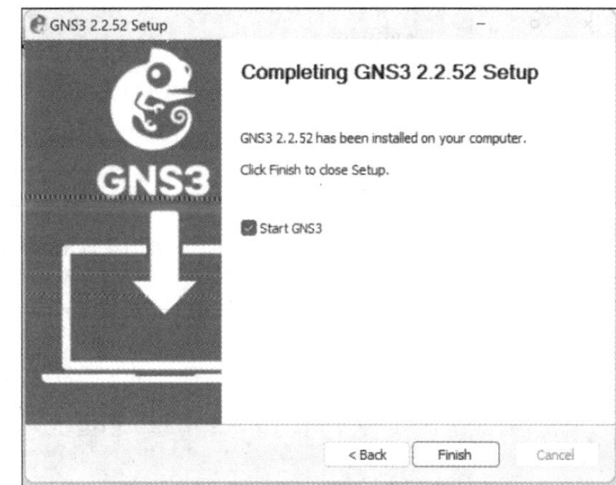

图 1-51　GNS3 安装完成界面

1.3.2　IOS 的加载

（1）选择菜单栏中的 Edit→Preferences 命令，如图 1-52 所示。

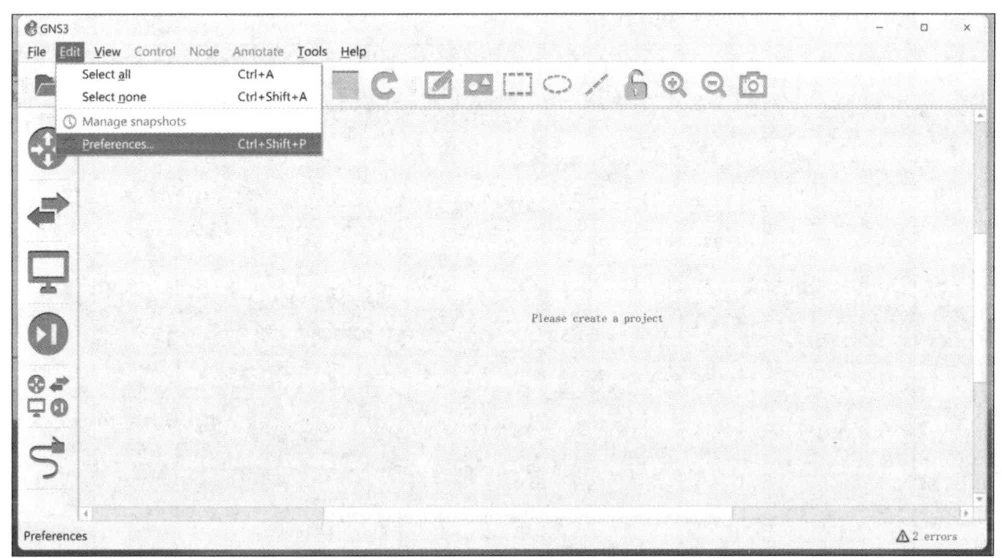

图 1-52　进入首选项

（2）在 Preferences 对话框中单击 IOS routers 选项，再单击 New 按钮，如图 1-53 所示。

（3）单击 OK 按钮进入加载 IOS 界面，选择 IOS 所在的文件位置，如图 1-54 所示。其他设置都选择默认选项，这样 IOS 就加载完成了。

图 1-53　单击 IOS routers 选项

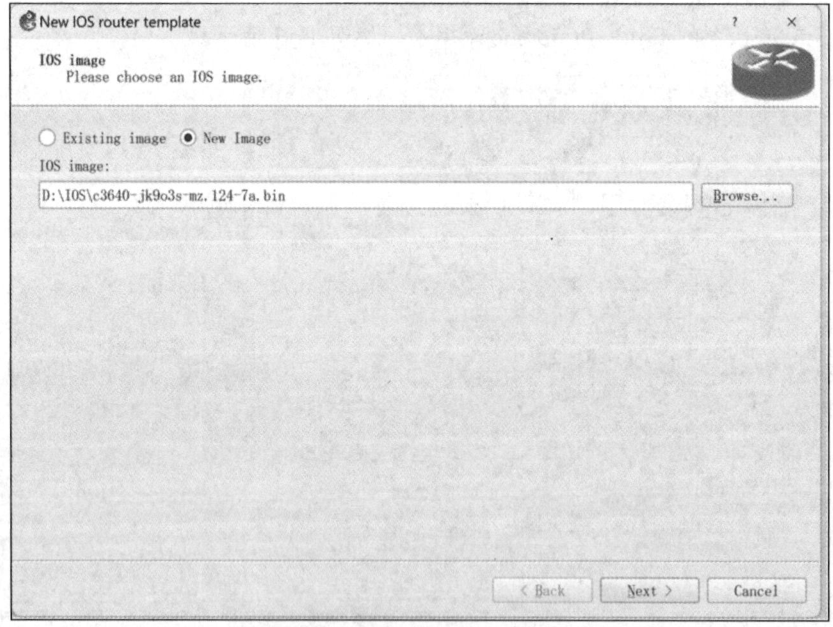

图 1-54　加载 IOS

‖ 项目案例 2 ‖

网络设备系统的基本操作

2.1 实验一：华为 VRP 的基本操作

扫一扫，看视频

扫一扫，看视频

本节将通过一个实例介绍华为 VRP 的基本操作。VRP 基本操作的实验拓扑如图 2-1 所示。

图 2-1 VRP 基本操作的实验拓扑

（1）熟悉 VRP 的视图。

```
<Huawei>                  //用户视图
<Huawei>system-view  //从用户视图进入系统视图
Enter system view, return user view with Ctrl+Z.
[Huawei]                  //[ ]代表系统视图
[Huawei]interface GigabitEthernet 0/0/0  //从系统视图进入接口视图
//只需输入 ip add，然后按 Tab 键，即可补全 address 命令
[Huawei-GigabitEthernet0/0/0]ip add
//配置接口 IP 地址为 10.1.1.1，掩码长度为 24 位
[Huawei-GigabitEthernet0/0/0]ip address 10.1.1.1 24
[Huawei-GigabitEthernet0/0/0]quit    //quit 命令是 VRP 系统中的退出当前层级命令
[Huawei]ospf     //进入 OSPF 协议视图
[Huawei-ospf-1]  //OSPF 是后面将要学习的一个非常重要的动态路由协议，此处仅作为一个示例
```

【技术要点 1】

Tab 键的使用：如果匹配的关键字唯一，则按 Tab 键，系统会自动补全关键字，补全后，反复按 Tab 键，关键字不变。示例如下：

```
[Huawei] info-                        //按 Tab 键
[Huawei] info-center
```

【技术要点 2】

可以使用命令 quit、return 或按快捷键 Ctrl+Z 退出。

quit 命令仅可以返回上一个视图。

return 命令直接返回用户视图。

快捷键 Ctrl+Z 和 return 命令的功能一样。

（2）给设备命名。

```
[Huawei]sysname joinlabs                    //更改系统名为joinlabs
[joinlabs]                                  //系统名由 Huawei 变成了 joinlabs
```

（3）查看当前运行的配置文件。

```
<joinlabs>display current-configuration //查看当前运行的配置文件
#
sysname joinlabs                            //系统名为joinlabs
#
aaa
 authentication-scheme default
 authorization-scheme default
 accounting-scheme default
 domain default
 domain default_admin
 local-user admin password cipher OOCM4m($F4ajUn1vMEIBNUw#
 local-user admin service-type http
#
firewall zone Local
 priority 16
#
interface Ethernet0/0/0
#
interface Ethernet0/0/1
#
interface Serial0/0/0
 link-protocol ppp
#
interface Serial0/0/1
 link-protocol ppp
#
interface Serial0/0/2
 link-protocol ppp
#
interface Serial0/0/3
 link-protocol ppp
#
interface GigabitEthernet0/0/0
#
interface GigabitEthernet0/0/1
#
interface GigabitEthernet0/0/2
#
```

```
interface GigabitEthernet0/0/3
#
wlan
#
interface NULL0
#
ospf 1   //ospf 进程 1
#
user-interface con 0
user-interface vty 0 4
user-interface vty 16 20
#
return
```

【技术要点 3】

读者可能会问，刚刚只配置了系统名和 OSPF，为什么还有这么多的命令？

因为除了 sysname joinlabs、ospf 1，其他的都是预配置，这些配置都是系统自带的。

（4）保存当前的配置。

```
<joinlabs>save                          //保存
//当前这些配置将会保存到设备
The current configuration will be written to the device
Are you sure to continue?[Y/N]Y  //是否继续，选择 Y
//如果不改名，默认为 vrpcfg.zip
Info: Please input the file name ( *.cfg, *.zip ) [vrpcfg.zip]:
May 16 2022 15:40:18-08:00 joinlabs %%01CFM/4/SAVE(l)[0]:The user chose Y
when deciding whether to save the configuration to the device.
Now saving the current configuration to the slot 17.
Save the configuration successfully.
<joinlabs>
```

【技术要点 4】

如果对设备进行配置后没有保存，那么配置文件只存在 RAM 中，下次重启设备时，上次的配置就没有了。所以一定要记得及时保存配置文件，只要保存了，配置文件就进入 Flash/SD 卡中了，下次重启设备时，此配置还在。

（5）查看保存的配置文件。

```
<joinlabs>display saved-configuration    //查看保存的配置文件
#
sysname joinlabs
#
undo info-center enable
#
aaa
 authentication-scheme default
```

```
 authorization-scheme default
 accounting-scheme default
 domain default
 domain default_admin
 local-user admin password cipher OOCM4m($F4ajUn1vMEIBNUw#
 local-user admin service-type http
#
firewall zone Local
 priority 16
#
interface Ethernet0/0/0
#
interface Ethernet0/0/1
#
interface Serial0/0/0
 link-protocol ppp
#
interface Serial0/0/1
 link-protocol ppp
#
interface Serial0/0/2
 link-protocol ppp
#
interface Serial0/0/3
 link-protocol ppp
#
interface GigabitEthernet0/0/0
#
interface GigabitEthernet0/0/1
#
interface GigabitEthernet0/0/2
#
interface GigabitEthernet0/0/3
#
wlan
#
interface NULL0
#
ospf 1
#
user-interface con 0
user-interface vty 0 4
user-interface vty 16 20
#
return
```

【技术要点 5】

在没有保存配置文件之前，使用 display saved-configuration 命令可以看到配置文件为空。

（6）重置配置文件。

```
<joinlabs>reset saved-configuration      //清空保存的配置文件
Warning: The action will delete the saved configuration in the device.
//“配置将会被删除用于重新配置，是否继续？”选择 Y
The configuration will be erased to reconfigure. Continue? [Y/N]:Y
Warning: Now clearing the configuration in the device.
Info: Succeeded in clearing the configuration in the device.
<joinlabs>reboot                         //重启，只有重新启动配置才能清空
Info: The system is now comparing the configuration, please wait.
//“所有的配置会被保存到下次的启动文件中，是否继续？”一定要选择 N，即不保存当前的配置
Warning: All the configuration will be saved to the configuration file
for the next startup:, Continue?[Y/N]: N
Info: If want to reboot with saving diagnostic information, input 'N' and
then execute 'reboot save diagnostic-information'.
System will reboot! Continue?[Y/N]:Y     //选择 Y
```

【技术要点 6】

因为配置文件重置相当于还原设备的所有配置，所以在使用这些命令前要记得备份。

（7）指定系统启动配置文件。

```
<joinlabs>save joinlabs.cfg      //保存配置文件，配置文件名为 joinlabs.cfg
//选择 Y 或按 Enter 键
Are you sure to save the configuration to flash:/joinlabs.cfg?[Y/N]:Y
<joinlabs>dir flash:             //查看 flash 中的文件
Directory of flash:/
  Idx  Attr     Size(Byte)  Date        Time       FileName
    0  drw-              -  Aug 07 2015 13:51:14   src
    1  drw-              -  May 16 2022 15:05:00   pmdata
    2  drw-              -  May 16 2022 15:05:03   dhcp
    3  -rw-            603  May 16 2022 15:58:22   private-data.txt
    4  drw-              -  May 16 2022 15:20:09   mplstpoam
    5  -rw-            424  May 16 2022 16:02:18   vrpcfg.zip
    6  -rw-            794  May 16 2022 16:04:21   joinlabs.cfg
//可以看到文件保存成功
32,004 KB total (31,991 KB free)
<joinlabs>startup saved-configuration joinlabs.cfg   //指定启动配置文件名
Info: Succeeded in setting the configuration for booting system.
<joinlabs>save                   //保存
The current configuration will be written to the device.
Are you sure to continue?[Y/N]Y  //选择 Y
Save the configuration successfully.
<joinlabs>display startup        //查看设备重启后调用的配置文件
MainBoard:
  Configured startup system software:     NULL
  Startup system software:                NULL
  Next startup system software:           NULL
```

```
Startup saved-configuration file:      flash:/joinlabs.cfg
//可以看到设备下次启动时调用的配置文件
Next startup saved-configuration file: flash:/joinlabs.cfg
Startup paf file:                      NULL
Next startup paf file:                 NULL
Startup license file:                  NULL
Next startup license file:             NULL
Startup patch package:                 NULL
Next startup patch package:            NULL
```

【技术要点 7】

默认情况下，设备会调用根目录下的启动文件，而当设备有备份配置文件时，可以指定调用的配置文件，这样可以灵活地实施项目。

扫一扫，看视频

2.2 实验二：新华三 Comware 的基本操作

本节将通过一个实例介绍新华三 Comware 的基本操作。Comware 基本操作的实验拓扑如图 2-2 所示。

图 2-2 Comware 基本操作的实验拓扑

（1）熟悉 Comware 的视图。

```
<H3C>              //用户视图
<H3C>system-view //从用户视图进入系统视图
Enter system view, return user view with Ctrl+Z.
[H3C]              //[ ]代表系统视图
[H3C]interface GigabitEthernet 0/0/0 //从系统视图进入接口视图
//只需输入 ip add，然后按 Tab 键，即可补全 address 命令
[H3C-GigabitEthernet0/0/0]ip add
//配置接口 IP 地址为 10.1.1.1，掩码长度为 24 位
[H3C-GigabitEthernet0/0/0]ip address 10.1.1.1 24
[H3C-GigabitEthernet0/0/0]quit        //退出
[H3C]ospf          //进入 OSPF 协议视图
[H3C-ospf-1]       //OSPF 是后面将要学习的一个非常重要的动态路由协议，此处仅作为一个示例
```

（2）给设备命名。

```
[H3C] sysname joinlabs    //更改系统名为 joinlabs
[joinlabs]                //系统名由 H3C 变成了 joinlabs
```

【技术要点】

读者可能会发现，华为的 VRP 和新华三的 Comware 操作是一样的，所以这里对新华三不再赘述。

扫一扫，看视频

2.3　实验三：思科 IOS 的基本操作

本节将通过一个实例介绍思科 IOS 的基本操作。IOS 基本操作的实验拓扑如图 2-3 所示。

R1

图 2-3　IOS 基本操作的实验拓扑

（1）熟悉 IOS 的视图。

```
R1>                              //用户模式
R1>enable                        //从用户模式进入特权模式
R1#                              //#代表特权模式
R1#configure terminal            //从特权模式进入全局配置模式
Enter configuration commands, one per line. End with CNTL/Z.
R1(config)#                      //全局配置模式
R1(config)#interface fastEthernet 0/0    //从全局配置模式进入接口模式
R1(config-if)#ip add             //只需输入 ip add，然后按 Tab 键，即可补全 address 命令
//配置接口 IP 地址为 10.1.1.1 ，掩码长度为 24 位
R1(config-if)#ip address 10.1.1.1 255.255.255.0
R1(config-if)#exit               //exit 命令是 IOS 系统中的退出当前层级命令
R1(config)#router ospf 1         //进入 OSPF 协议模式
//OSPF 是后面将要学习的一个非常重要的动态路由协议，此处仅作为一个示例
R1(config-router)#
```

（2）给设备命名。

```
R1(config)#hostname joinlabs //更改主机名为 joinlabs
joinlabs(config)#            //主机名由 R1 变成了 joinlabs
```

（3）查看当前运行的配置文件。

```
joinlabs#show running-config //显示当前运行的配置文件
Building configuration...
Current configuration : 971 bytes
version 12.4
service timestamps debug datetime msec
service timestamps log datetime msec
no service password-encryption
hostname joinlabs              //主机名为 joinlabs
boot-start-marker
boot-end-marker
no aaa new-model
resource policy
memory-size iomem 5
no ip icmp rate-limit unreachable
ip tcp synwait-time 5
ip cef
no ip domain lookup
interface FastEthernet0/0
```

```
 ip address 10.1.1.1 255.255.255.0
 shutdown
 duplex auto
 speed auto
interface FastEthernet1/0
 no ip address
 shutdown
 duplex auto
 speed auto
interface Group-Async0
 physical-layer async
 no ip address
 encapsulation slip
 no group-range
router ospf 1
 log-adjacency-changes
no ip http server
no ip http secure-server
no cdp log mismatch duplex
control-plane
line con 0
 exec-timeout 0 0
 privilege level 15
 logging synchronous
line aux 0
 exec-timeout 0 0
 privilege level 15
 logging synchronous
line vty 0 4
 login
endreturn
```

（4）保存当前的配置。

```
joinlabs#write                        //保存当前的配置
Building configuration...
[OK]
```

（5）查看保存的配置文件。

```
joinlabs#show startup-config          //查看保存的配置文件
```

（6）重置配置文件。

```
R1#erase startup-config               //清空保存的配置文件
Erasing the nvram filesystem will remove all configuration files! Continue?
[confirm]                             //按 Enter 键
[OK]
Erase of nvram: complete
R1#reload                             //重新启动设备
Proceed with reload? [confirm]        //按 Enter 键
```

2.4　各厂商的基本操作的命令对比

在网络设备中，华为和新华三的基本操作的命令类似，思科和锐捷的基本操作命令类似，它们之间的命令对比如表 2-1 所示。

表 2-1　各厂商的基本操作的命令对比

华为和新华三设备	思科和锐捷设备	命令作用
<Huawei>system-view [Huawei]sysname joinlabs	R1>enable R1#configure terminal R1(config)#hostname joinlabs	设备的视图/模式和命名
display current-configuration	show running-config	查看当前运行的配置文件
display saved-configuration	show startup-config	查看保存的配置文件
reset saved-configuration	erase startup-config	清空保存的配置文件

第二篇

交 换 机 项 目

|| 项目案例 3 ||

交换机 VLAN 技术

3.1　实验一：华为交换机 VLAN 的创建与划分

扫一扫，看视频

1. 实验目的

（1）熟悉华为交换机 VLAN 的创建。

（2）将华为交换机接口划入特定 VLAN。

2. 实验拓扑

配置 Access 接口的实验拓扑如图 3-1 所示。

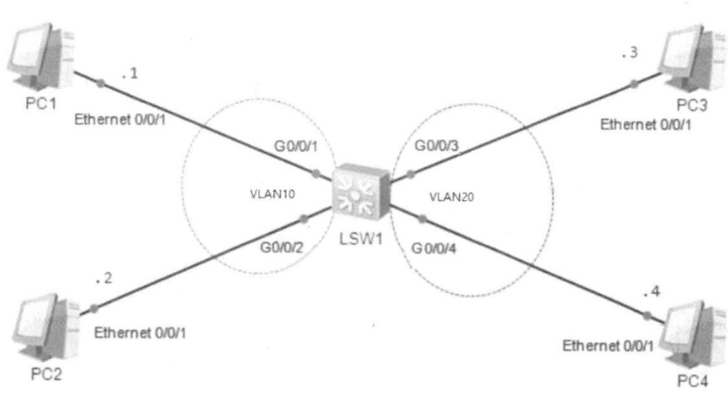

图 3-1　配置 Access 接口的实验拓扑

3. 实验步骤

（1）配置 IP 地址。

PC1 的配置如图 3-2 所示。在【IPv4 配置】下选中【静态】单选按钮，输入对应的 IP 地址以及子网掩码，然后单击【应用】按钮。PC2、PC3、PC4 的配置同理，这里不再赘述。

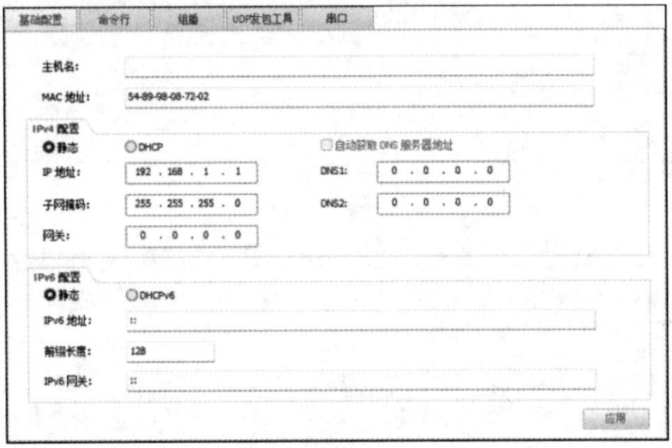

图 3-2　在 PC1 上手动添加 IP 地址

PC2 的配置如图 3-3 所示。

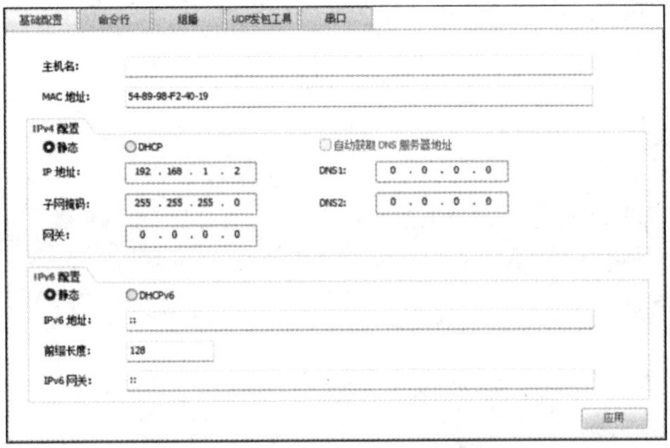

图 3-3　在 PC2 上手动添加 IP 地址

PC3 的配置如图 3-4 所示。

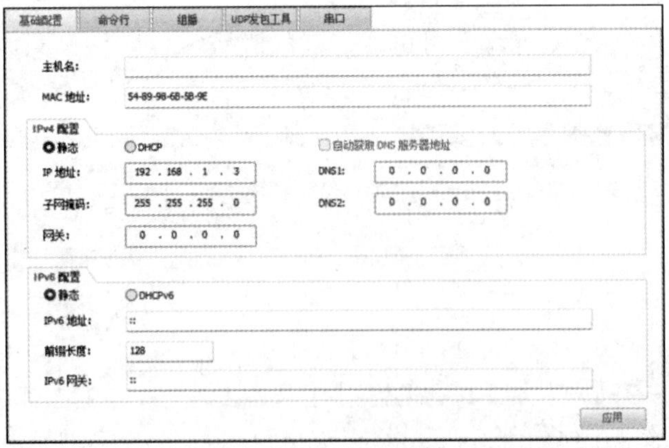

图 3-4　在 PC3 上手动添加 IP 地址

PC4 的配置如图 3-5 所示。

图 3-5　在 PC4 上手动添加 IP 地址

（2）创建 VLAN。

```
<Huawei>system-view
[Huawei]undo info-center enable
[Huawei]sysname LSW1
[LSW1]vlan batch 10 20   //创建 VLAN10 和 VLAN20
[LSW1]quit
```

【提示】

交换机支持的 VLAN 数为 4096，其中 0 和 4095 为保留 VLAN。

（3）把接口划入 VLAN10。

```
[LSW1]interface g0/0/1
[LSW1-GigabitEthernet0/0/1]port link-type access     //接口类型为 Access
[LSW1-GigabitEthernet0/0/1]port default vlan 10      //把接口划入 VLAN10
[LSW1-GigabitEthernet0/0/1]quit
[LSW1]interface g0/0/2
[LSW1-GigabitEthernet0/0/2]port link-type access
[LSW1-GigabitEthernet0/0/2]port default vlan 10
[LSW1-GigabitEthernet0/0/2]quit
```

【提示】

读者有没有觉得一个接口一个接口地划入 VLAN 特别麻烦？

如果需要对多个以太网接口进行相同的 VLAN 配置，可以采用接口组批量配置，以减少重复配置工作。

```
[LSW1]port-group 1                                  //创建一个接口组，编号为 1
[LSW1-port-group-1]group-member g0/0/3 to g0/0/4  //G0/0/3 和 G0/0/4 属于接口组
[LSW1-port-group-1]port link-type access
```

```
[LSW1-port-group-1]port default vlan 20
[LSW1-port-group-1]quit
```

（4）查看创建的所有 VLAN 的基本信息。

```
[LSW1]display vlan   //查看 VLAN 信息
The total number of vlans is : 3
--------------------------------------------------------------------------
U: Up;        D: Down;        TG: Tagged;        UT: Untagged;
MP: Vlan-mapping;             ST: Vlan-stacking;
#: ProtocolTransparent-vlan;   *: Management-vlan;
--------------------------------------------------------------------------

VID  Type    Ports
--------------------------------------------------------------------------
1    common  UT:GE0/0/5(D)     GE0/0/6(D)     GE0/0/7(D)     GE0/0/8(D)
                GE0/0/9(D)     GE0/0/10(D)    GE0/0/11(D)    GE0/0/12(D)
                GE0/0/13(D)    GE0/0/14(D)    GE0/0/15(D)    GE0/0/16(D)
                GE0/0/17(D)    GE0/0/18(D)    GE0/0/19(D)    GE0/0/20(D)
                GE0/0/21(D)    GE0/0/22(D)    GE0/0/23(D)    GE0/0/24(D)
10   common  UT:GE0/0/1(U)     GE0/0/2(U)
20   common  UT:GE0/0/3(U)     GE0/0/4(U)

VID  Status  Property     MAC-LRN Statistics Description
--------------------------------------------------------------------------
1    enable  default      enable  disable    VLAN 0001
10   enable  default      enable  disable    VLAN 0010
20   enable  default      enable  disable    VLAN 0020
```

在以上输出中，第一列为 VID；第二列 Type 表示 VLAN 的类型，其中 common 表示普通 VLAN，*common 表示管理 VLAN；第三列 Ports 表示本交换机上属于该 VLAN 的接口。接口前的 UT 表示 VLAN 不带 Tag，TG 表示 VLAN 带 Tag。

【提示】

默认所有接口都属于 VLAN 1。

4. 实验调试

PC1 访问 PC2 和 PC3 的结果如图 3-6 所示。

【提示】

实验证明：相同的 VLAN 间可以相互访问，不同的 VLAN 间不能相互访问。

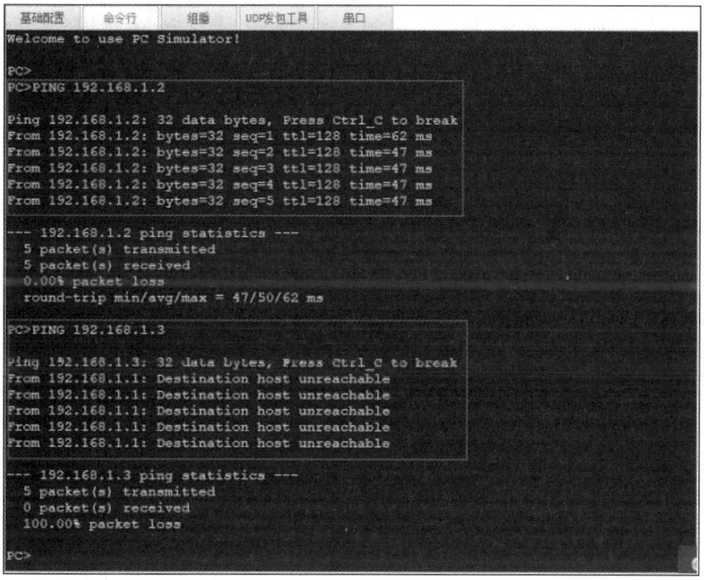

```
基础配置  命令行  组播  UDP发包工具  串口
Welcome to use PC Simulator!

PC>
PC>PING 192.168.1.2

Ping 192.168.1.2: 32 data bytes, Press Ctrl_C to break
From 192.168.1.2: bytes=32 seq=1 ttl=128 time=62 ms
From 192.168.1.2: bytes=32 seq=2 ttl=128 time=47 ms
From 192.168.1.2: bytes=32 seq=3 ttl=128 time=47 ms
From 192.168.1.2: bytes=32 seq=4 ttl=128 time=47 ms
From 192.168.1.2: bytes=32 seq=5 ttl=128 time=47 ms

--- 192.168.1.2 ping statistics ---
  5 packet(s) transmitted
  5 packet(s) received
  0.00% packet loss
  round-trip min/avg/max = 47/50/62 ms

PC>PING 192.168.1.3

Ping 192.168.1.3: 32 data bytes, Press Ctrl_C to break
From 192.168.1.1: Destination host unreachable
From 192.168.1.1: Destination host unreachable
From 192.168.1.1: Destination host unreachable
From 192.168.1.1: Destination host unreachable
From 192.168.1.1: Destination host unreachable

--- 192.168.1.3 ping statistics ---
  5 packet(s) transmitted
  0 packet(s) received
  100.00% packet loss

PC>
```

图 3-6　PC1 上显示的 ping 程序测试信息

⌘【思考】

PC1 访问 PC3 数据的流程是什么？（假设 PC1 和 PC3 都属于 VLAN10）

解析：当用户主机 PC1 发送报文给用户主机 PC3 时，报文的发送过程如下（假设交换机 Switch 上还未建立任何转发表项）。

（1）PC1 判断目的 IP 地址跟自己的 IP 地址在同一网段，于是发送 ARP 广播请求报文获取目的主机 PC3 的 MAC 地址，报文目的 MAC 地址全填 F，目的 IP 地址为 PC3 的 IP 地址 192.168.1.3。

（2）报文到达 Switch 的接口 G0/0/1，发现是 Untagged 数据帧，给报文添加 VID=10 的 Tag（Tag 的 VID=接口的 PVID），然后将报文的源 MAC 地址和 VID 与接口的对应关系（PC1 的 MAC 地址、10、G0/0/1）添加进 MAC 地址表。

（3）根据报文目的 MAC 地址和 VID 查找 Switch 的 MAC 地址表，因为没有找到，所以在所有允许 VLAN10 通过的接口（本例中接口为 G0/0/3）中广播该报文。

（4）Switch 的接口 G0/0/3 在发出 ARP 请求报文前，根据接口配置，剥离 VID=10 的 Tag。

（5）PC3 接收到该 ARP 请求报文，将 PC1 的 MAC 地址和 IP 地址的对应关系记录到 ARP 表。然后比较目的 IP 地址与自己的 IP 地址，发现和自己的相同，就发送 ARP 响应报文，在报文中封装自己的 MAC 地址，目的 IP 地址为 PC1 的 IP 地址 192.168.1.1。

（6）Switch 的接口 G0/0/3 接收到 ARP 响应报文后，同样给报文添加 VID=10 的 Tag。

（7）Switch 将报文的源 MAC 地址和 VID 与接口的对应关系（PC3 的 MAC 地址、10、

G0/0/3）添加进 MAC 地址表，然后根据报文的目的 MAC 地址和 VID（PC1 的 MAC 地址、10）查找 MAC 地址表，由于前面已记录，查找成功，向出接口 G0/0/1 转发该 ARP 响应报文。

（8）Switch 向出接口 G0/0/1 转发前，同样根据接口配置剥离 VID=10 的 Tag。

（9）PC1 接收到 PC3 的 ARP 响应报文，将 PC3 的 MAC 地址和 IP 地址的对应关系记录到 ARP 表。

由于 PC1 与 PC3 已学习到对方的 MAC 地址，对于后续的互访，报文中的目的 MAC 地址直接填写对方的 MAC 地址。

【技术要点】

Access 接口接收和发送数据帧的方式如下。

（1）接收数据帧。

- Untagged 数据帧：添加 PVID，接收。
- Tagged 数据帧：与 PVID 比较，如果相同，则接收；如果不同则丢弃。

（2）发送数据帧。VID 与 PVID 比较，如果相同，则剥离标签再发送；如果不同则丢弃。

扫一扫，看视频

3.2 实验二：新华三交换机 VLAN 的创建与划分

1. 实验目的

（1）熟悉新华三交换机 VLAN 的创建。

（2）将新华三交换机接口划入特定 VLAN。

2. 实验拓扑

配置 Access 接口的实验拓扑如图 3-7 所示。

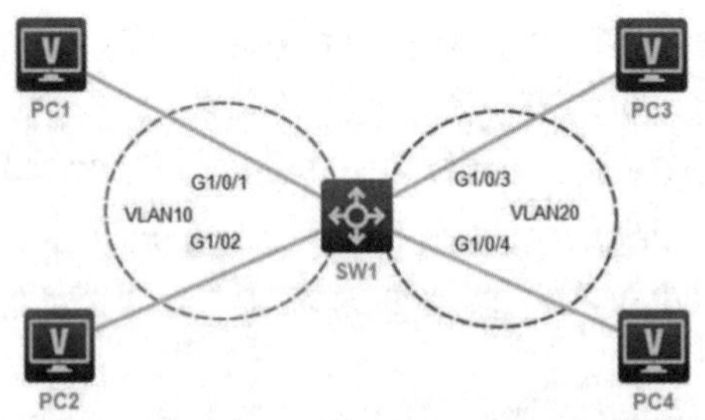

图 3-7 配置 Access 接口的实验拓扑

3. 实验步骤

（1）配置 IP 地址。

PC1 的配置如图 3-8 所示。在【接口管理】中选中【启用】单选按钮，在【IPv4 配置】下选中【静态】单选按钮，输入对应的 IP 地址以及子网掩码，然后单击【启用】按钮。PC2、PC3、PC4 的配置同理，这里不再赘述。

PC2 的配置如图 3-9 所示。

图 3-8　在 PC1 上手动添加 IP 地址

图 3-9　在 PC2 上手动添加 IP 地址

PC3 的配置如图 3-10 所示。

PC4 的配置如图 3-11 所示。

图 3-10　在 PC3 上手动添加 IP 地址

图 3-11　在 PC4 上手动添加 IP 地址

（2）创建 VLAN。

```
<H3C>system-view
[H3C]undo info-center enable
[H3C]sysname SW
[SW]vlan 10  //创建 VLAN10
[SW-vlan10]exit
[SW]vlan 20  //创建 VLAN20
[SW-vlan20]quit
```

（3）把接口划入 VLAN。

```
[SW]interface g1/0/1
[SW-GigabitEthernet1/0/1]port link-type access
[SW-GigabitEthernet1/0/1]port access vlan 10
[SW-GigabitEthernet1/0/1]quit
[SW]interface g1/0/2
[SW-GigabitEthernet1/0/2]port link-type access
[SW-GigabitEthernet1/0/2]port access vlan 10
[SW-GigabitEthernet1/0/2]quit
```

【提示】

读者有没有觉得一个接口一个接口地划入 VLAN 特别麻烦？

如果需要对多个以太网接口进行相同的 VLAN 配置，可以采用 range 批量配置，以减少重复配置工作。

```
[SW]interface range GigabitEthernet 1/0/3 to g1/0/4
[SW-if-range]port link-type access
[SW-if-range]port access vlan 20
[SW-if-range]quit
```

（4）查看创建的所有 VLAN 的基本信息。

```
[SW]display vlan brief
Brief information about all VLANs:
Supported Minimum VLAN ID: 1
Supported Maximum VLAN ID: 4094
Default VLAN ID: 1
VLAN ID   Name                     Port
1         VLAN 0001                FGE1/0/53  FGE1/0/54  GE1/0/5
                                   GE1/0/6  GE1/0/7  GE1/0/8  GE1/0/9
                                   GE1/0/10  GE1/0/11  GE1/0/12
                                   GE1/0/13  GE1/0/14  GE1/0/15
                                   GE1/0/16  GE1/0/17  GE1/0/18
                                   GE1/0/19  GE1/0/20  GE1/0/21
                                   GE1/0/22  GE1/0/23  GE1/0/24
                                   GE1/0/25  GE1/0/26  GE1/0/27
                                   GE1/0/28  GE1/0/29  GE1/0/30
                                   GE1/0/31  GE1/0/32  GE1/0/33
```

```
                                       GE1/0/34  GE1/0/35  GE1/0/36
                                       GE1/0/37  GE1/0/38  GE1/0/39
                                       GE1/0/40  GE1/0/41  GE1/0/42
                                       GE1/0/43  GE1/0/44  GE1/0/45
                                       GE1/0/46  GE1/0/47  GE1/0/48
                                       XGE1/0/49  XGE1/0/50  XGE1/0/51
                                       XGE1/0/52
   10       VLAN 0010                  GE1/0/1  GE1/0/2
   20       VLAN 0020                  GE1/0/3  GE1/0/4
```

4. 实验调试

PC1 访问 PC2 和 PC3 的结果如图 3-12 所示。

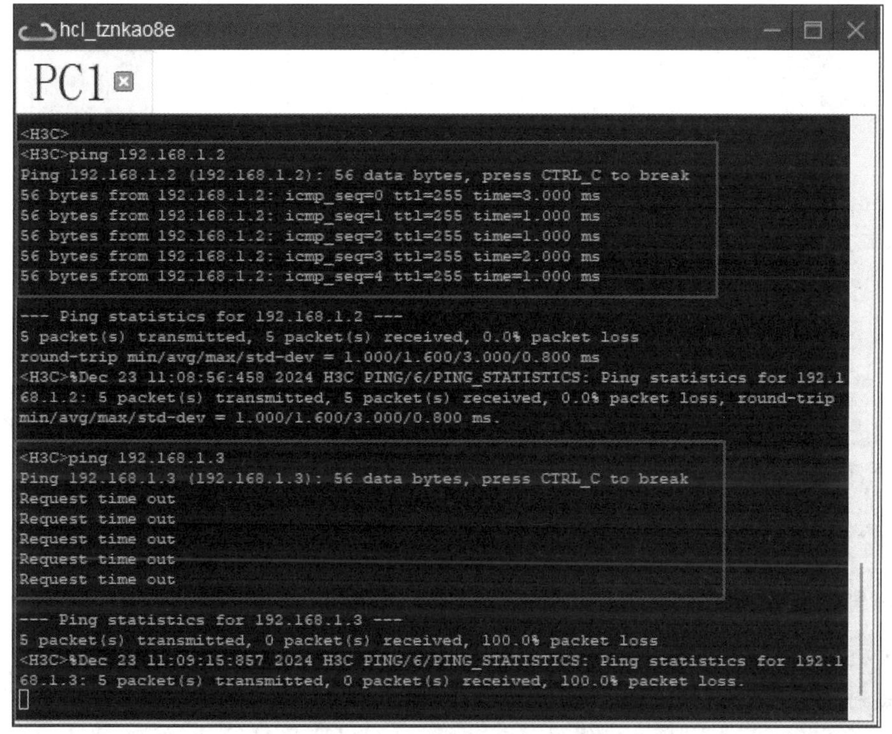

图 3-12　在 PC1 上显示的 ping 程序测试信息

3.3　实验三：思科交换机 VLAN 的创建与划分

扫一扫，看视频

1. 实验目的

（1）熟悉思科交换机 VLAN 的创建。

（2）将思科交换机接口划入特定 VLAN。

2. 实验拓扑

配置 Access 接口的实验拓扑如图 3-13 所示。

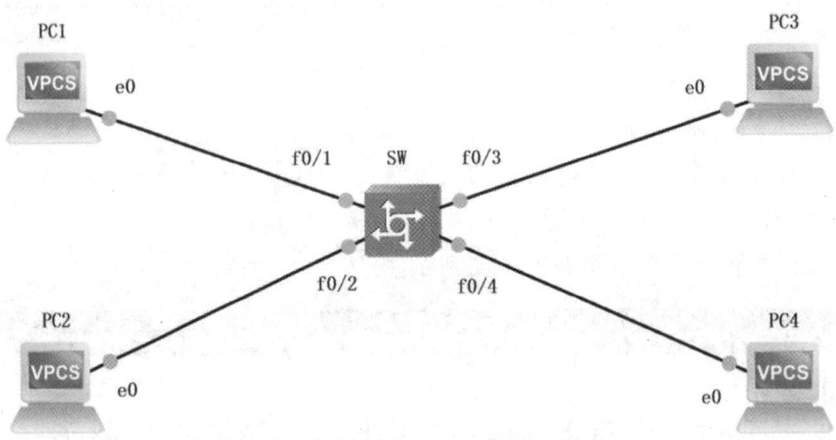

图 3-13　配置 Access 接口的实验拓扑

3. 实验步骤

（1）配置 IP 地址。

PC1 的配置如图 3-14 所示。在命令行内输入对应的 IP 地址以及子网掩码。PC2、PC3、PC4 的配置同理，这里不再赘述。

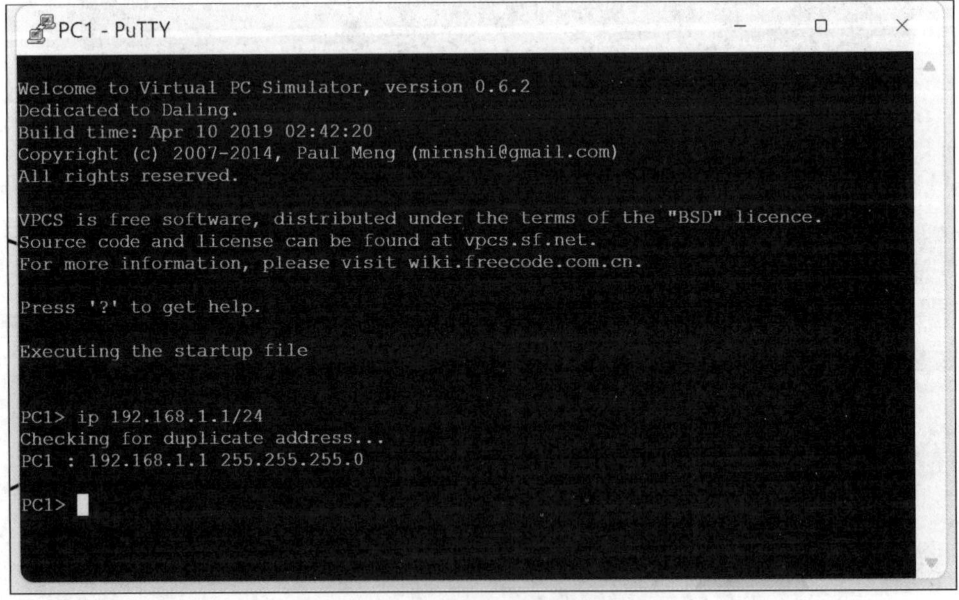

图 3-14　在 PC1 上手动添加 IP 地址

PC2 的配置如图 3-15 所示。

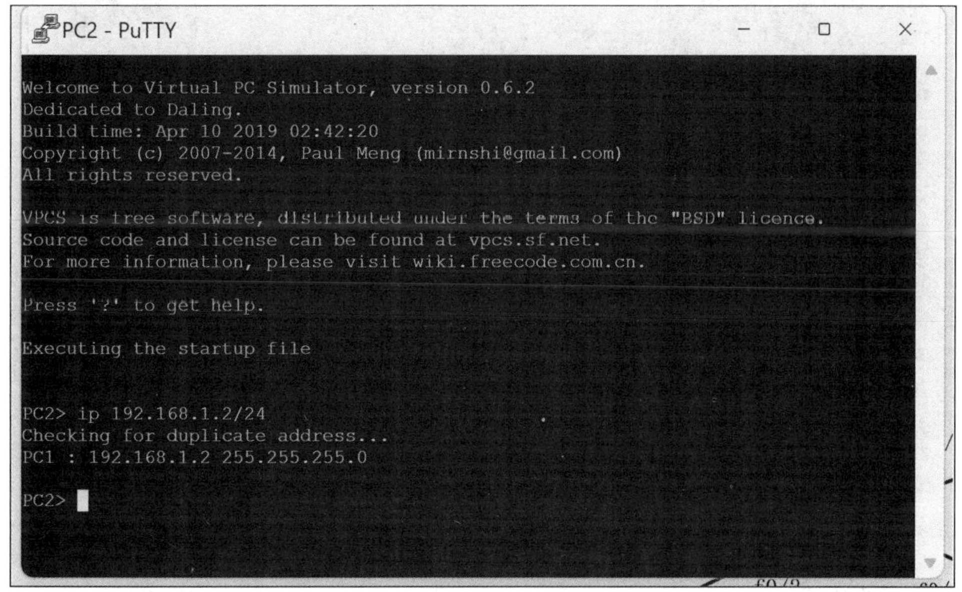

图 3-15　在 PC2 上手动添加 IP 地址

PC3 的配置如图 3-16 所示。

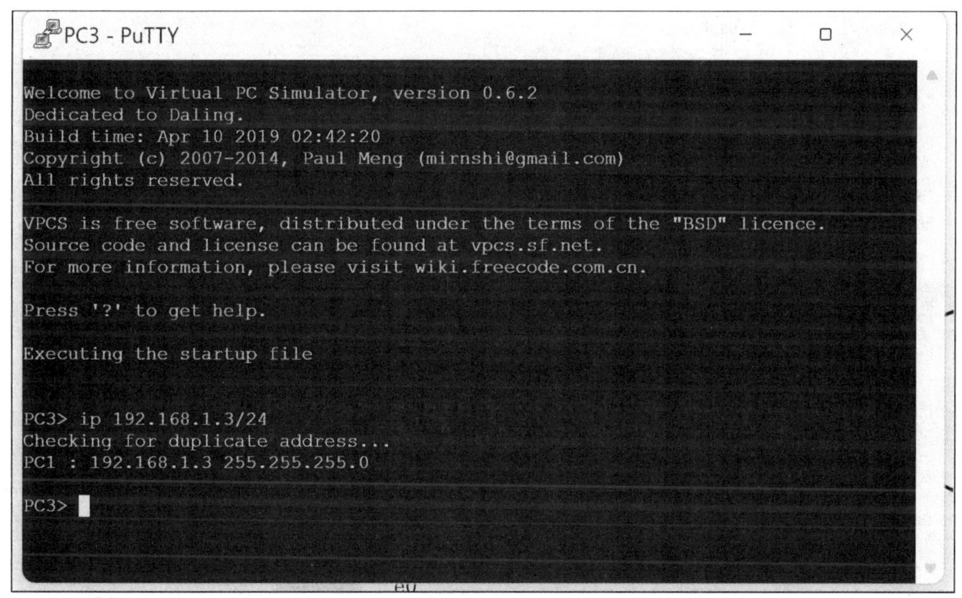

图 3-16　在 PC3 上手动添加 IP 地址

PC4 的配置如图 3-17 所示。

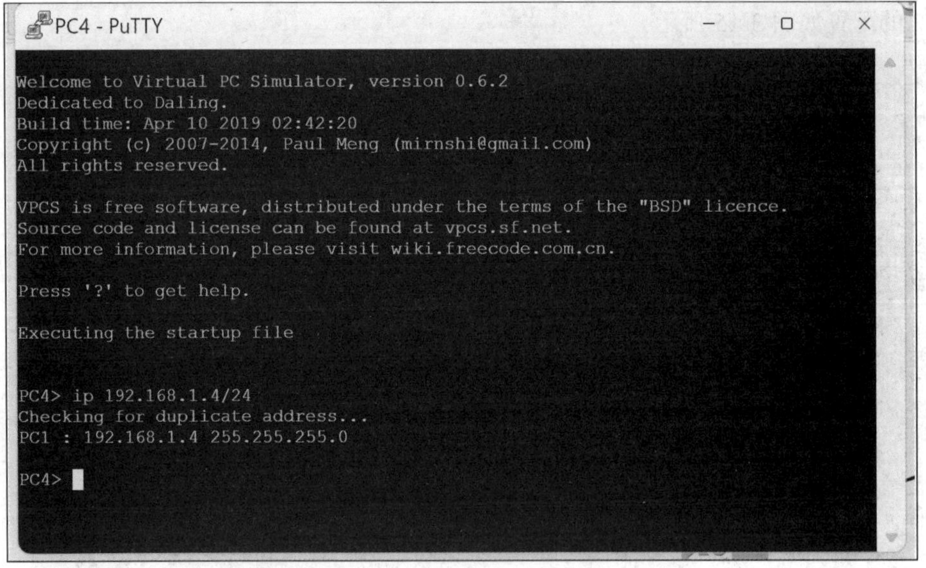

图 3-17　在 PC4 上手动添加 IP 地址

（2）创建 VLAN。

```
SW>enable
SW#vlan database        //进入 VLAN 数据库
SW(vlan)#vlan 10        //创建 VLAN10
VLAN 10 modified:
SW(vlan)#vlan 20        //创建 VLAN20
VLAN 20 added:
    Name: VLAN0020
SW(vlan)#exit           //退出并提交配置
APPLY completed.
Exiting...
```

【提示】

思科的真实交换机支持在全局配置模式下创建 VLAN：

```
SW#configure terminal
SW(config)#vlan 10
SW(config)#exit
```

（3）把接口划入 VLAN。

```
SW(config)#interface f0/1
SW(config-if)#switchport mode access             //端口模式为接入模式
SW(config-if)#switchport access vlan 10          //端口属于 VLAN10
SW(config-if)#exit
SW(config)#interface f0/2
SW(config-if)#switchport mode access
```

```
SW(config-if)#switchport access vlan 10
SW(config-if)#exit
```

【提示】

把连续的接口划入 VLAN20 的命令如下。

```
SW(config)#interface range f0/3 -4
SW(config-if-range)#switchport mode access
SW(config-if-range)#switchport access vlan 20
SW(config-if-range)#exit
```

如果需要对多个以太网接口进行相同的 VLAN 配置，可以采用 range 批量配置，以减少重复配置工作。在指定接口范围时，不连续的接口用逗号（，）分隔，连续的接口用短横线（-）表示范围。

（4）查看创建的所有 VLAN 的基本信息。

```
SW#show vlan-switch  //查看 VLAN 信息

VLAN Name                         Status    Ports
---- ---------------------------- --------- -------------------------------
1    default                      active    Fa0/0, Fa0/5, Fa0/6, Fa0/7
                                            Fa0/8, Fa0/9, Fa0/10, Fa0/11
                                            Fa0/12, Fa0/13, Fa0/14, Fa0/15
10   VLAN0010                     active    Fa0/1, Fa0/2
20   VLAN0020                     active    Fa0/3, Fa0/4
1002 fddi-default                 active
1003 token-ring-default           active
1004 fddinet-default              active
1005 trnet-default                active

VLAN Type  SAID       MTU   Parent RingNo BridgeNo Stp  BrdgMode Trans1 Trans2
---- ----- ---------- ----- ------ ------ -------- ---- -------- ------ ------
1    enet  100001     1500  -      -      -        -    -        1002   1003
10   enet  100010     1500  -      -      -        -    -        0      0
20   enet  100020     1500  -      -      -        -    -        0      0
1002 fddi  101002     1500  -      -      -        -    -        1      1003
1003 tr    101003     1500  1005   0      -        -    srb      1      1002
1004 fdnet 101004     1500  -      -      1        ibm  -        0      0
1005 trnet 101005     1500  -      -      1        ibm  -        0      0
```

通过以上输出可以看到，Fa0/1、Fa0/2 属于 VLAN10，Fa0/3、Fa0/4 属于 VLAN20。

4. 实验调试

PC1 访问 PC2 和 PC3 的结果如图 3-18 所示。

通过以上输出可以看到，相同的 VLAN 可以相互通信，不同的 VLAN 不能相互通信。

```
PC1 - PuTTY
NAME   IP/MASK              GATEWAY           MAC                 LPORT  RHOST:PO
RT
PC1    192.168.1.1/24       0.0.0.0           00:50:79:66:68:00   10016  127.0.0.
1:10017
       fe80::250:79ff:fe66:6800/64

PC1> show

NAME   IP/MASK              GATEWAY           MAC                 LPORT  RHOST:PORT
PC1    192.168.1.1/24       0.0.0.0           00:50:79:66:68:00   10016  127.0.0.1:10
017
       fe80::250:79ff:fe66:6800/64

PC1> ping 192.168.1.2
84 bytes from 192.168.1.2 icmp_seq=1 ttl=64 time=0.772 ms
84 bytes from 192.168.1.2 icmp_seq=2 ttl=64 time=1.914 ms
84 bytes from 192.168.1.2 icmp_seq=3 ttl=64 time=2.083 ms
84 bytes from 192.168.1.2 icmp_seq=4 ttl=64 time=1.865 ms
84 bytes from 192.168.1.2 icmp_seq=5 ttl=64 time=1.822 ms

PC1> ping 192.168.1.3
host (192.168.1.3) not reachable

PC1>
```

图 3-18　PC1 上显示的 ping 程序测试信息

3.4　各厂商创建 VLAN 的命令对比

在网络设备中，华为和新华三创建 VLAN 的命令类似，思科和锐捷创建 VLAN 的命令类似，它们之间的命令对比如表 3-1 所示。

表 3-1　各厂商创建 VLAN 的命令对比

华为和新华三设备	思科和锐捷设备	命令作用
华为命令： vlan batch 10 20 新华三命令： vlan 10 quit vlan 20 quit	vlan database vlan 10 vlan 20	创建 VLAN10 和 VLAN20
华为命令： interface g0/0/1 port link-type access port default vlan 10 quit 新华三命令： interface g1/0/1 port link-type access port access vlan 10 quit	interface f0/1 switchport mode access switchport access vlan 10 exit	把接口划入 VLAN10
华为命令：display vlan 新华三命令：display vlan brief	show vlan-switch	查看 VLAN 信息

‖ 项目案例 4 ‖

交换机 Trunk 技术

4.1　实验一：华为交换机 Trunk 接口的配置

扫一扫，看视频

1. 实验目的

配置华为交换机的 Trunk 接口。

2. 实验拓扑

配置华为交换机 Trunk 接口的实验拓扑如图 4-1 所示。

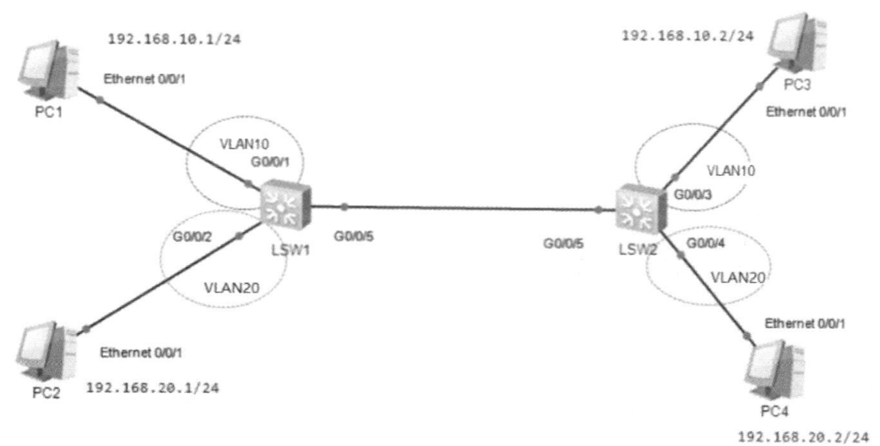

图 4-1　配置华为交换机 Trunk 接口的实验拓扑

3. 实验步骤

（1）配置 IP 地址。

PC1 的配置如图 4-2 所示。在【IPv4 配置】下选中【静态】单选按钮，输入对应的 IP 地址以及子网掩码，然后单击【应用】按钮。PC2、PC3、PC4 的配置同理，这里不再赘述。

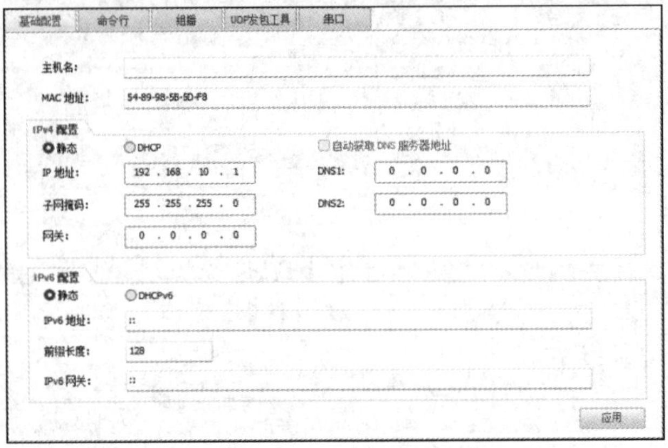

图 4-2　在 PC1 上手动添加 IP 地址

PC2 的配置如图 4-3 所示。

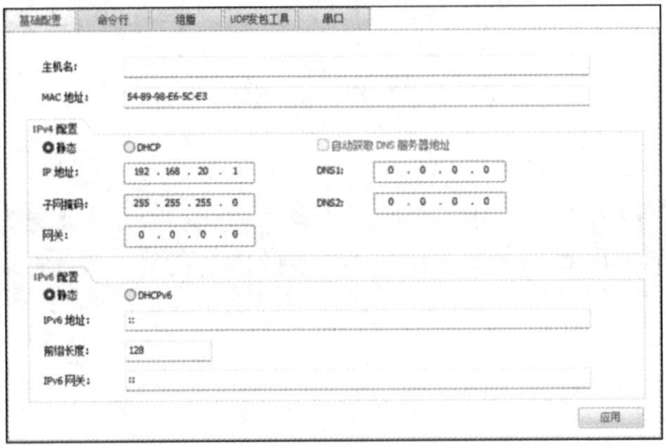

图 4-3　在 PC2 上手动添加 IP 地址

PC3 的配置如图 4-4 所示。

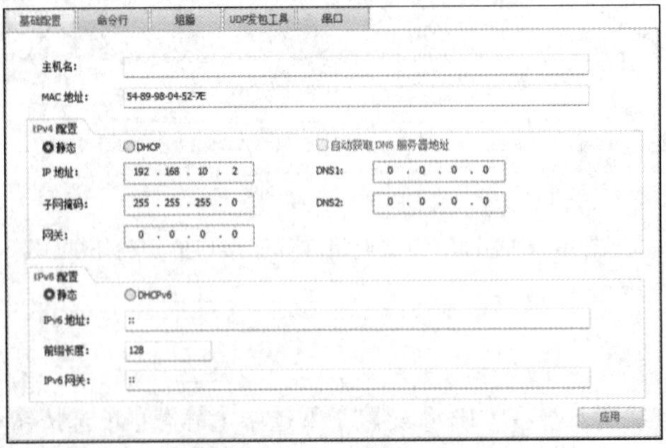

图 4-4　在 PC3 上手动添加 IP 地址

PC4 的配置如图 4-5 所示。

图 4-5　在 PC4 上手动添加 IP 地址

（2）配置交换机 VLAN。

LSW1 的配置：

```
<Huawei>system-view
[Huawei]sysname LSW1
[LSW1]vlan batch 10 20
[LSW1]interface g0/0/1
[LSW1-GigabitEthernet0/0/1]port link-type access
[LSW1-GigabitEthernet0/0/1]port default vlan 10
[LSW1-GigabitEthernet0/0/1]quit
[LSW1]interface g0/0/2
[LSW1-GigabitEthernet0/0/2]port link-type access
[LSW1-GigabitEthernet0/0/2]port default vlan 20
[LSW1-GigabitEthernet0/0/2]quit
```

LSW2 的配置：

```
<Huawei>system-view
[Huawei]sysname LSW2
[LSW2]vlan batch 10 20
[LSW2]interface g0/0/3
[LSW2-GigabitEthernet0/0/3]port link-type access
[LSW2-GigabitEthernet0/0/3]port default vlan 10
[LSW2-GigabitEthernet0/0/3]quit
[LSW2]interface g0/0/4
[LSW2-GigabitEthernet0/0/4]port link-type access
[LSW2-GigabitEthernet0/0/4]port default vlan 20
[LSW2-GigabitEthernet0/0/4]quit
```

（3）配置 Trunk 接口。

LSW1 的配置：

```
[LSW1]interface g0/0/5
```

```
[LSW1-GigabitEthernet0/0/5]port link-type trunk //配置接口模式为 Trunk
//配置 Trunk 链路只允许 VLAN10 和 VLAN20 的数据通过
[LSW1-GigabitEthernet0/0/5]port trunk allow-pass vlan 10 20
//配置接口的默认 VLAN，当接口转发不带标签的帧时，配置此命令会携带对应的默认 VLAN 标签
//由于该命令是将默认 VLAN 改成 1，设备默认所有接口都属于 VLAN1，因此输入后无法看到配置效
//果，可以不做配置
[LSW1-GigabitEthernet0/0/5]port trunk pvid vlan 1
[LSW1-GigabitEthernet0/0/5]quit
```

LSW2 的配置：

```
[LSW2]interface g0/0/5
[LSW2-GigabitEthernet0/0/5]port link-type trunk
[LSW2-GigabitEthernet0/0/5]port trunk allow-pass vlan 10 20
[LSW2-GigabitEthernet0/0/5]port trunk pvid vlan 1
[LSW2-GigabitEthernet0/0/5]quit
```

查看 Trunk：

```
[LSW1]display vlan
The total number of vlans is : 3
--------------------------------------------------------------------------------
U: Up;        D: Down;        TG: Tagged;        UT: Untagged;
MP: Vlan-mapping;              ST: Vlan-stacking;
#: ProtocolTransparent-vlan;   *: Management-vlan;
--------------------------------------------------------------------------------
VID  Type    Ports
--------------------------------------------------------------------------------
1    common  UT:GE0/0/3(D)     GE0/0/4(D)     GE0/0/5(U)     GE0/0/6(D)
                GE0/0/7(D)     GE0/0/8(D)     GE0/0/9(D)     GE0/0/10(D)
                GE0/0/11(D)    GE0/0/12(D)    GE0/0/13(D)    GE0/0/14(D)
                GE0/0/15(D)    GE0/0/16(D)    GE0/0/17(D)    GE0/0/18(D)
                GE0/0/19(D)    GE0/0/20(D)    GE0/0/21(D)    GE0/0/22(D)
                GE0/0/23(D)    GE0/0/24(D)
10   common  UT:GE0/0/1(U)
             TG:GE0/0/5(U)
20   common  UT:GE0/0/2(U)
             TG:GE0/0/5(U)
VID  Status  Property     MAC-LRN Statistics Description
--------------------------------------------------------------------------------
1    enable  default      enable  disable    VLAN 0001
10   enable  default      enable  disable    VLAN 0010
20   enable  default      enable  disable    VLAN 0020
```

通过以上输出可以看到，G0/0/5 分别属于 VLAN10 和 VLAN20，并且接口前面标识为 TG，代表 G0/0/5 接口能够转发 VLAN10 和 VLAN20 的数据，并且是以带标签的形式进行转发的。

4．实验调试

PC1 访问 PC3 的结果如图 4-6 所示。

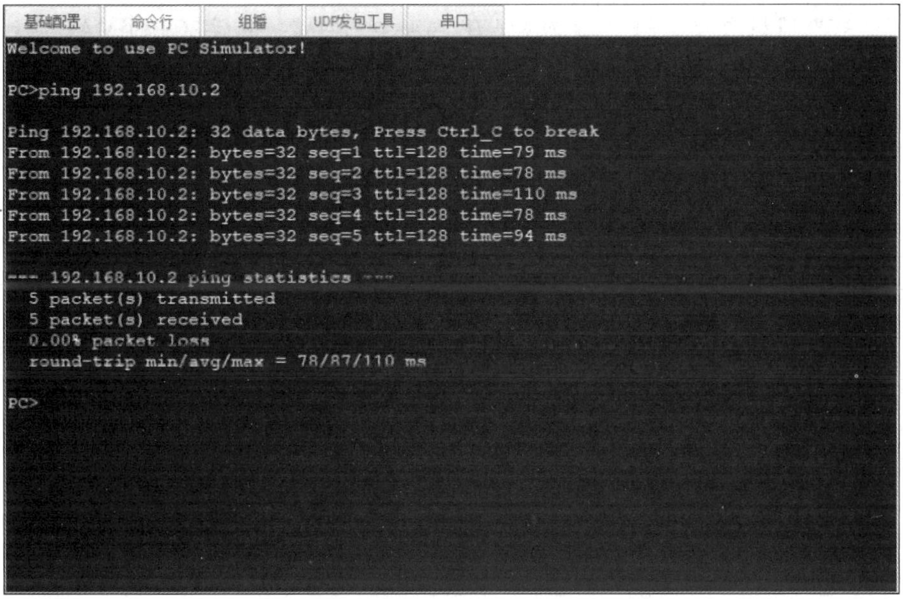

基础配置　命令行　组播　UDP发包工具　串口

```
Welcome to use PC Simulator!

PC>ping 192.168.10.2

Ping 192.168.10.2: 32 data bytes, Press Ctrl_C to break
From 192.168.10.2: bytes=32 seq=1 ttl=128 time=79 ms
From 192.168.10.2: bytes=32 seq=2 ttl=128 time=78 ms
From 192.168.10.2: bytes=32 seq=3 ttl=128 time=110 ms
From 192.168.10.2: bytes=32 seq=4 ttl=128 time=78 ms
From 192.168.10.2: bytes=32 seq=5 ttl=128 time=94 ms

--- 192.168.10.2 ping statistics ---
  5 packet(s) transmitted
  5 packet(s) received
  0.00% packet loss
  round-trip min/avg/max = 78/87/110 ms

PC>
```

图 4-6　PC1 上显示的 ping 程序测试信息

⌘【思考】

PC1 访问 PC3 数据的流程是什么？

解析：当用户主机 PC1 发送报文给用户主机 PC3 时，报文的发送过程如下（假设交换机 LSW1 和 LSW2 上还未建立任何转发表项）。

（1）PC1 判断目的 IP 地址跟自己的 IP 地址在同一网段，于是发送 ARP 广播请求报文获取目的主机 PC3 的 MAC 地址，报文目的 MAC 地址全填 F，目的 IP 地址为 PC3 的 IP 地址 192.168.10.2。

（2）报文到达 LSW1 的接口 G0/0/1，发现是 Untagged 数据帧，给报文添加 VID=10 的 Tag（Tag 的 VID=接口的 PVID），然后将报文的源 MAC 地址和 VID 与接口的对应关系（PC1 的 MAC 地址、10、G0/0/1）添加进 MAC 地址表。

（3）LSW1 的 G0/0/5 接口在发出 ARP 请求报文前，因为接口的 PVID=1（默认值），与报文的 VID 不相等，直接透传该报文到 LSW2 的 G0/0/5 接口，不剥除报文的 Tag。

（4）LSW2 的 G0/0/5 接口接收到该报文后，判断报文的 Tag 中的 VID=10 是接口允许通过的 VLAN，接收该报文。

（5）LSW2 的 G0/0/3 接口在发出 ARP 请求报文前，根据接口配置，剥离 VID=10 的 Tag。

（6）PC3 接收到该 ARP 请求报文，将 PC1 的 MAC 地址和 IP 地址的对应关系记录到 ARP 表。然后比较目的 IP 地址与自己的 IP 地址，发现和自己的相同，就发送 ARP 响应报文，在报文中封装自己的 MAC 地址，目的 IP 地址为 PC1 的 IP 地址 192.168.10.1。

（7）LSW2 的 G0/0/3 接口接收到 ARP 响应报文后，同样给报文添加 VID=10 的 Tag。

（8）LSW2 将报文的源 MAC 地址和 VID 与接口的对应关系（PC3 的 MAC 地址、10、G0/0/3）添加进 MAC 地址表，然后根据报文的目的 MAC 地址和 VID（PC1 的 MAC 地址、10）查找 MAC 地址表，由于前面已记录，查找成功，向出接口 G0/0/5 转发该 ARP 响应报文。因为接口 G0/0/5 为 Trunk 接口且 PVID=1（默认值），与报文的 VID 不相等，直接透传报文到 LSW1 的 G0/0/5 接口。

（9）LSW1 的 G0/0/5 接口接收到 PC3 的 ARP 响应报文后，判断报文的 Tag 中的 VID=10 是接口允许通过的 VLAN，接收该报文。

（10）LSW1 向出接口 G0/0/1 转发前，同样根据接口配置剥离 VID=10 的 Tag。

（11）PC1 接收到 PC3 的 ARP 响应报文，将 PC3 的 MAC 地址和 IP 地址的对应关系记录到 ARP 表。

可见，干道链路除了可以传输多个 VLAN 的数据帧，还起到透传 VLAN 的作用，即在干道链路上数据帧只会转发，不会发生 Tag 的添加或剥离。

【技术要点】

Trunk 接口接收和发送数据帧的方式如下。

（1）接收数据帧。

- Untagged 数据帧：添加 PVID 且如果 VID 在允许列表中，则接收；如果不在允许列表中，则丢弃。
- Tagged 数据帧：查看 VID 是否在允许列表中，如果在允许列表中，则接收；如果不在允许列表中，则丢弃。

（2）发送数据帧。

- 如果 VID 在允许列表中，且 VID 与 PVID 一致，则剥离标签发送。
- 如果 VID 在允许列表中，但 VID 与 PVID 不一致，则直接带标签发送。
- 如果 VID 不在允许列表中，则直接丢弃。

扫一扫，看视频

4.2 实验二：新华三交换机 Trunk 接口的配置

1. 实验目的

配置新华三交换机的 Trunk 接口。

2. 实验拓扑

配置新华三交换机的 Trunk 接口的实验拓扑如图 4-7 所示。

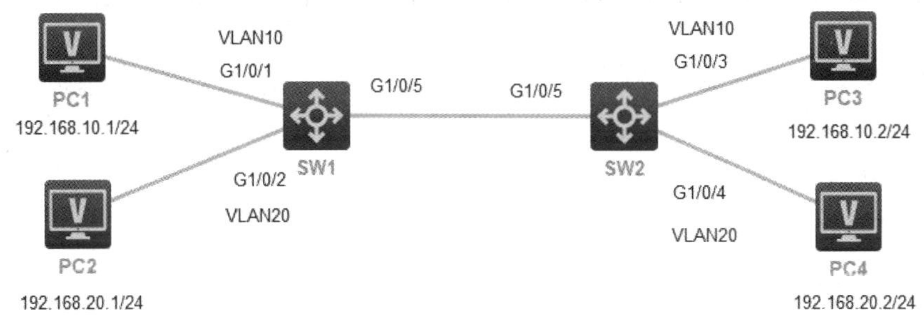

图 4-7　配置新华三交换机的 Trunk 接口的实验拓扑

3. 实验步骤

（1）配置 IP 地址。

PC1 的配置如图 4-8 所示。在【接口管理】中选中【启用】单选按钮，在【IPv4 配置】下选中【静态】单选按钮，输入对应的 IP 地址以及子网掩码，然后单击【启用】按钮。PC2、PC3、PC4 的配置同理，这里不再赘述。

PC2 的配置如图 4-9 所示。

图 4-8　在 PC1 上手动添加 IP 地址

图 4-9　在 PC2 上手动添加 IP 地址

PC3 的配置如图 4-10 所示。

PC4 的配置如图 4-11 所示。

图 4-10　在 PC3 上手动添加 IP 地址

图 4-11　在 PC4 上手动添加 IP 地址

（2）配置交换机 VLAN。

SW1 的配置：

```
<H3C>system-view
[H3C]undo info-center enable
[H3C]sysname SW1
[SW1]vlan 10
[SW1-vlan10]vlan 20
[SW1-vlan20]quit
[SW1]interface g1/0/1
[SW1-GigabitEthernet1/0/1]port link-type access
[SW1-GigabitEthernet1/0/1]port access vlan 10
[SW1-GigabitEthernet1/0/1]quit
[SW1]interface g1/0/2
[SW1-GigabitEthernet1/0/2]port link-type access
[SW1-GigabitEthernet1/0/2]port access vlan 20
[SW1-GigabitEthernet1/0/2]quit
```

SW2 的配置：

```
<H3C>system-view
[H3C]undo info-center enable
[H3C]sysname SW2
[SW2]vlan 10
[SW2-vlan10]vlan 20
[SW2-vlan20]quit
[SW2]interface g1/0/3
[SW2-GigabitEthernet1/0/3]port link-type access
```

```
[SW2-GigabitEthernet1/0/3]port access vlan 10
[SW2-GigabitEthernet1/0/3]quit
[SW2]interface g1/0/4
[SW2-GigabitEthernet1/0/4]port link-type access
[SW2-GigabitEthernet1/0/4]port access vlan 20
[SW2-GigabitEthernet1/0/4]quit
```

（3）配置 Trunk 接口。

SW1 的配置：

```
[SW1]interface g1/0/5
[SW1-GigabitEthernet1/0/5]port  link-type trunk
[SW1-GigabitEthernet1/0/5]port trunk permit vlan 10 20
[SW1-GigabitEthernet1/0/5]port trunk pvid vlan 1
[SW1-GigabitEthernet1/0/5]quit
```

SW2 的配置：

```
[SW2]interface g1/0/5
[SW2-GigabitEthernet1/0/5]port link-type trunk
[SW2-GigabitEthernet1/0/5]port trunk permit  vlan 10 20
[SW2-GigabitEthernet1/0/5]port trunk pvid vlan 1
[SW2-GigabitEthernet1/0/5]quit
```

查看 Trunk：

```
[SW2]display port trunk
Interface              PVID    VLAN Passing
GE1/0/5                1       1, 10, 20
```

4. 实验调试

PC1 访问 PC3 的结果如图 4-12 所示。

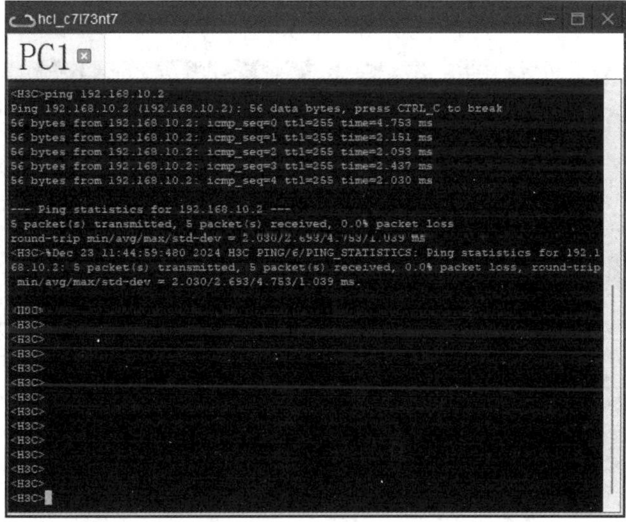

图 4-12　在 PC1 上显示的 ping 程序测试信息

扫一扫，看视频

4.3 实验三：思科交换机 Trunk 接口的配置

1. 实验目的

配置思科交换机的 Trunk 接口。

2. 实验拓扑

配置思科交换机 Trunk 接口的实验拓扑如图 4-13 所示。

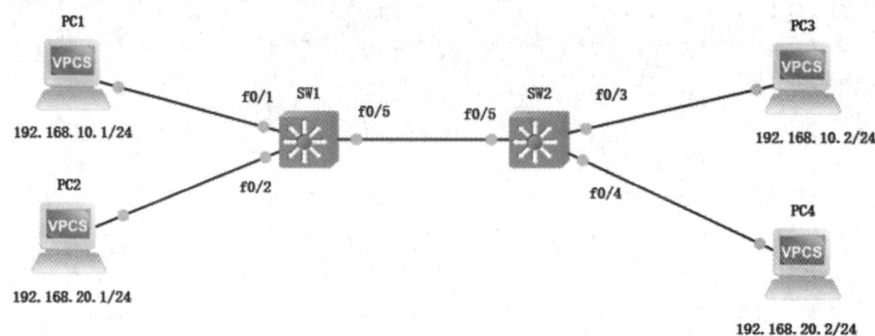

图 4-13 配置思科交换机 Trunk 接口的实验拓扑

3. 实验步骤

（1）配置 IP 地址。

PC1 的配置如图 4-14 所示。在命令行内输入对应的 IP 地址以及子网掩码。PC2、PC3、PC4 的配置同理，这里不再赘述。

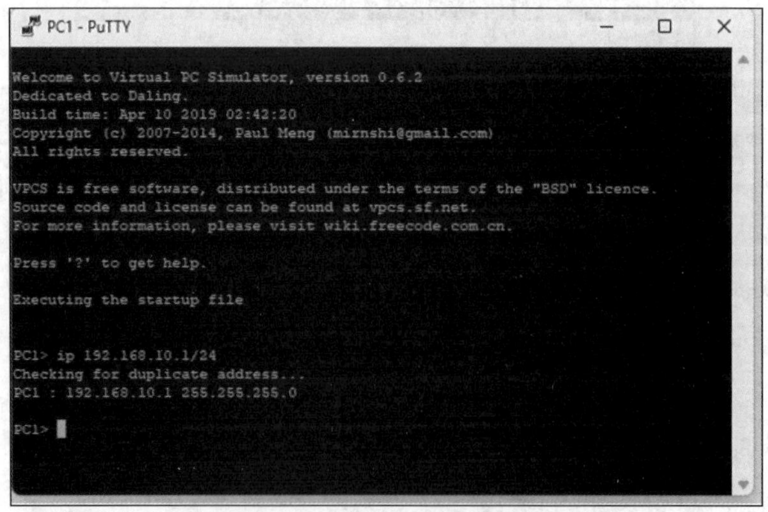

图 4-14 在 PC1 上手动添加 IP 地址

PC2 的配置如图 4-15 所示。

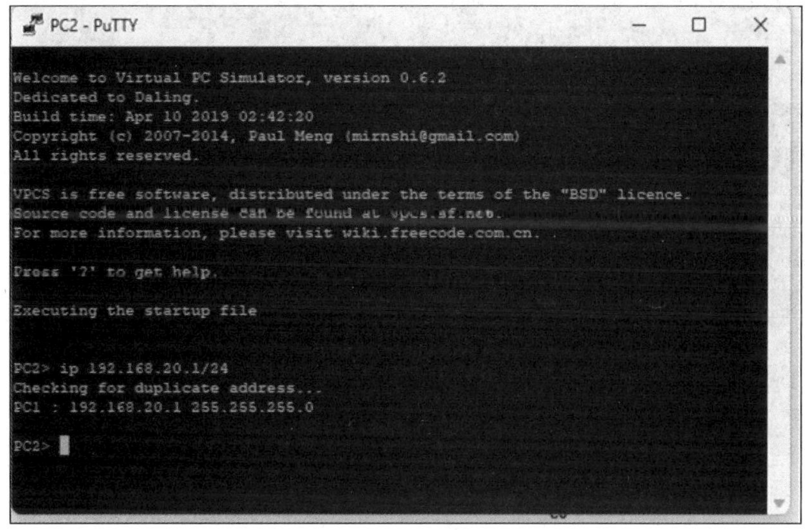

图 4-15　在 PC2 上手动添加 IP 地址

PC3 的配置如图 4-16 所示。

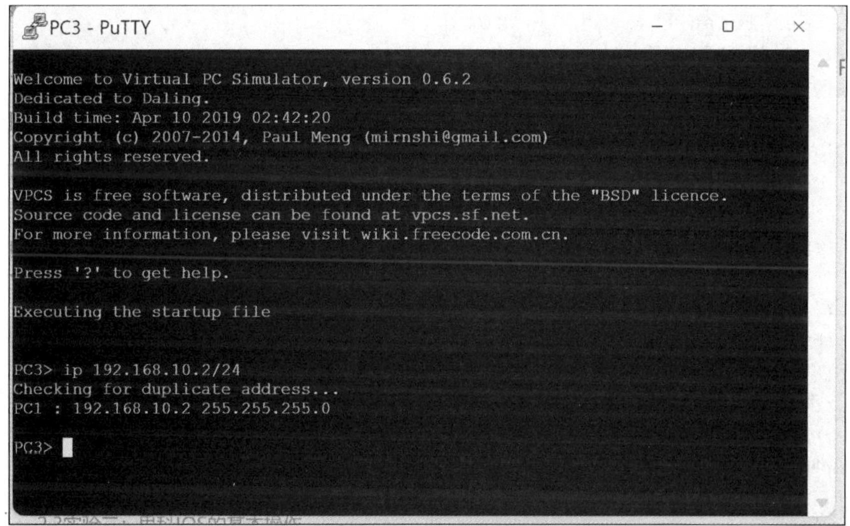

图 4-16　在 PC3 上手动添加 IP 地址

PC4 的配置如图 4-17 所示。

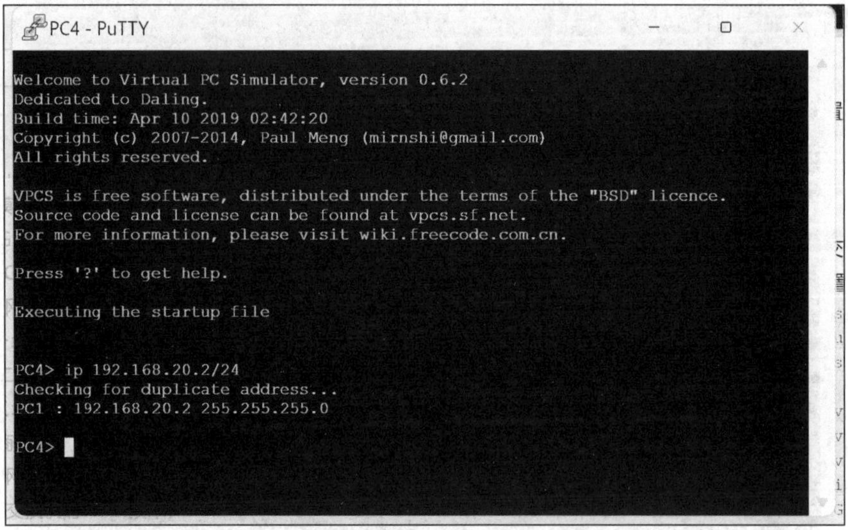

```
PC4 - PuTTY

Welcome to Virtual PC Simulator, version 0.6.2
Dedicated to Daling.
Build time: Apr 10 2019 02:42:20
Copyright (c) 2007-2014, Paul Meng (mirnshi@gmail.com)
All rights reserved.

VPCS is free software, distributed under the terms of the "BSD" licence.
Source code and license can be found at vpcs.sf.net.
For more information, please visit wiki.freecode.com.cn.

Press '?' to get help.

Executing the startup file


PC4> ip 192.168.20.2/24
Checking for duplicate address...
PC1 : 192.168.20.2 255.255.255.0

PC4>
```

图 4-17　在 PC4 上手动添加 IP 地址

（2）配置交换机 VLAN。

SW1 的配置：

```
SW1#vlan database
SW1(vlan)#vlan 10
VLAN 10 modified:
SW1(vlan)#vlan 20
VLAN 20 added:
   Name: VLAN0020
SW1(vlan)#exit
SW1#configure terminal
SW1(config)#interface f0/1
SW1(config-if)#switchport mode access
SW1(config-if)#switchport access vlan 10
SW1(config-if)#exit
SW1(config)#interface f0/2
SW1(config-if)#switchport mode access
SW1(config-if)#switchport access vlan 20
SW1(config-if)#exit
```

SW2 的配置：

```
SW2#vlan database
SW2(vlan)#vlan 10
VLAN 10 added:
   Name: VLAN0010
SW2(vlan)#vlan 20
VLAN 20 added:
   Name: VLAN0020
SW2(vlan)#exit
```

```
APPLY completed.
Exiting...
SW2#configure terminal
SW2(config)#interface f0/3
SW2(config-if)#switchport mode access
SW2(config-if)#switchport access vlan 10
SW2(config-if)#exit
SW2(config)#interface f0/4
SW2(config-if)#switchport mode access
SW2(config-if)#switchport access vlan 20
SW2(config-if)#exit
SW2(config)#
```

（3）配置 Trunk 接口。

SW1 的配置：

```
SW1(config)#interface f0/5
//交换机端口的 Trunk 封装类型为 802.1q
SW1(config-if)#switchport trunk encapsulation dot1q
SW1(config-if)#switchport mode trunk
SW1(config-if)#switchport trunk allowed vlan all
SW1(config-if)#exit
```

SW2 的配置：

```
SW2(config)#interface f0/5
SW2(config-if)#switchport trunk encapsulation dot1q
SW2(config-if)#switchport mode trunk
SW2(config-if)#switchport trunk allowed vlan all
SW2(config-if)#exit
```

查看 Trunk：

```
SW1#show interfaces trunk

Port      Mode         Encapsulation  Status        Native vlan
Fa0/5     on           802.1q         trunking      1

Port      Vlans allowed on trunk
Fa0/5     1-1005

Port      Vlans allowed and active in management domain
Fa0/5     1,10,20

Port      Vlans in spanning tree forwarding state and not pruned
Fa0/5     1,10,20
```

4．实验调试

PC1 访问 PC3 的结果如图 4-18 示。

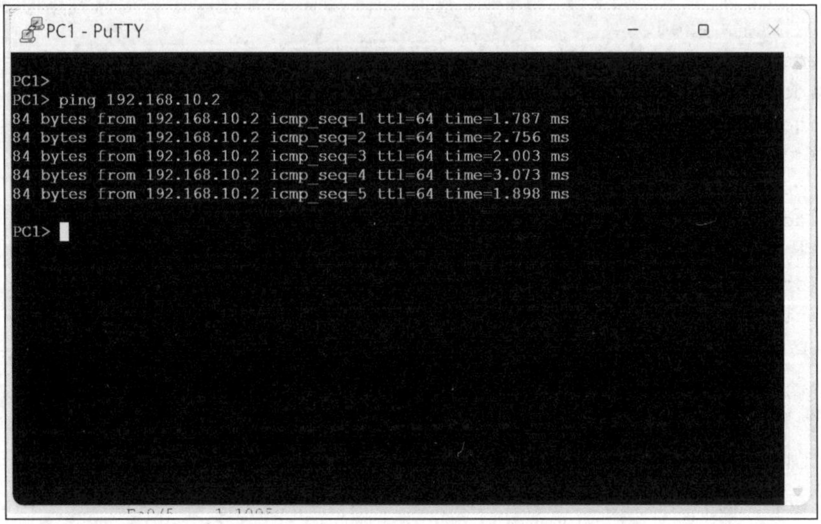

PC1 - PuTTY

```
PC1>
PC1> ping 192.168.10.2
84 bytes from 192.168.10.2 icmp_seq=1 ttl=64 time=1.787 ms
84 bytes from 192.168.10.2 icmp_seq=2 ttl=64 time=2.756 ms
84 bytes from 192.168.10.2 icmp_seq=3 ttl=64 time=2.003 ms
84 bytes from 192.168.10.2 icmp_seq=4 ttl=64 time=3.073 ms
84 bytes from 192.168.10.2 icmp_seq=5 ttl=64 time=1.898 ms

PC1>
```

图 4-18　PC1 上显示的 ping 程序测试信息

4.4　各厂商配置 Trunk 接口的命令对比

在网络设备中，华为和新华三配置 Trunk 接口的命令类似，思科和锐捷配置 Trunk 接口的命令类似，它们之间的命令对比如表 4-1 所示。

表 4-1　各厂商设置 Trunk 接口的命令对比

华为和新华三设备	思科和锐捷设备	命令作用
华为命令： interface g0/0/5 port link-type trunk port trunk allow-pass vlan 10 20 port trunk pvid vlan 1 新华三命令： interface g1/0/5 port link-type trunk port trunk permit vlan 10 20 port trunk pvid vlan 1	interface g0/0/5 switchport trunk encapsulation dot1q switchport mode trunk switchport trunk allowed vlan all	把 g0/0/5 设置成 trunk
华为命令：display vlan 新华三命令：display port trunk	show interfaces trunk	查看 Trunk 信息

‖ 项目案例 5 ‖

交换机 Hybrid 技术

5.1 实验一：华为交换机 Hybrid 接口的配置

扫一扫，看视频

1．实验目的

（1）掌握 VLAN 的创建方法。

（2）掌握 Hybrid 接口的配置方法。

（3）掌握基于接口划分 VLAN 的配置方法。

2．实验拓扑

配置华为交换机 Hybrid 接口的实验拓扑如图 5-1 所示。

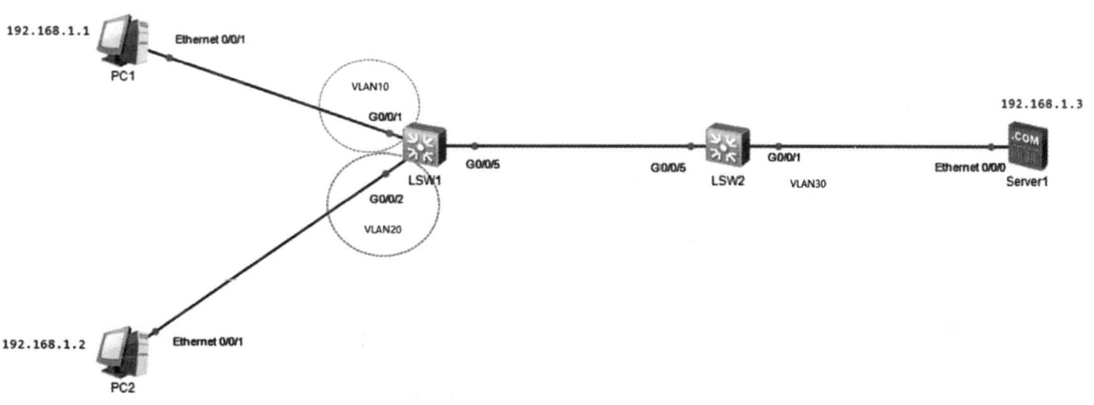

图 5-1　配置华为交换机 Hybrid 接口的实验拓扑

3．实验步骤

（1）配置 IP 地址。

PC1 的配置如图 5-2 所示。在【IPv4 配置】下选中【静态】单选按钮，输入对应的 IP 地址以及子网掩码，然后单击【应用】按钮。PC2、Server1 的配置同理，这里不再赘述。

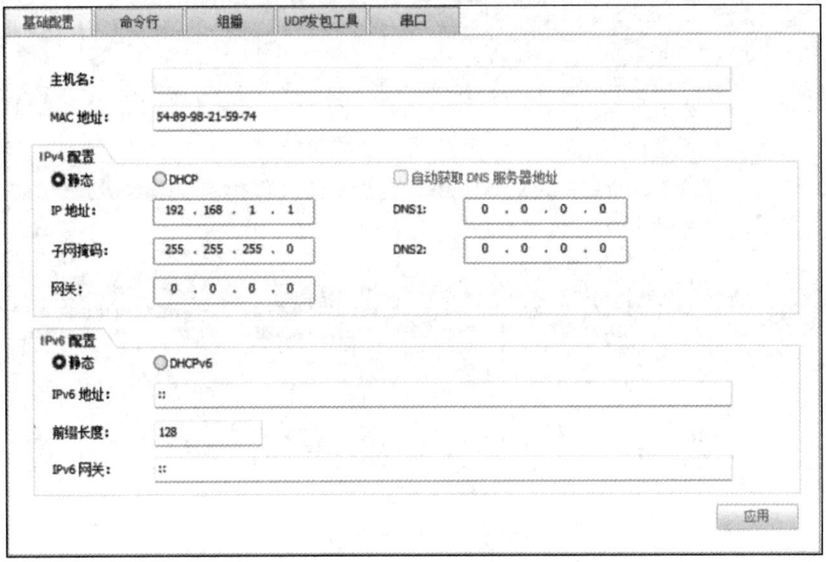

图 5-2　在 PC1 上手动添加 IP 地址

PC2 的配置如图 5-3 所示。

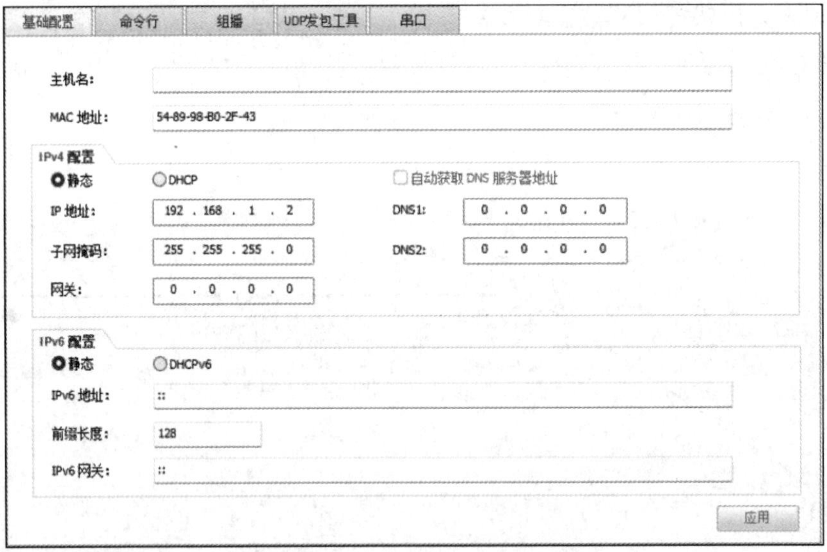

图 5-3　在 PC2 上手动添加 IP 地址

Server1 的配置如图 5-4 所示。

图 5-4　在 Server1 上手动添加 IP 地址

（2）在交换机 LSW1 和 LSW2 上创建 VLAN。

LSW1 的配置：

```
<Huawei>system-view
[Huawei]undo info-center enable
[Huawei]sysname LSW1
[LSW1]vlan batch 10 20 30  //创建 VLAN10、VLAN20、VLAN30
```

LSW2 的配置：

```
<Huawei>system-view
[Huawei]undo info-center enable
[Huawei]sysname LSW2
[LSW2]vlan batch 10 20 30  //创建 VLAN10、VLAN20、VLAN30
```

（3）将交换机 LSW1 和 LSW2 之间的链路设置成 Trunk。

LSW1 的配置：

```
[LSW1]interface g0/0/5
[LSW1-GigabitEthernet0/0/5]port link-type trunk      //端口的类型为 Trunk
//允许 VLAN10、VLAN20、VLAN30 通过
[LSW1-GigabitEthernet0/0/5]port trunk allow-pass vlan 10 20 30
```

LSW2 的配置：

```
[LSW2]interface g0/0/5
[LSW2-GigabitEthernet0/0/5]port link-type trunk
[LSW2-GigabitEthernet0/0/5]port trunk allow-pass vlan 10 20 30
[LSW2-GigabitEthernet0/0/5]quit
```

（4）配置 Hybrid 接口。

LSW1 的配置：

```
[LSW1]interface g0/0/1
//配置接口类型为混合接口，华为设备默认的接口类型也为混合接口，此步骤可以省略
[LSW1-GigabitEthernet0/0/1]port link-type hybrid
//配置 Hybrid 类型接口加入的 VLAN，这些 VLAN 的帧以 Untagged 方式通过接口
[LSW1-GigabitEthernet0/0/1]port hybrid untagged vlan 10 30
//配置接口的 PVID 为 VLAN10
[LSW1-GigabitEthernet0/0/1]port hybrid pvid vlan 10
[LSW1-GigabitEthernet0/0/1]quit
[LSW1]interface g0/0/2
[LSW1-GigabitEthernet0/0/2]port link-type hybrid
[LSW1-GigabitEthernet0/0/2]port hybrid pvid vlan 20
[LSW1-GigabitEthernet0/0/2]port hybrid untagged vlan 20 30
[LSW1-GigabitEthernet0/0/2]quit
```

LSW2 的配置：

```
[LSW2]interface g0/0/1
[LSW2-GigabitEthernet0/0/1]port link-type hybrid
[LSW2-GigabitEthernet0/0/1]port hybrid pvid vlan 30
[LSW2-GigabitEthernet0/0/1]port hybrid untagged vlan 10 20 30
[LSW2-GigabitEthernet0/0/1]quit
```

【技术要点】

- port hybrid untagged vlan 10 30 的作用是，当接口对数据包进行转发时，将对应的VLAN10、VLAN30 标签剥离发送。
- port hybrid pvid vlan 10 的作用是，当接口接收到数据包时会为此数据添加对应的数据帧。

以 PC1 访问 Server1 为例，PC1 的数据帧到达交换机 LSW1 的 G0/0/1 接口后，由于配置了 port hybrid pvid vlan 10，此时交换机会为此数据包添加 VLAN10 标签。由于 LSW1 和 LSW2 的直连接口配置了 Trunk 并且允许 VLAN10 的数据通过，此时该数据帧的 VLAN 标签不会被 LSW2 接收。LSW2 通过查询 MAC 地址表将此帧发送到 G0/0/1 接口，由于 G0/0/1 接口配置了 port hybrid untagged vlan10 20 30，意味着 LSW2 会把此数据帧的 VLAN10 标签剥离掉发送给 Server1。回包过程相反，从而实现不同 VLAN 间的数据通信。

4. 实验调试

（1）PC1 访问 Server1 的结果如图 5-5 所示。
测试结果表明，VLAN10 的设备能够访问 VLAN30。

（2）PC2 访问 Server1 的结果如图 5-6 所示。
测试结果表明，VLAN20 的设备能够访问 VLAN30。

```
基础配置  命令行  组播  UDP发包工具  串口

PC>ping 192.168.1.3

Ping 192.168.1.3: 32 data bytes, Press Ctrl_C to break
From 192.168.1.3: bytes=32 seq=1 ttl=255 time=47 ms
From 192.168.1.3: bytes=32 seq=2 ttl=255 time=47 ms
From 192.168.1.3: bytes=32 seq=3 ttl=255 time=47 ms
From 192.168.1.3: bytes=32 seq=4 ttl=255 time=63 ms
From 192.168.1.3: bytes=32 seq=5 ttl=255 time=47 ms

--- 192.168.1.3 ping statistics ---
  5 packet(s) transmitted
  5 packet(s) received
  0.00% packet loss
  round-trip min/avg/max = 47/50/63 ms

PC>
PC>
PC>
PC>
PC>
PC>
PC>
PC>
PC>
PC>
PC>
```

图 5-5　PC1 上显示的 ping 程序测试信息

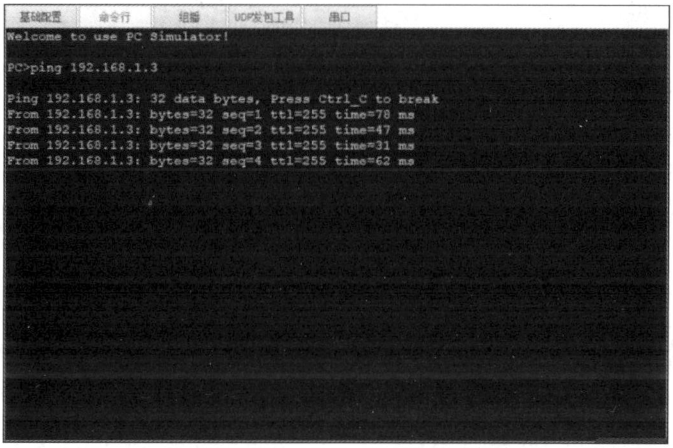

```
基础配置  命令行  组播  UDP发包工具  串口
Welcome to use PC Simulator!

PC>ping 192.168.1.3

Ping 192.168.1.3: 32 data bytes, Press Ctrl_C to break
From 192.168.1.3: bytes=32 seq=1 ttl=255 time=78 ms
From 192.168.1.3: bytes=32 seq=2 ttl=255 time=47 ms
From 192.168.1.3: bytes=32 seq=3 ttl=255 time=31 ms
From 192.168.1.3: bytes=32 seq=4 ttl=255 time=62 ms
```

图 5-6　PC2 上显示的 ping 程序测试信息

【技术要点】

Hybrid 接口接收和发送数据帧的方式如下。

（1）接收数据帧。

➢ Untagged 数据帧：添加 PVID 且 VID 在允许列表中，则接收；如果不在允许列表中，则丢弃。

➢ Tagged 数据帧：查看 VID 是否在允许列表中，如果在允许列表中，则接收；如果不在允许列表中，则丢弃。

（2）发送数据帧。

➢ 如果 VID 不在允许列表中，则直接丢弃。

➢ 如果 VID 在 Untagged 列表中，则剥离标签发送。

➢ 如果 VID 在 Tagged 列表中，则带标签直接发送。

扫一扫，看视频

5.2 实验二：新华三交换机 Hybrid 接口的配置

1. 实验目的

（1）掌握 VLAN 的创建方法。

（2）掌握 Hybrid 接口的配置方法。

（3）掌握基于接口划分 VLAN 的配置方法。

2. 实验拓扑

配置新华三交换机 Hybrid 接口的实验拓扑如图 5-7 所示。

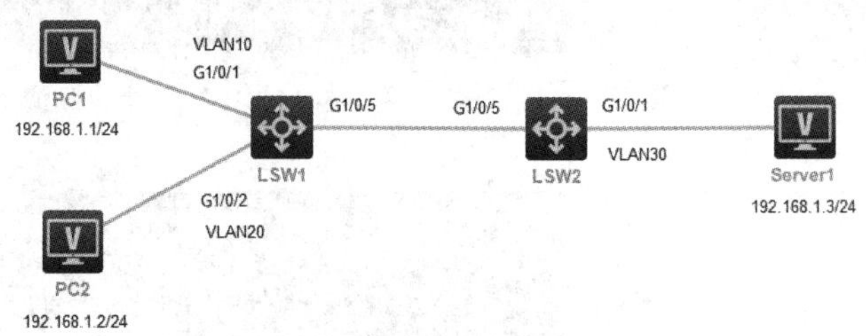

图 5-7 配置新华三交换机 Hybrid 接口的实验拓扑

3. 实验步骤

（1）配置 IP 地址。

PC1 的配置如图 5-8 所示。在【接口管理】中选中【启用】单选按钮，在【IPv4 配置】下选中【静态】单选按钮，输入对应的 IP 地址以及子网掩码，然后单击【启用】按钮。PC2、Server1 的配置同理，这里不再赘述。

PC2 的配置如图 5-9 所示。

图 5-8 在 PC1 上手动添加 IP 地址

图 5-9 在 PC2 上手动添加 IP 地址

Server1 的配置如图 5-10 所示。

图 5-10　在 Server1 上手动添加 IP 地址

（2）在交换机 LSW1 和 LSW2 上创建 VLAN。

LSW1 的配置：

```
<H3C>system-view
[H3C]sysname LSW1
[LSW1]vlan 10
[LSW1-vlan10]vlan 20
[LSW1-vlan20]vlan 30
[LSW1-vlan30]quit
```

LSW2 的配置：

```
<H3C>system-view
[H3C]undo info-center enable
[H3C]sysname LSW2
[LSW2]vlan 10
[LSW2-vlan10]vlan 20
[LSW2-vlan20]vlan 30
[LSW2-vlan30]quit
```

（3）将交换机 LSW1 和 LSW2 之间的链路设置成 Trunk。

LSW1 的配置：

```
[LSW1]interface g1/0/5
[LSW1-GigabitEthernet1/0/5]port link-type trunk
[LSW1-GigabitEthernet1/0/5]port trunk pvid vlan 1
[LSW1-GigabitEthernet1/0/5]port trunk permit vlan 10 20 30
[LSW1-GigabitEthernet1/0/5]quit
```

LSW2 的配置：

```
[LSW2]interface g1/0/5
[LSW2-GigabitEthernet1/0/5]port link-type trunk
[LSW2-GigabitEthernet1/0/5]port trunk pvid vlan 1
[LSW2-GigabitEthernet1/0/5]port trunk permit vlan 10 20
[LSW2-GigabitEthernet1/0/5]quit
```

（4）配置 Hybrid 接口。

LSW1 的配置：

```
[LSW1]interface g1/0/1
[LSW1-GigabitEthernet1/0/1]port link-type hybrid
[LSW1-GigabitEthernet1/0/1]port hybrid pvid vlan 10
[LSW1-GigabitEthernet1/0/1]port hybrid vlan 10 30 untagged
[LSW1-GigabitEthernet1/0/1]quit

[LSW1]interface g1/0/2
[LSW1-GigabitEthernet1/0/2]port link-type hybrid
[LSW1-GigabitEthernet1/0/2]port hybrid pvid vlan 20
[LSW1-GigabitEthernet1/0/2]port hybrid vlan 20 30 untagged
[LSW1-GigabitEthernet1/0/2]quit
```

LSW2 的配置：

```
[LSW2]interface g1/0/1
[LSW2-GigabitEthernet1/0/1]port link-type hybrid
[LSW2-GigabitEthernet1/0/1]port hybrid pvid vlan 30
[LSW2-GigabitEthernet1/0/1]port hybrid vlan 10 20 30 untagged
[LSW2-GigabitEthernet1/0/1]quit


[LSW2]interface g0/0/1
[LSW2-GigabitEthernet0/0/1]port link-type hybrid
[LSW2-GigabitEthernet0/0/1]port hybrid pvid vlan 30
[LSW2-GigabitEthernet0/0/1]port hybrid  vlan 10 20 30 untagged
[LSW2-GigabitEthernet0/0/1]quit
```

4．实验调试

（1）PC1 访问 Server1 的结果如图 5-11 所示。

测试结果表明，VLAN10 的设备能够访问 VLAN30。

（2）PC2 访问 Server1 的结果如图 5-12 所示。

测试结果表明，VLAN20 的设备能够访问 VLAN30。

```
hcl_jqhvx5te
PC1
<H3C>
<H3C>ping 192.168.1.3
Ping 192.168.1.3 (192.168.1.3): 56 data bytes, press CTRL_C to break
56 bytes from 192.168.1.3: icmp_seq=0 ttl=255 time=3.000 ms
56 bytes from 192.168.1.3: icmp_seq=1 ttl=255 time=1.000 ms
56 bytes from 192.168.1.3: icmp_seq=2 ttl=255 time=2.000 ms
56 bytes from 192.168.1.3: icmp_seq=3 ttl=255 time=2.000 ms
56 bytes from 192.168.1.3: icmp_seq=4 ttl=255 time=2.000 ms

--- Ping statistics for 192.168.1.3 ---
5 packet(s) transmitted, 5 packet(s) received, 0.0% packet loss
round-trip min/avg/max/std-dev = 1.000/2.000/3.000/0.632 ms
<H3C>%Dec 23 12:25:31:867 2024 H3C PING/6/PING_STATISTICS: Ping statistics for 192.1
68.1.3: 5 packet(s) transmitted, 5 packet(s) received, 0.0% packet loss, round-trip
min/avg/max/std-dev = 1.000/2.000/3.000/0.632 ms.

<H3C>
<H3C>
<H3C>
<H3C>
<H3C>
<H3C>
<H3C>
<H3C>
<H3C>
<H3C>
<H3C>
<H3C>
<H3C>
```

图 5-11　PC1 上显示的 ping 程序测试信息

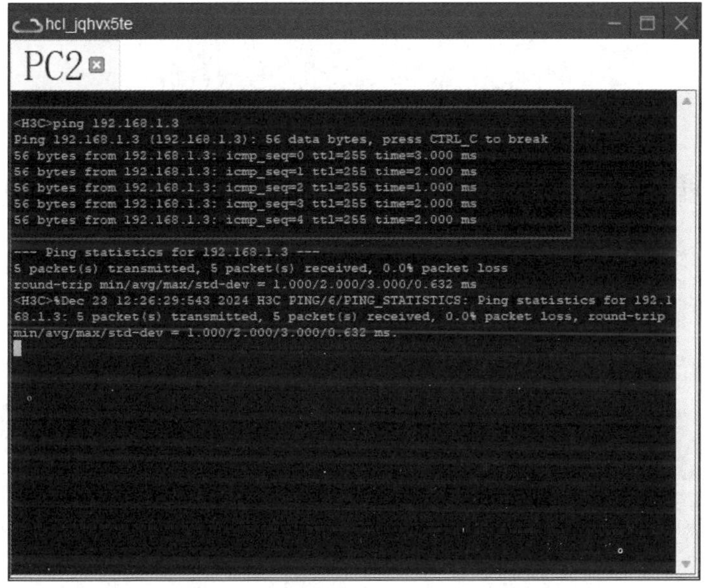

图 5-12　PC2 上显示的 ping 程序测试信息

5.3　华为和新华三设置 Hybrid 接口的命令对比

在网络设备中，只有华为和新华三支持 Hybrid 接口，它们之间的命令对比如表 5-1 所示。

表 5-1　华为和新华三设置 Hybrid 接口的命令对比

华为	新华三设备	命令作用
interface g0/0/1 port link-type hybrid port hybrid pvid vlan 10 port hybrid untagged vlan 10 30 quit	interface g0/0/1 port link-type hybrid port hybrid pvid vlan 10 port hybrid vlan 10 30 untagged quit	g0/0/1 接口接入的是终端设备，hybrid 的配置
interface g0/0/1 port link-type hybrid port hybrid pvid vlan 10 port hybrid tagged vlan 10 30 quit	interface g0/0/1 port link-type hybrid port hybrid pvid vlan 10 port hybrid vlan 10 30 tagged quit	g0/0/1 接口接入的是交换机，hybrid 的配置

‖ 项目案例 6 ‖

交换机 VLANIF 接口与 DHCP 技术

扫一扫，看视频

6.1 实验一：华为交换机 VLANIF 接口和 DHCP 的配置

扫一扫，看视频

1. 实验目的

（1）掌握华为通过配置 VLANIF 接口实现 VLAN 之间互访的方法。

（2）掌握华为配置 DHCP 的方法。

2. 实验拓扑

配置华为交换机 VLANIF 接口的实验拓扑如图 6-1 所示。

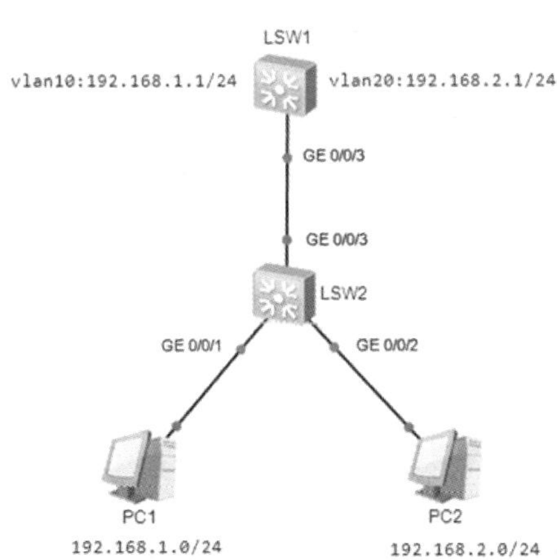

图 6-1　配置华为交换机 VLANIF 接口的实验拓扑

3．实验步骤

（1）在 LSW2 上创建 VLAN，把接口划入 VLAN，并将上行链路设置成 Trunk。

```
<Huawei>system-view
[Huawei]undo info-center enable
[Huawei]sysname LSW2
[LSW2]vlan batch 10 20
[LSW2]interface g0/0/1
[LSW2-GigabitEthernet0/0/1]port link-type access
[LSW2-GigabitEthernet0/0/1]port default vlan 10
[LSW2-GigabitEthernet0/0/1]quit
[LSW2]interface g0/0/2
[LSW2-GigabitEthernet0/0/2]port link-type access
[LSW2-GigabitEthernet0/0/2]port default vlan 20
[LSW2-GigabitEthernet0/0/2]quit
[LSW2]interface g0/0/3
[LSW2-GigabitEthernet0/0/3]port link-type trunk
[LSW2-GigabitEthernet0/0/3]port trunk allow-pass vlan 10 20
[LSW2-GigabitEthernet0/0/3]quit
```

（2）在 LSW1 上创建 VLAN，并将下行接口设置成 Trunk。

```
<Huawei>system-view
[Huawei]undo info-center enable
[Huawei]sysname LSW1
[LSW1]vlan batch 10 20
[LSW1]interface g0/0/3
[LSW1-GigabitEthernet0/0/3]port link-type trunk
[LSW1-GigabitEthernet0/0/3]port trunk allow-pass vlan 10 20
[LSW1-GigabitEthernet0/0/3]quit
```

（3）通过基于全局的 DHCP 给 VLAN10 用户分配 IP 地址。

```
[LSW1]dhcp enable
[LSW1]ip pool 1
[LSW1-ip-pool-1]network 192.168.1.0 mask 24
[LSW1-ip-pool-1]gateway-list 192.168.1.1
[LSW1-ip-pool-1]dns-list 114.114.114.114
[LSW1-ip-pool-1]excluded-ip-address 192.168.1.88
[LSW1-ip-pool-1]quit
[LSW1]interface Vlanif 10
[LSW1-Vlanif10]ip address 192.168.1.1 24
[LSW1-Vlanif10]dhcp select global  //基于全局的 DHCP
[LSW1-Vlanif10]quit
```

（4）通过基于接口的 DHCP 给 VLAN20 用户分配 IP 地址。

```
[LSW1]interface Vlanif 20
[LSW1-Vlanif20]ip address 192.168.2.1 24
[LSW1-Vlanif20]dhcp select interface   //基于接口的 DHCP
[LSW1-Vlanif20]dhcp server dns-list 114.114.114.114
```

```
[LSW1-Vlanif20]dhcp server excluded-ip-address 192.168.2.88
```

（5）PC1 和 PC2 通过 DHCP 获得 IP 地址。

在 PC1 上选中【IPv4 配置】下的 DHCP 单选按钮，然后单击【应用】按钮，如图 6-2 所示。在 PC2 上做同样的设置，如图 6-3 所示。

图 6-2　PC1 通过 DHCP 获取地址

图 6-3　PC2 通过 DHCP 获取地址

（6）在 PC1 和 PC2 上查看 IP 地址，分别如图 6-4 和图 6-5 所示。

图 6-4　在 PC1 上查看 IP 地址

图 6-5　在 PC2 上查看 IP 地址

4．实验调试

在 PC1 上访问 PC2，可以看到使用 VLANIF 接口也能够实现不同 VLAN 之间的通信，结果如图 6-6 所示。

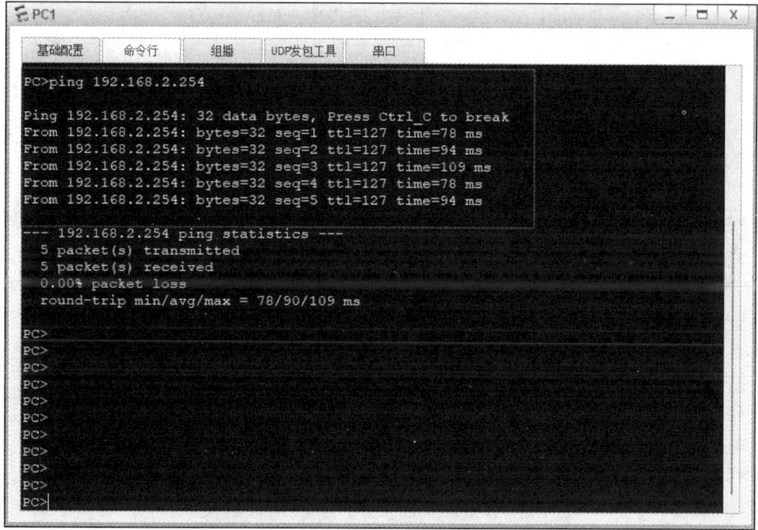

图 6-6　PC1 上显示的 ping 程序测试信息

6.2　实验二：新华三交换机 VLANIF 接口和 DHCP 的配置

扫一扫，看视频

1．实验目的

（1）掌握新华三通过配置 VLANIF 接口实现 VLAN 之间互访的方法。

（2）掌握新华三配置 DHCP 的方法。

2．实验拓扑

配置新华三交换机 VLANIF 接口的实验拓扑如图 6-7 所示。

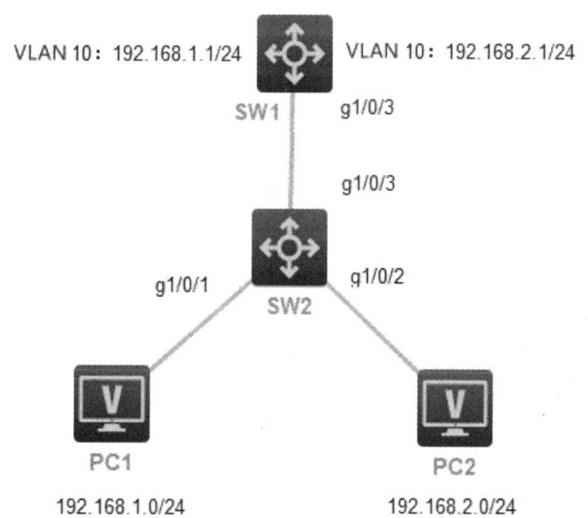

图 6-7　配置新华三交换机 VLANIF 接口的实验拓扑

3. 实验步骤

（1）在 SW2 上创建 VLAN，把接口划入 VLAN，并将上行链路设置成 Trunk。

```
<H3C>system-view
[H3C]undo info-center enable
[H3C]sysname SW2
[SW2]vlan 10
[SW2-vlan10]quit
[SW2]vlan 20
[SW2-vlan20]quit
[SW2]interface g1/0/1
[SW2-GigabitEthernet1/0/1]port link-type access
[SW2-GigabitEthernet1/0/1]port access vlan 10
[SW2-GigabitEthernet1/0/1]quit
[SW2]interface g1/0/2
[SW2-GigabitEthernet1/0/2]port link-type access
[SW2-GigabitEthernet1/0/2]port access vlan 20
[SW2-GigabitEthernet1/0/2]quit
[SW2]interface g1/0/3
[SW2-GigabitEthernet1/0/3]port link-type trunk
[SW2-GigabitEthernet1/0/3]port trunk permit vlan 10 20
[SW2-GigabitEthernet1/0/3]quit
```

（2）在 SW1 上创建 VLAN，并将下行接口设置成 Trunk。

```
<H3C>system-view
[H3C]sysname SW1
[SW1]vlan 10
[SW1-vlan10]quit
[SW1]vlan 20
[SW1-vlan20]quit
[SW1]interface g1/0/3
[SW1-GigabitEthernet1/0/3]port link-type trunk
[SW1-GigabitEthernet1/0/3]port trunk permit vlan 10 20
[SW1-GigabitEthernet1/0/3]quit
```

（3）在 SW1 上创建 VLANIF 10 接口并设置 DHCP。

```
[SW1]dhcp  enable
[SW1]dhcp  server ip-pool 1
[SW1-dhcp-pool-1]network 192.168.1.0 24
[SW1-dhcp-pool-1]gateway-list 192.168.1.1
[SW1-dhcp-pool-1]dns-list 114.114.114.114
[SW1-dhcp-pool-1]quit
[SW1]interface Vlan-interface 10
[SW1-Vlan-interface10]ip address 192.168.1.1 24
[SW1-Vlan-interface10]dhcp  select server
[SW1-Vlan-interface10]quit
```

（4）在 SW1 上创建 VLANIF 20 接口并设置 DHCP。

```
[SW1]dhcp  server ip-pool 2
[SW1-dhcp-pool-2]network 192.168.2.0 24
[SW1-dhcp-pool-2]gateway-list 192.168.2.1
[SW1-dhcp-pool-2]dns-list 114.114.114.114
[SW1-dhcp-pool-2]exit
[SW1]dhcp server forbidden-ip 192.168.2.88
[SW1]interface Vlan-interface 20
[SW1-Vlan-interface20]ip address 192.168.2.1 24
[SW1-Vlan-interface20]dhcp select server
[SW1-Vlan-interface20]quit
```

（5）PC1 通过 DHCP 获得 IP 地址，如图 6-8 所示。

（6）PC2 通过 DHCP 获得 IP 地址，如图 6-9 所示。

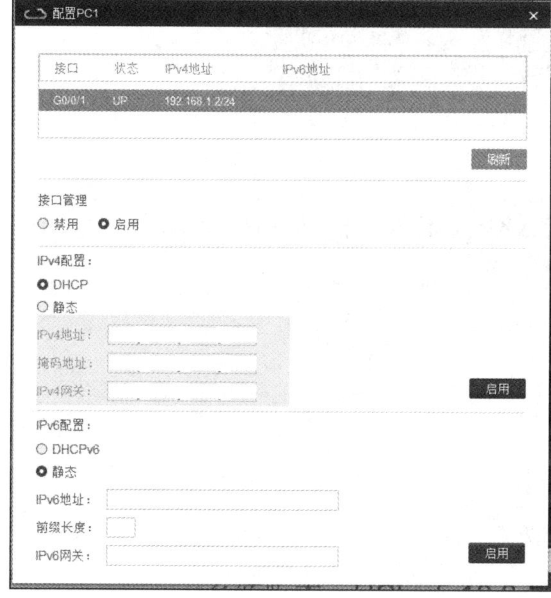

图 6-8　PC1 通过 DHCP 获得 IP 地址

图 6-9　PC2 通过 DHCP 获得 IP 地址

4. 实验调试

在 PC1 上访问 PC2，可以看到使用 VLANIF 接口也能够实现不同 VLAN 之间的通信，结果如图 6-10 所示。

```
hcl_279fix3r
PC1

<H3C>ping 192.168.2.2
Ping 192.168.2.2 (192.168.2.2): 56 data bytes, press CTRL_C to break
56 bytes from 192.168.2.2: icmp_seq=0 ttl=254 time=2.792 ms
56 bytes from 192.168.2.2: icmp_seq=1 ttl=254 time=3.120 ms
56 bytes from 192.168.2.2: icmp_seq=2 ttl=254 time=3.640 ms
56 bytes from 192.168.2.2: icmp_seq=3 ttl=254 time=3.083 ms
56 bytes from 192.168.2.2: icmp_seq=4 ttl=254 time=3.104 ms

--- Ping statistics for 192.168.2.2 ---
5 packet(s) transmitted, 5 packet(s) received, 0.0% packet loss
round-trip min/avg/max/std-dev = 2.792/3.148/3.640/0.274 ms
<H3C>%Dec 24 10:21:07:864 2024 H3C PING/6/PING_STATISTICS: Ping statistics for 192.1
68.2.2: 5 packet(s) transmitted, 5 packet(s) received, 0.0% packet loss, round-trip
min/avg/max/std-dev = 2.792/3.148/3.640/0.274 ms.

<H3C>
<H3C>
<H3C>
<H3C>
<H3C>
<H3C>
<H3C>
<H3C>
<H3C>
<H3C>
<H3C>
<H3C>
<H3C>
<H3C>
```

图 6-10　PC1 上显示的 ping 程序测试信息

扫一扫，看视频

6.3　实验三：思科交换机 VLANIF 接口和 DHCP 的配置

1. 实验目的

（1）掌握思科通过配置 VLANIF 接口实现 VLAN 之间互访的方法。

（2）掌握思科配置 DHCP 的方法。

2. 实验拓扑

配置思科交换机 VLANIF 接口的实验拓扑如图 6-11 所示。

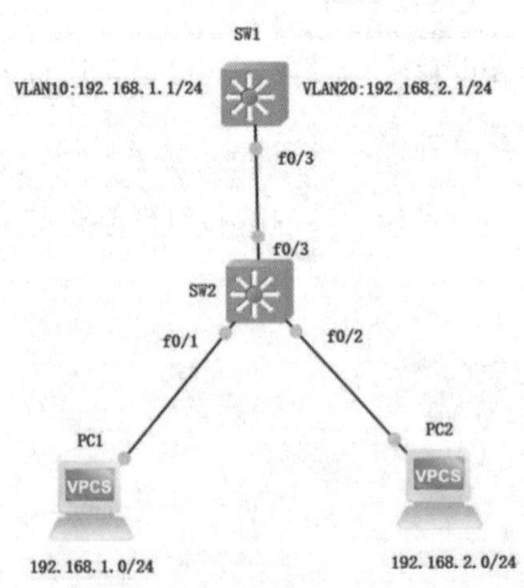

图 6-11　配置思科交换机 VLANIF 接口的实验拓扑

3. 实验步骤

(1) 在 SW2 上创建 VLAN，把接口划入 VLAN，并将上行链路设置成 Trunk。

```
SW2#vlan database
SW2(vlan)#vlan 10
VLAN 10 added:
   Name: VLAN0010
SW2(vlan)#vlan 20
VLAN 20 added:
   Name: VLAN0020
SW2(vlan)#exit
SW2#configure terminal
SW2(config)#interface f0/1
SW2(config-if)#switchport mode access
SW2(config-if)#switchport access vlan 10
SW2(config-if)#exit
SW2(config)#interface f0/2
SW2(config-if)#switchport mode access
SW2(config-if)#switchport access vlan 20
SW2(config-if)#exit
SW2(config)#interface f0/3
SW2(config-if)#switchport trunk encapsulation dot1q
SW2(config-if)#switchport mode trunk
SW2(config-if)#switchport trunk allowed vlan all
SW2(config-if)#exit
```

(2) 在 SW1 上创建 VLAN，并将下行接口设置成 Trunk。

```
SW1#vlan database
SW1(vlan)#vlan 10
VLAN 10 added:
   Name: VLAN0010
SW1(vlan)#vlan 20
VLAN 20 added:
   Name: VLAN0020
SW1(vlan)#exit
APPLY completed.
Exiting...
SW1#configure terminal
SW1(config)#interface f0/3
SW1(config-if)#switchport trunk encapsulation dot1q
SW1(config-if)#switchport mode trunk
SW1(config-if)#switchport trunk allowed vlan all
SW1(config-if)#exit
```

(3) 在 SW1 上创建 VLANIF 10 接口并设置 DHCP。

```
SW1(config)#ip dhcp pool 1
SW1(dhcp-config)#network 192.168.1.0 /24
SW1(dhcp-config)#default-router 192.168.1.1
```

```
SW1(dhcp-config)#dns-server 114.114.114.114
SW1(dhcp-config)#exit
SW1(config)#ip dhcp excluded-address 192.168.1.88
SW1(config)#interface vlan 10
SW1(config-if)#ip address 192.168.1.1 255.255.255.0
SW1(config-if)#exit
```

（4）在 SW1 上创建 VLANIF 20 接口并设置 DHCP。

```
SW1(config)#ip dhcp pool 2
SW1(dhcp-config)#network 192.168.2.0 /24
SW1(dhcp-config)#default-router 192.168.2.1
SW1(dhcp-config)#dns-server 114.114.114.114
SW1(dhcp-config)#exit
SW1(config)#ip dhcp excluded-address 192.168.2.88
SW1(config)#interface vlan 20
SW1(config-if)#ip address 192.168.2.1 255.255.255.0
SW1(config-if)#exit
```

（5）PC1 通过 DHCP 获得 IP 地址，如图 6-12 所示。

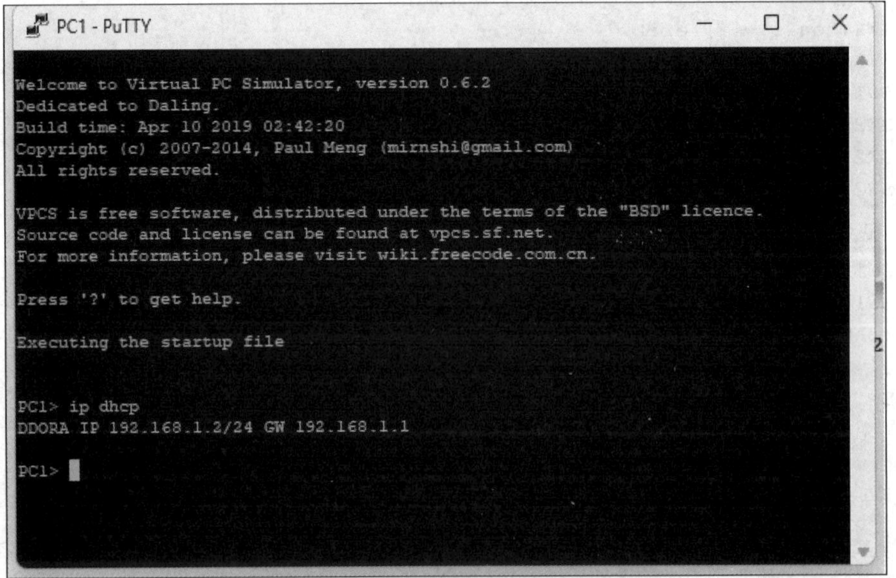

图 6-12　PC1 通过 DHCP 获得 IP 地址

（6）PC2 通过 DHCP 获得 IP 地址，如图 6-13 所示。

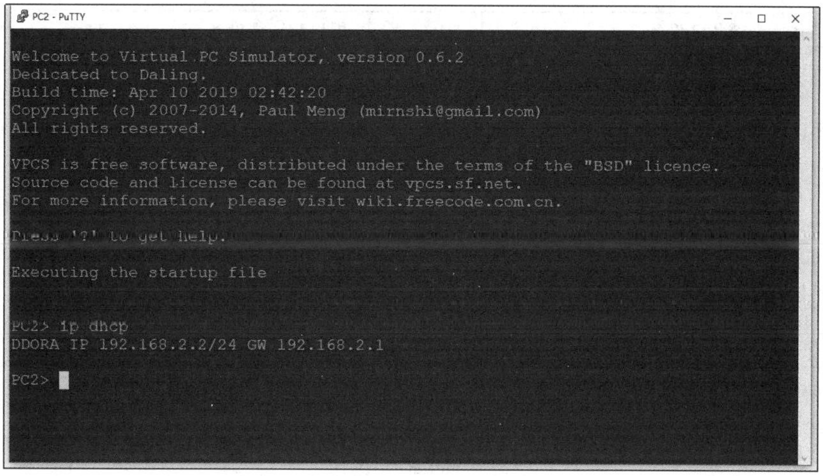

PC2 - PuTTY
Welcome to Virtual PC Simulator, version 0.6.2
Dedicated to Daling.
Build time: Apr 10 2019 02:42:20
Copyright (c) 2007-2014, Paul Meng (mirnshi@gmail.com)
All rights reserved.
VPCS is free software, distributed under the terms of the "BSD" licence.
Source code and license can be found at vpcs.sf.net.
For more information, please visit wiki.freecode.com.cn.
Press '?' to get help.
Executing the startup file
PC2> ip dhcp
DDORA IP 192.168.2.2/24 GW 192.168.2.1
PC2>

图 6-13　PC2 通过 DHCP 获得 IP 地址

4．实验调试

在 PC1 上访问 PC2，可以看到使用 VLANIF 接口也能够实现不同 VLAN 之间的通信，结果如图 6-14 所示。

PC1 - PuTTY
Press '?' to get help.
Executing the startup file
PC1> ip dhcp
DDORA IP 192.168.1.2/24 GW 192.168.1.1
PC1> ping 192.168.2.2
192.168.2.2 icmp_seq=1 timeout
192.168.2.2 icmp_seq=2 timeout
84 bytes from 192.168.2.2 icmp_seq=3 ttl=63 time=30.612 ms
84 bytes from 192.168.2.2 icmp_seq=4 ttl=63 time=30.790 ms
84 bytes from 192.168.2.2 icmp_seq=5 ttl=63 time=31.409 ms
PC1> ping 192.168.2.2
84 bytes from 192.168.2.2 icmp_seq=1 ttl=63 time=30.437 ms
84 bytes from 192.168.2.2 icmp_seq=2 ttl=63 time=31.052 ms
84 bytes from 192.168.2.2 icmp_seq=3 ttl=63 time=30.924 ms
84 bytes from 192.168.2.2 icmp_seq=4 ttl=63 time=31.978 ms
84 bytes from 192.168.2.2 icmp_seq=5 ttl=63 time=30.836 ms
PC1>

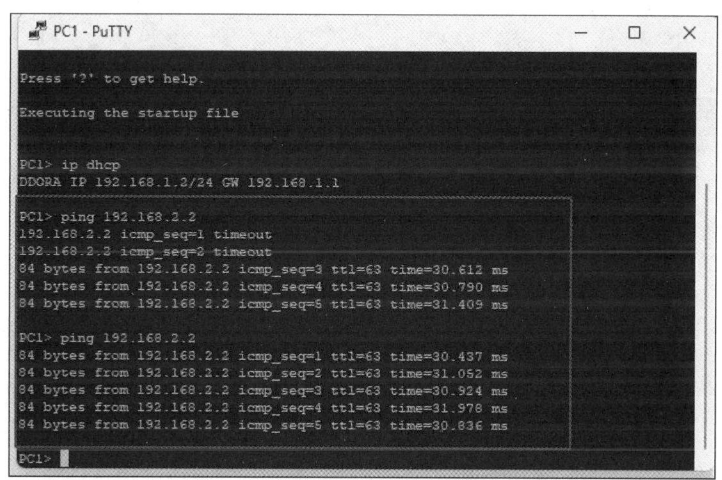

图 6-14　PC1 上显示的 ping 程序测试信息

6.4　各厂商配置 VLANIF 接口与 DHCP 的命令对比

在网络设备中，华为和新华三配置 DHCP 服务的命令类似，思科和锐捷配置 DHCP 服务的命令类似，它们之间的命令对比如表 6-1 所示。

表 6-1　各厂商配置 VLANIF 接口与 DHCP 的命令对比

华为和新华三设备	思科和锐捷设备	命令作用
华为命令： ip pool 1 network 192.168.1.0 mask 24 gateway-list 192.168.1.1 dns-list 114.114.114.114 新华三命令： dhcp server ip-pool 1 network 192.168.1.0 24 gateway-list 192.168.1.1 dns-list 114.114.114.114	ip dhcp pool 1 network 192.168.1.0 /24 default-router 192.168.1.1 dns-server 114.114.114.114	创建地址池
华为命令：excluded-ip-address 新华三命令：dhcp server forbidden-ip	ip dhcp excluded-address	剔除地址
华为命令：interface Vlanif 10 新华三命令：interface Vlan-interface 10	interface vlan 10	创建 VLANIF 10

Ⅱ 项目案例 7 Ⅱ

交换机 STP 技术

7.1 实验一：华为交换机 STP 的配置

扫一扫，看视频

扫一扫，看视频

1. 实验目的

在华为交换机中开启 STP 协议并通过网桥优先级修改 STP 的根桥。

2. 实验拓扑

配置华为交换机 STP 的实验拓扑如图 7-1 所示。

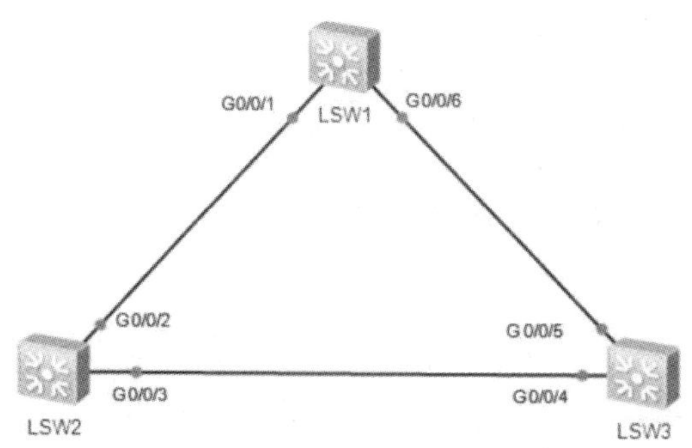

图 7-1 配置华为交换机 STP 的实验拓扑

3. 实验步骤

（1）开启 STP。

配置 LSW1：

```
<Huawei>system-view
[Huawei]undo info-center enable
[Huawei]sysname LSW1
[LSW1]stp mode stp  //设置 STP 的模式为 STP，默认为 MSTP
```

配置 LSW2：

```
<Huawei>system-view
[Huawei]undo info-center enable
[Huawei]sysname LSW2
[LSW2]stp mode stp
```

配置 LSW3：

```
<Huawei>system-view
[Huawei]undo info-center enable
[Huawei]sysname LSW3
[LSW3]stp mode stp
```

（2）查看 STP。

查看生成树的状态，以 LSW1 为例：

```
[LSW1]display stp
-------[CIST Global Info][Mode STP]-------
CIST Bridge          : 32768.4c1f-ccea-2663          //自身的桥 ID
Config Times         : Hello 2s MaxAge 20s FwDly 15s MaxHop 20
Active Times         : Hello 2s MaxAge 20s FwDly 15s MaxHop 20
CIST Root/ERPC       : 32768.4c1f-cc06-69ba / 20000//当前的根桥 ID 与根路径开销
CIST RegRoot/IRPC    : 32768.4c1f-ccea-2663 / 0
CIST RootPortId      : 128.1
BPDU-Protection      : Disabled
TC or TCN received   : 110
TC count per hello   : 0
STP Converge Mode    : Normal
Time since last TC   : 0 days 0h: 2m: 41s
Number of TC         : 12
Last TC occurred     : GigabitEthernet0/0/1
```

查看 LSW1 交换机上生成树的状态信息摘要：

```
[LSW1]display stp brief
 MSTID  Port                         Role  STP State     Protection
   0    GigabitEthernet0/0/1         ROOT  FORWARDING      NONE
   0    GigabitEthernet0/0/6         ALTE  DISCARDING      NONE
```

查看 LSW2 交换机上生成树的状态信息摘要：

```
[LSW2]display stp brief
 MSTID  Port                         Role  STP State     Protection
   0    GigabitEthernet0/0/2         DESI  FORWARDING      NONE
   0    GigabitEthernet0/0/3         DESI  FORWARDING      NONE
```

查看 LSW3 交换机上生成树的状态信息摘要：

```
[LSW3]display stp brief
 MSTID  Port                         Role  STP State     Protection
   0    GigabitEthernet0/0/4         ROOT  FORWARDING      NONE
   0    GigabitEthernet0/0/5         DESI  FORWARDING      NONE
```

综合根桥 ID 信息以及各个交换机上的端口信息，可得当前拓扑，如图 7-2 所示。

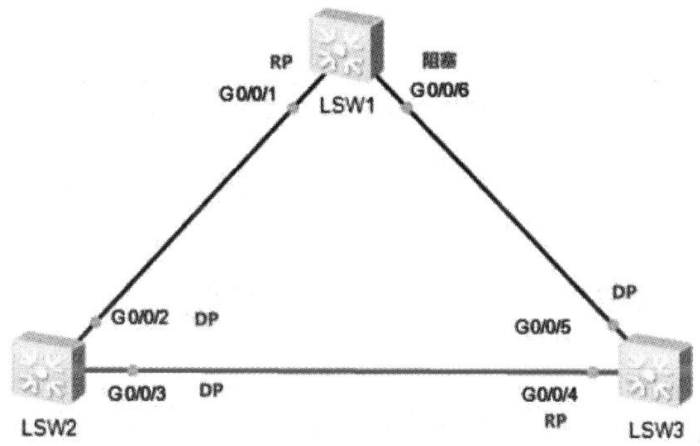

图 7-2　华为交换机 STP 的端口角色拓扑

4. 实验调试

把 LSW1 的优先级修改成 0，LSW3 的优先级修改成 4096，查看 LSW2 的 G0/0/3 接口是否阻塞。

LSW1 的配置：

```
[LSW1]stp root primary              //把 LSW1 变成主根桥
```

相当于

```
[LSW1]stp priority 0
```

LSW3 的配置：

```
[LSW3]stp root secondary            //把 LSW3 变成备用根桥
```

相当于

```
[LSW3]stp priority 4096
```

查看 LSW2 交换机上生成树的状态信息摘要：

```
[LSW2]display stp brief
 MSTID  Port                        Role  STP State     Protection
   0    GigabitEthernet0/0/2        ROOT  FORWARDING      NONE
   0    GigabitEthernet0/0/3        ALTE  DISCARDING      NONE
```

综合根桥 ID 信息以及各个交换机上的端口信息，可得当前拓扑，如图 7-3 所示。

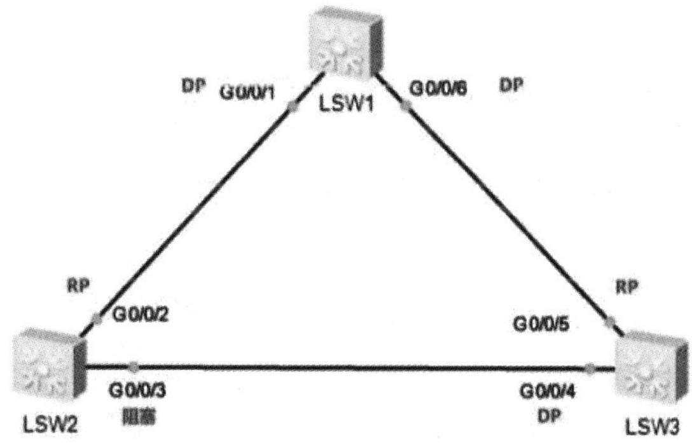

图 7-3　修改优先级后的拓扑

扫一扫，看视频

7.2 实验二：新华三交换机 STP 的配置

1. 实验目的

在新华三交换机中开启 STP 协议并通过网桥优先级修改 STP 的根桥。

2. 实验拓扑

配置新华三交换机 STP 的实验拓扑如图 7-4 所示。

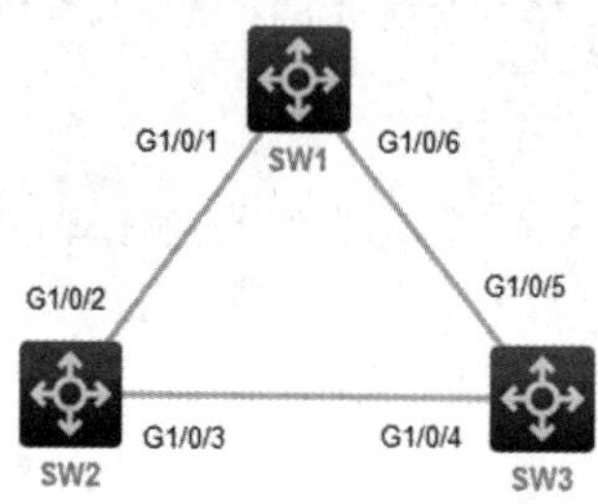

图 7-4 配置新华三交换机 STP 的实验拓扑

3. 实验步骤

（1）开启 STP。

配置 SW1：

```
<H3C>system-view
[H3C]undo info-center enable
[H3C]sysname SW1
[SW1]stp global enable  //开启 STP 的功能
[SW1]stp mode stp
```

配置 SW2：

```
<H3C>system-view
[H3C]undo info-center enable
[H3C]sysname SW2
[SW2]stp global enable
[SW2]stp mode stp
```

配置 SW3：

```
<H3C>system-view
[H3C]undo info-center enable
[H3C]sysname sw3
[SW3]stp global enable
[SW3]stp mode stp
```

（2）查看 STP。

查看生成树的状态，以 SW1 为例：

```
[SW1]display stp
-------[CIST Global Info][Mode STP]-------
 Bridge ID              : 32768.8885-81d3-0100
 Bridge times           : Hello 2s MaxAge 20s FwdDelay 15s MaxHops 20
 Root ID/ERPC           : 32768.8885-81d3-0100, 0
 RegRoot ID/IRPC        : 32768.8885-81d3-0100, 0
 RootPort ID            : 0.0
 BPDU-Protection        : Disabled
 Bridge Config-
 Digest-Snooping        : Disabled
 TC or TCN received     : 5
 Time since last TC     : 0 days 0h:3m:46s
```

查看 SW1 交换机上生成树的状态信息摘要：

```
[SW1]display stp brief
 MST ID   Port                          Role  STP State   Protection
 0        GigabitEthernet1/0/1          DESI  FORWARDING  NONE
 0        GigabitEthernet1/0/6          DESI  FORWARDING  NONE
```

查看 SW2 交换机上生成树的状态信息摘要：

```
[SW2]display stp brief
 MST ID   Port                          Role  STP State   Protection
 0        GigabitEthernet1/0/2          ROOT  FORWARDING  NONE
 0        GigabitEthernet1/0/3          DESI  FORWARDING  NONE
```

查看 SW3 交换机上生成树的状态信息摘要：

```
[SW3]display stp brief
 MST ID   Port                          Role  STP State   Protection
 0        GigabitEthernet1/0/4          ALTE  DISCARDING  NONE
 0        GigabitEthernet1/0/5          ROOT  FORWARDING  NONE
```

综合根桥 ID 信息以及各个交换机上的端口信息，可得当前拓扑，如图 7-5 所示。

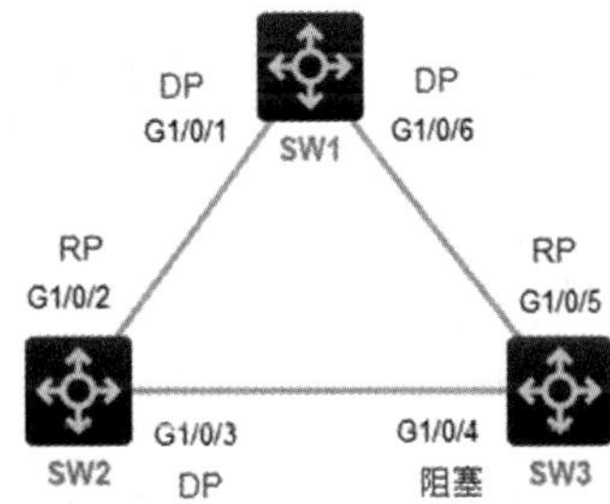

图 7-5 新华三交换机 STP 的端口角色拓扑

4. 实验调试

把 SW1 的优先级修改成 0，SW3 的优先级修改成 4096，查看 SW2 的 G0/0/3 接口是否阻塞。

SW1 的配置：

```
[SW1]stp root primary        //把 SW1 变成主根桥
```

相当于

```
[SW1]stp priority 0
```

SW3 的配置：

```
[SW3]stp root secondary       //把 SW3 变成备用根桥
```

相当于

```
[SW3]stp priority 4096
```

查看 SW2 交换机上生成树的状态信息摘要：

```
<SW2>display stp brief
 MST ID   Port                              Role  STP State   Protection
 0        GigabitEthernet1/0/2              ROOT  FORWARDING  NONE
 0        GigabitEthernet1/0/3              ALTE  DISCARDING  NONE
```

综合根桥 ID 信息以及各个交换机上的端口信息，可得当前拓扑，如图 7-6 所示。

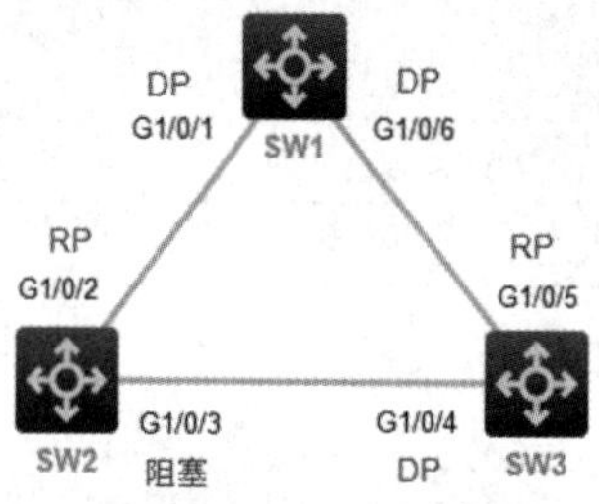

图 7-6 修改优先级后的拓扑

扫一扫，看视频

7.3 实验三：思科交换机 STP 的配置

1．实验目的

在思科交换机中开启 STP 协议并通过网桥优先级修改 STP 的根桥。

2．实验拓扑

配置思科交换机 STP 的实验拓扑如图 7-7 所示。

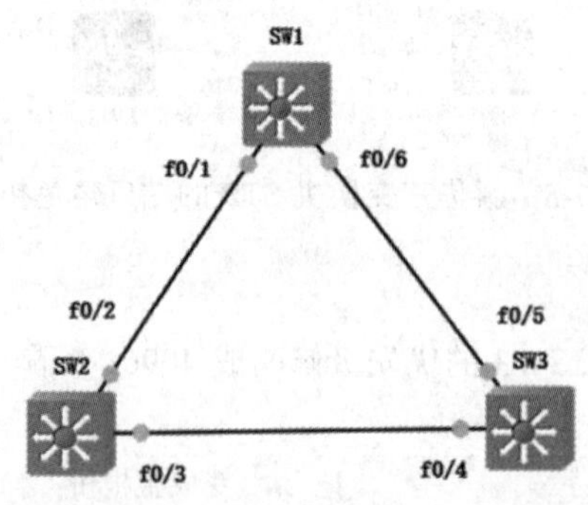

图 7-7 配置思科交换机 STP 的实验拓扑

3. 实验步骤

（1）思科交换机默认开启了 STP，在 SW1 上查看 STP 的状态。

```
SW1#show spanning-tree  brief

VLAN1
  Spanning tree enabled protocol ieee
  Root ID    Priority    32768
             Address     cc01.5928.0000
             This bridge is the root
             Hello Time   2 sec  Max Age 20 sec  Forward Delay 15 sec

  Bridge ID  Priority    32768
             Address     cc01.5928.0000
             Hello Time   2 sec  Max Age 20 sec  Forward Delay 15 sec
             Aging Time 300

Interface                              Designated
Name                 Port ID Prio Cost  Sts Cost  Bridge ID            Port ID
-------------------- ------- ---- ----- --- ----- -------------------- -------
FastEthernet0/1        128.2    128    19 FWD     0 32768 cc01.5928.0000 128.2
FastEthernet0/6        128.7    128    19 FWD     0 32768 cc01.5928.0000 128.7
```

在 SW2 上查看 STP 的状态。

```
SW2#show spanning-tree brief

VLAN1
  Spanning tree enabled protocol ieee
  Root ID    Priority    32768
             Address     cc01.5928.0000
             Cost        19
             Port        3 (FastEthernet0/2)
             Hello Time   2 sec  Max Age 20 sec  Forward Delay 15 sec

  Bridge ID  Priority    32768
             Address     cc02.2340.0000
             Hello Time   2 sec  Max Age 20 sec  Forward Delay 15 sec
             Aging Time 300

Interface                              Designated
Name                 Port ID Prio Cost  Sts Cost  Bridge ID            Port ID
-------------------- ------- ---- ----- --- ----- -------------------- -------
FastEthernet0/2        128.3    128    19 FWD     0 32768 cc01.5928.0000 128.2
FastEthernet0/3        128.4    128    19 FWD    19 32768 cc02.2340.0000 128.4
```

在 SW3 上查看 STP 的状态。

```
SW3#show spanning-tree brief
```

```
VLAN1
  Spanning tree enabled protocol ieee
  Root ID    Priority    32768
             Address     cc01.5928.0000
             Cost        19
             Port        6 (FastEthernet0/5)
             Hello Time   2 sec  Max Age 20 sec  Forward Delay 15 sec
  Bridge ID  Priority    32768
             Address     cc03.1240.0000
             Hello Time   2 sec  Max Age 20 sec  Forward Delay 15 sec
             Aging Time 300

Interface                                   Designated
Name                 Port ID Prio Cost  Sts Cost  Bridge ID            Port ID
-------------------- ------- ---- ----- --- ----- -------------------- -------
FastEthernet0/4       128.5    128     19 BLK    19 32768 cc02.2340.0000 128.4
FastEthernet0/5       128.6    128     19 FWD     0 32768 cc01.5928.0000 128.7
```

通过以上输出可以看到，SW3 的 f0/4 阻塞了。

（2）通过以上输出可以看到思科交换机 STP 的端口角色拓扑如图 7-8 所示。

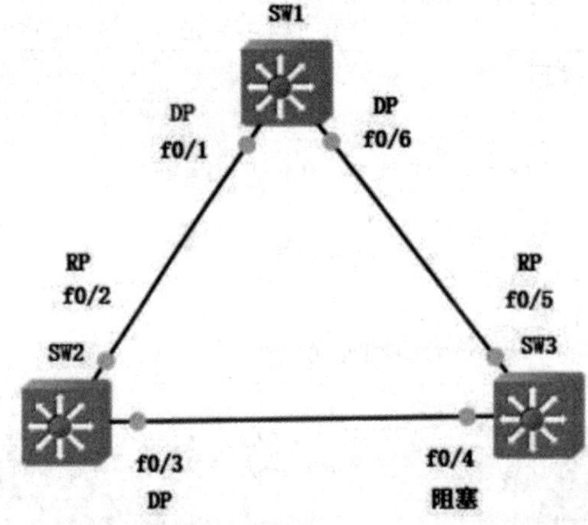

图 7-8 思科交换机 STP 的端口角色拓扑

4. 实验调试

把 SW1 的优先级修改成 0，SW3 的优先级修改成 4096，查看 SW2 的 G0/0/3 接口是否阻塞。

SW1 的配置：

```
SW1(config)#spanning-tree vlan 1 root primary          //把 SW1 变成主根桥
```

相当于

```
SW1(config)#spanning-tree vlan 1 priority 0
```

SW3 的配置：

```
SW3(config)#spanning-tree vlan 1 root secondary        //把 SW3 变成备用根桥
```

查看 SW2 交换机上生成树的状态信息摘要：

```
SW2#show spanning-tree vlan 1 bri
VLAN1
  Spanning tree enabled protocol ieee
  Root ID    Priority    0
             Address     cc01.5928.0000
             Cost        19
             Port        3 (FastEthernet0/2)
             Hello Time   2 sec  Max Age 20 sec  Forward Delay 15 sec
  Bridge ID  Priority    32768
             Address     cc02.2340.0000
             Hello Time   2 sec  Max Age 20 sec  Forward Delay 15 sec
             Aging Time 300
Interface                                Designated
Name                 Port ID Prio Cost  Sts Cost  Bridge ID            Port ID
--------------- ------- ---- ----- --- ----- -------------------- -------
FastEthernet0/2      128.3    128    19 FWD     0     0 cc01.5928.0000 128.2
FastEthernet0/3      128.4    128    19 BLK    19 16384 cc03.1240.0000 128.5
```

综合根桥 ID 信息以及各个交换机上的端口信息，可得当前拓扑，如图 7-9 所示。

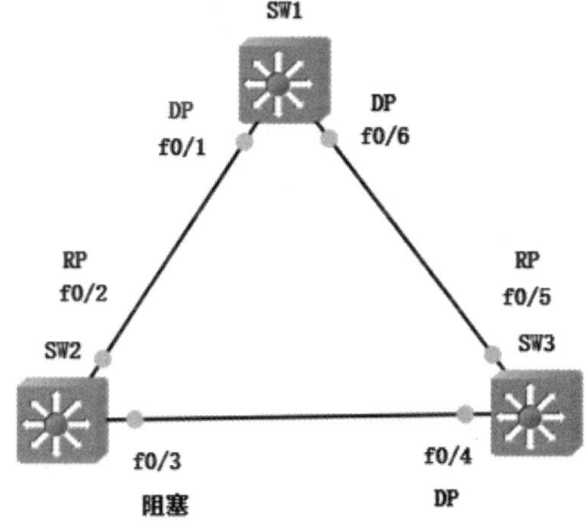

图 7-9　修改优先级后的拓扑

7.4　各厂商配置 STP 的命令对比

在网络设备中，华为和新华三配置 STP 的命令类似，思科和锐捷配置 STP 的命令类似，它们之间的命令对比如表 7-1 所示。

表 7-1 各厂商配置 STP 的命令对比

华为和新华三设备	思科和锐捷设备	命令作用
华为命令： stp root primary stp priority 0 新华三命令：和华为命令相同	spanning-tree vlan 1 root primary spanning-tree vlan 1 priority 0	设置根网桥
华为命令：stp root secondary 新华三命令：和华为命令相同	spanning-tree vlan 1 root secondary	设置备用根网桥
华为命令：display stp brief 新华三命令：和华为命令相同	show spanning-tree Vlan 1 brief	查看 STP 状态

‖ 项目案例 8 ‖

交换机的链路聚合技术

8.1　实验一：华为交换机链路聚合的配置

扫一扫，看视频

1．实验目的

掌握使用手动模式配置华为交换机链路聚合的方法。

2．实验拓扑

手动模式配置华为交换机 Eth-Trunk 的实验拓扑如图 8-1 所示。

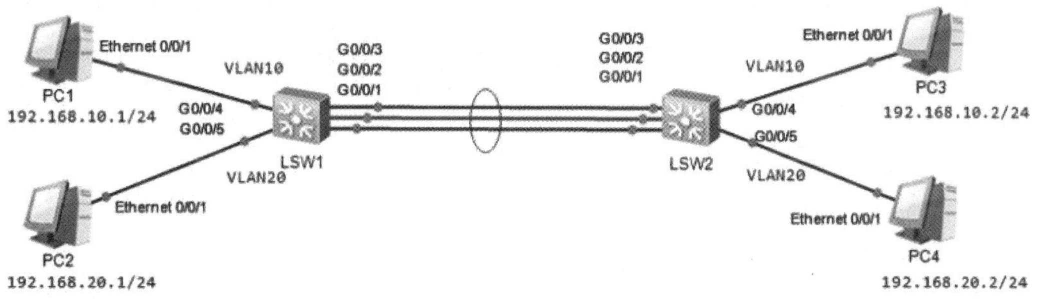

图 8-1　手动模式配置华为交换机 Eth-Trunk 的实验拓扑

3．实验步骤

（1）配置 IP 地址。

PC1 的配置如图 8-2 所示，在【IPv4 配置】下选中【静态】单选按钮，输入对应的 IP 地址以及子网掩码，然后单击【应用】按钮。PC2、PC3、PC4 的配置同理，这里不再赘述。

PC2 的配置如图 8-3 所示，PC3 的配置如图 8-4 所示，PC4 的配置如图 8-5 所示。

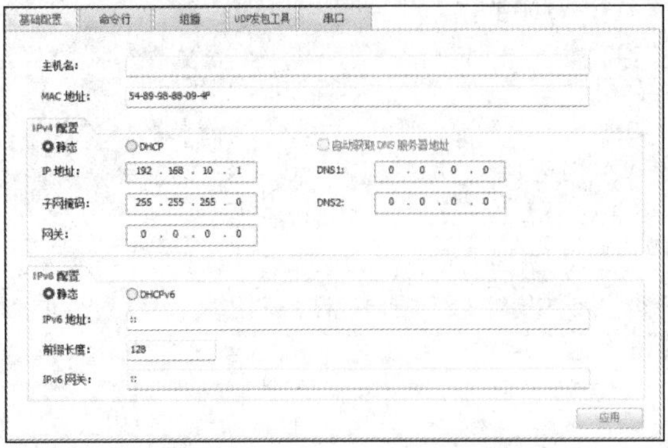

图 8-2　在 PC1 上手动添加 IP 地址

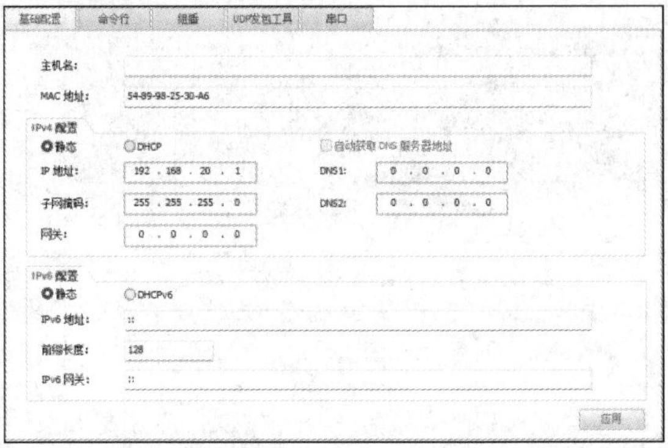

图 8-3　在 PC2 上手动添加 IP 地址

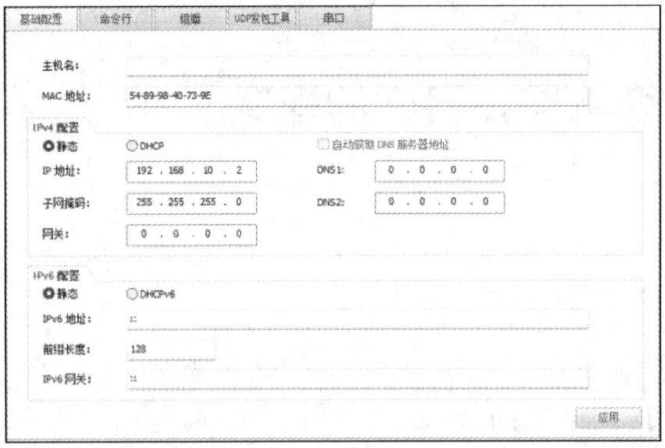

图 8-4　在 PC3 上手动添加 IP 地址

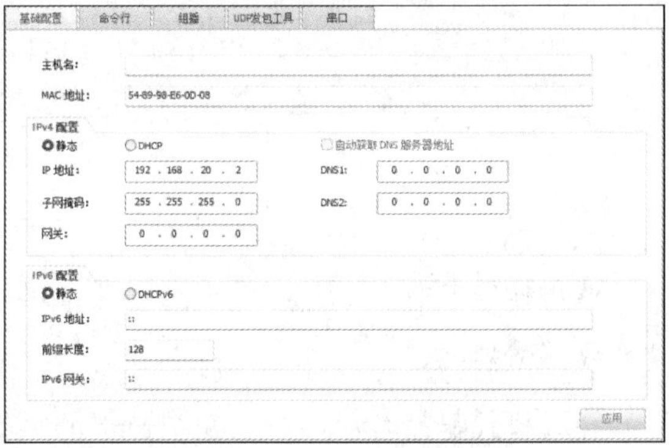

图 8-5　在 PC4 上手动添加 IP 地址

（2）在 LSW1 和 LSW2 上创建 Eth-Trunk 接口并加入成员接口。

LSW1 的配置：

```
<Huawei>system-view
[Huawei]undo info-center enable
[Huawei]sysname LSW1
[LSW1]interface Eth-Trunk 1                    //创建链路聚合组 1
//将 G0/0/1 到 G0/0/3 加入聚合组 1
[LSW1-Eth-Trunk1]trunkport GigabitEthernet 0/0/1 to 0/0/3
[LSW1-Eth-Trunk1]quit
```

LSW2 的配置：

```
<Huawei>system-view
[Huawei]undo info-center enable
[Huawei]sysname LSW2
[LSW2]interface Eth-Trunk 1                    //创建链路聚合组 1
//将 G0/0/1 到 G0/0/3 加入聚合组 1
[LSW2-Eth-Trunk1]trunkport GigabitEthernet 0/0/1 to 0/0/3
[LSW2-Eth-Trunk1]quit
```

（3）在 LSW1 和 LSW2 上创建 VLAN 并将接口加入 VLAN。

LSW1 的配置：

```
[LSW1]vlan batch 10 20
[LSW1]interface g0/0/4
[LSW1-GigabitEthernet0/0/4]port link-type access
[LSW1-GigabitEthernet0/0/4]port default vlan 10
[LSW1-GigabitEthernet0/0/4]quit
[LSW1]interface g0/0/5
[LSW1-GigabitEthernet0/0/5]port link-type access
[LSW1-GigabitEthernet0/0/5]port default vlan 20
[LSW1-GigabitEthernet0/0/5]quit
```

LSW2 的配置：

```
[LSW2]vlan batch 10 20
[LSW2]interface g0/0/4
[LSW2-GigabitEthernet0/0/4]port link-type access
[LSW2-GigabitEthernet0/0/4]port default vlan 10
[LSW2-GigabitEthernet0/0/4]quit
[LSW2]interface g0/0/5
[LSW2-GigabitEthernet0/0/5]port link-type access
[LSW2-GigabitEthernet0/0/5]port default vlan 20
[LSW2-GigabitEthernet0/0/5]quit
```

（4）在 LSW1 和 LSW2 上配置 Eth-Trunk 1 接口，允许 VLAN10 和 VLAN20 通过。

LSW1 的配置：

```
[LSW1]interface Eth-Trunk 1
[LSW1-Eth-Trunk1]port link-type trunk
[LSW1-Eth-Trunk1]port trunk allow-pass vlan 10 20
[LSW1-Eth-Trunk1]quit
```

LSW2 的配置：

```
[LSW2]interface Eth-Trunk 1
[LSW2-Eth-Trunk1]port link-type trunk
[LSW2-Eth-Trunk1]port trunk allow-pass vlan 10 20
[LSW2-Eth-Trunk1]quit
```

【技术要点】

Eth Trunk 接口为设备的逻辑接口，交换机 LSW1 和 LSW2 的实际接口 G0/0/1 到 G0/0/3 都属于该聚合口的成员接口。对于交换机 LSW1 和 LSW2 而言，相当于使用聚合口 Eth-Trunk 1 连接在一起，因此交换机 LSW1 和 LSW2 的链路类型以及相关配置只需在聚合口中配置即可，无须到实际接口中进行配置。

（5）配置 Eth-Trunk 1 的负载分担方式。

LSW1 的配置：

```
[LSW1]interface Eth-Trunk 1
//配置负载分担方式为基于源 MAC 地址进行 Hash 计算选择路径
```

```
[LSW1-Eth-Trunk1]load-balance src-dst-mac
[LSW1-Eth-Trunk1]quit
```

LSW2 的配置：

```
[LSW2]interface Eth-Trunk 1
[LSW2-Eth-Trunk1]load-balance src-dst-mac
[LSW2-Eth-Trunk1]quit
```

【技术要点】

数据流是指一组具有某个或某些相同属性的数据包。这些属性有源 MAC 地址、目的 MAC 地址、源 IP 地址、目的 IP 地址、TCP/UDP 源端口号、TCP/UDP 目的端口号等。

对于负载分担，可以分为逐包负载分担和逐流负载分担两种类型。

- 逐包负载分担。在使用 Eth-Trunk 转发数据时，由于聚合组两端设备之间有多条物理链路，就会产生同一数据流的第一个数据帧在一条物理链路上传输，而第二个数据帧在另一条物理链路上传输的情况。这样一来，同一数据流的第二个数据帧就有可能比第一个数据帧先到达对端设备，从而产生接收数据包乱序的情况。
- 逐流负载分担。这种机制把数据帧中的地址通过 Hash 算法生成 Hash-Key 值，然后根据这个数值在 Eth-Trunk 转发表中寻找对应的出接口，不同的 MAC 地址或 IP 地址计算得出的 Hash-Key 值不同，从而出接口也就不同，这样既保证了同一数据流的帧在同一条物理链路上转发，又实现了流量在聚合组内各物理链路上的负载分担。逐流负载分担能保证数据包的顺序，但不能保证带宽的利用率。

4. 实验调试

（1）在 LSW1 上检查创建的 Eth-Trunk 1 接口。

```
[LSW1]display eth-trunk 1
Eth-Trunk1's state information is:
WorkingMode: NORMAL        Hash arithmetic: According to SA-XOR-DA
Least Active-linknumber: 1  Max Bandwidth-affected-linknumber: 8
Operate status: UP         Number Of Up Port In Trunk: 3
--------------------------------------------------------------------------------
PortName                   Status     Weight
GigabitEthernet0/0/1         UP         1
GigabitEthernet0/0/2         UP         1
GigabitEthernet0/0/3         UP         1
```

以上输出表明，编号为 1 的聚合通道已经形成。各字段代表的含义如下。

①WorkingMode：表示工作模式，NORMAL 为手动负载分担模式。

②Hash arithmetic：表示负载分担的 Hash 算法，SA-XOR-DA 表示基于源 MAC 地址进行 Hash 计算。

③Least Active-linknumber：表示处于 UP 状态的成员链路的下限阈值。

④Max Bandwidth-affected-linknumber：表示处于 UP 状态的成员链路的上限阈值。

⑤Operate status：表示聚合口的状态，UP 为正常启动状态，DOWN 为物理上出现故障。

⑥Status：表示本地成员接口的状态。

⑦Weight：表示接口的权重值。

（2）在 LSW1 上查看 Eth-Trunk 1 接口的带宽。

```
[LSW1]display interface Eth-Trunk 1
Eth-Trunk1 current state : UP
Line protocol current state : UP
Description:
Switch Port, PVID :    1, Hash arithmetic : According to SA-XOR-DA,
   Maximal BW: 3G, Current BW: 3G, The Maximum Frame Length is 9216
IP Sending Frames' Format is PKTFMT_ETHNT_2, Hardware address is 4c1f-cce5-1fa5
Current system time: 2022-04-03 14:29:28-08:00
   Input bandwidth utilization  :    0%
   Output bandwidth utilization :    0%
------------------------------------------------------
PortName                      Status      Weight
------------------------------------------------------
GigabitEthernet0/0/1            UP          1
GigabitEthernet0/0/2            UP          1
GigabitEthernet0/0/3            UP          1
------------------------------------------------------
The Number of Ports in Trunk : 3
The Number of UP Ports in Trunk : 3
```

以上输出表明，当前 Eth-Trunk 1 接口的状态为 UP，协议状态也为 UP，最大能够支持的带宽为 3Gb/s。

8.2　实验二：新华三交换机链路聚合的配置

扫一扫，看视频

1. 实验目的

掌握使用手动模式配置新华三交换机链路聚合的方法。

2. 实验拓扑

手动模式配置新华三交换机 Eth-Trunk 的实验拓扑如图 8-6 所示。

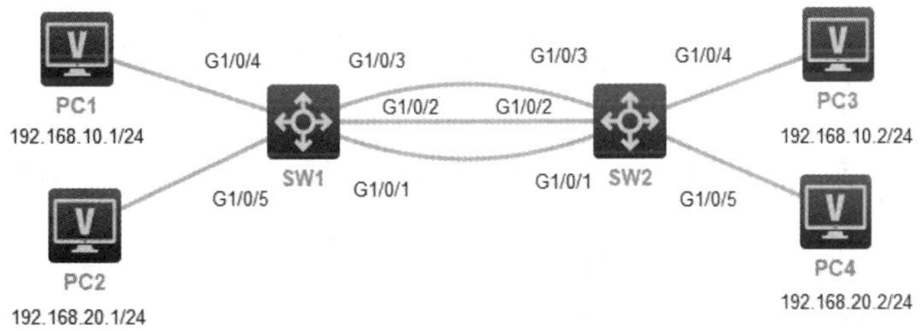

图 8-6　手动模式配置新华三交换机 Eth-Trunk 的实验拓扑

3．实验步骤

（1）配置 IP 地址。

PC1 的配置如图 8-7 所示。在【接口管理】中单击【启用】按钮，在【IPv4 配置】下选中【静态】单选按钮，输入对应的 IP 地址以及子网掩码，然后单击【启用】按钮。PC2、PC3、PC4 的配置同理，这里不再赘述。

PC2 的配置如图 8-8 所示，PC3 的配置如图 8-9 所示，PC4 的配置如图 8-10 所示。

图 8-7　在 PC1 上手动添加 IP 地址

图 8-8　在 PC2 上手动添加 IP 地址

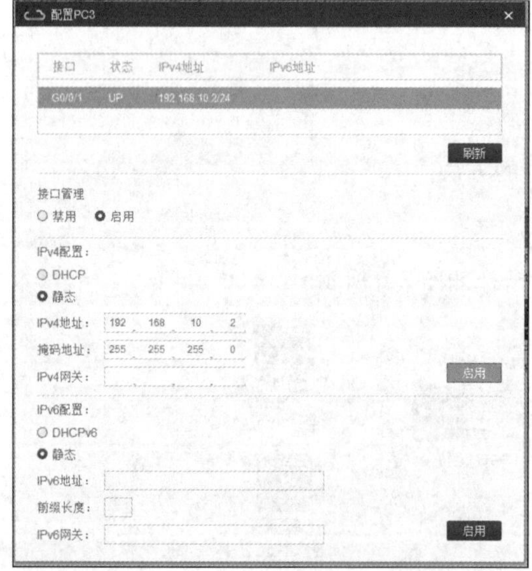

图 8-9　在 PC3 上手动添加 IP 地址

图 8-10　在 PC4 上手动添加 IP 地址

（2）在 SW1 和 SW2 上创建 Eth-Trunk 接口并加入成员接口。

SW1 的配置：

```
<H3C>system-view
[H3C]undo info-center enable
[H3C]sysname SW1
[SW1]interface Bridge-Aggregation 1
[SW1-Bridge-Aggregation1]quit
[SW1]interface range g1/0/1 to g1/0/3
[SW1-if-range]port link-aggregation group 1
[SW1-if-range]quit
```

SW2 的配置：

```
<H3C>system-view
[H3C]undo info-center enable
[H3C]sysname SW2
[SW2]interface Bridge-Aggregation 1
[SW2-Bridge-Aggregation1]quit
[SW2]interface range g1/0/1 to g1/0/3
[SW2-if-range]port link-aggregation group 1
[SW2-if-range]quit
```

（3）在 SW1 和 SW2 上创建 VLAN 并将接口加入 VLAN。

SW1 的配置：

```
[SW1]vlan 10
[SW1-vlan10]exit
[SW1]vlan 20
[SW1-vlan20]exit
[SW1]interface g1/0/4
[SW1-GigabitEthernet1/0/4]port link-type access
[SW1-GigabitEthernet1/0/4]port access vlan 10
[SW1-GigabitEthernet1/0/4]quit
[SW1]interface g1/0/5
[SW1-GigabitEthernet1/0/5]port link-type access
[SW1-GigabitEthernet1/0/5]port access vlan 20
[SW1-GigabitEthernet1/0/5]exit
```

SW2 的配置：

```
[SW2]vlan 10
[SW2-vlan10]quit
[SW2]vlan 20
[SW2-vlan20]quit
[SW2]interface g1/0/4
[SW2-GigabitEthernet1/0/4]port link-type access
[SW2-GigabitEthernet1/0/4]port access vlan 10
[SW2-GigabitEthernet1/0/4]quit
[SW2]interface g1/0/5
[SW2-GigabitEthernet1/0/5]port link-type access
```

```
[SW2-GigabitEthernet1/0/5]port access vlan 20
[SW2-GigabitEthernet1/0/5]quit
```

（4）在 SW1 和 SW2 上配置 Bridge-Aggregation 1 接口，允许 VLAN10 和 VLAN20 通过。

SW1 的配置：

```
[SW1]interface Bridge-Aggregation 1
[SW1-Bridge-Aggregation1]port link-type trunk
[SW1-Bridge-Aggregation1]port trunk permit vlan 10 20
[SW1-Bridge-Aggregation1]quit
```

SW2 的配置：

```
[SW2]interface Bridge-Aggregation 1
[SW2-Bridge-Aggregation1]port link-type trunk
[SW2-Bridge-Aggregation1]port trunk permit vlan 10 20
[SW2-Bridge-Aggregation1]quit
```

4. 实验调试

（1）在 SW1 上查看创建的 Bridge-Aggregation 1 接口。

```
[SW1]display link-aggregation verbose
Loadsharing Type: Shar -- Loadsharing, NonS -- Non-Loadsharing
Port: A -- Auto
Port Status: S -- Selected, U -- Unselected, I -- Individual
Flags:  A -- LACP_Activity, B -- LACP_Timeout, C -- Aggregation,
        D -- Synchronization, E -- Collecting, F -- Distributing,
        G -- Defaulted, H -- Expired
Aggregate Interface: Bridge-Aggregation1
Aggregation Mode: Static
Loadsharing Type: Shar
  Port           Status  Priority Oper-Key
--------------------------------------------------------------------------
  GE1/0/1        S       32768    1
  GE1/0/2        S       32768    1
  GE1/0/3        S       32768    1
```

（2）在 SW1 上查看 Bridge-Aggregation 1 接口的带宽。

```
[SW1]display interface Bridge-Aggregation 1
  <1-1>              Bridge-Aggregation interface number
  Bridge-Aggregation  Bridge-Aggregation interface

[SW1]display interface Bridge-Aggregation 1
Bridge-Aggregation1
Current state: UP
IP packet frame type: Ethernet II, hardware address: 9615-339b-0100
Description: Bridge-Aggregation1 Interface
Bandwidth: 3000000 kbps
3Gbps-speed mode, full-duplex mode
Link speed type is autonegotiation, link duplex type is autonegotiation
```

```
PVID: 1
Port link-type: Trunk
 VLAN Passing:   1(default vlan), 10, 20
 VLAN permitted: 1(default vlan), 10, 20
 Trunk port encapsulation: IEEE 802.1q
Last clearing of counters: Never
 Last 300 second input:  0 packets/sec 0 bytes/sec 0%
 Last 300 second output:  0 packets/sec 0 bytes/sec 0%
 Input (total):  0 packets, 0 bytes
       0 unicasts, 0 broadcasts, 0 multicasts, 0 pauses
 Input (normal):  0 packets, 0 bytes
       0 unicasts, 0 broadcasts, 0 multicasts, 0 pauses
 Input:  0 input errors, 0 runts, 0 giants, 0 throttles
       0 CRC, 0 frame, 0 overruns, 0 aborts
       0 ignored, 0 parity errors
 Output (total): 0 packets, 0 bytes
       0 unicasts, 0 broadcasts, 0 multicasts, 0 pauses
 Output (normal): 0 packets, 0 bytes
       0 unicasts, 0 broadcasts, 0 multicasts, 0 pauses
 Output: 0 output errors, 0 underruns, 0 buffer failures
       0 aborts, 0 deferred, 0 collisions, 0 late collisions
       0 lost carrier, 0 no carrier
```

以上输出表明，当前 Eth-Trunk 1 接口的状态为 UP，协议状态也为 UP，最大能够支持的带宽为 3Gb/s。

8.3　实验三：思科交换机链路聚合的配置

扫一扫，看视频

1．实验目的

掌握使用手动模式配置思科交换机链路聚合的方法。

2．实验拓扑

手动模式配置思科交换机 port-channel 的实验拓扑如图 8-11 所示。

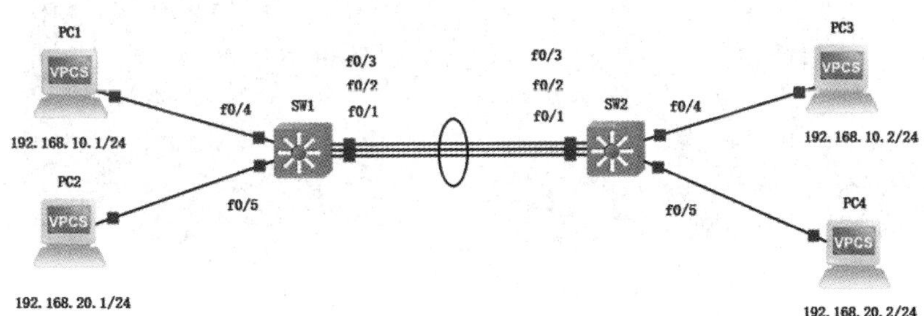

图 8-11　手动模式配置思科交换机 port-channel 的实验拓扑

3．实验步骤

（1）配置 IP 地址。

PC1 的配置如图 8-12 所示，在【IPv4 配置】下选中【静态】单选按钮，输入对应的 IP 地址以及子网掩码。PC2、PC3、PC4 的配置同理，这里不再赘述。

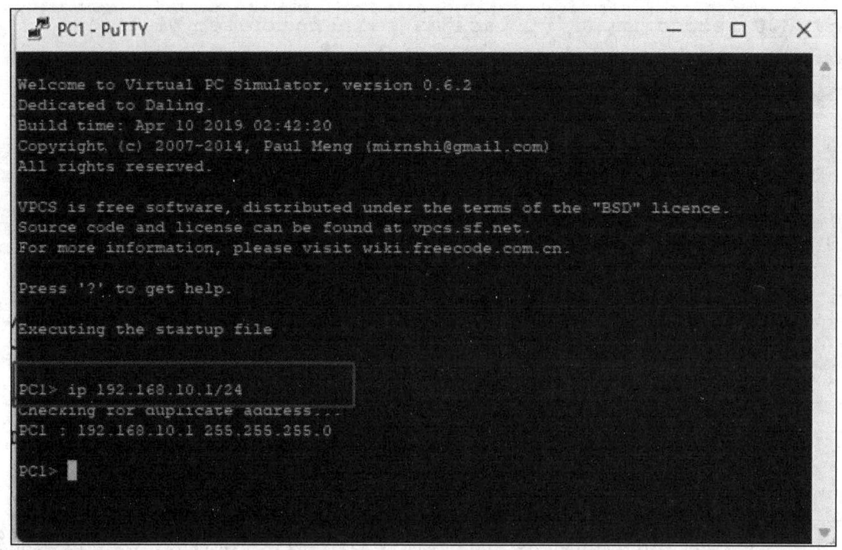

图 8-12　在 PC1 上手动添加 IP 地址

PC2 的配置如图 8-13 所示，PC3 的配置如图 8-14 所示，PC4 的配置如图 8-15 所示。

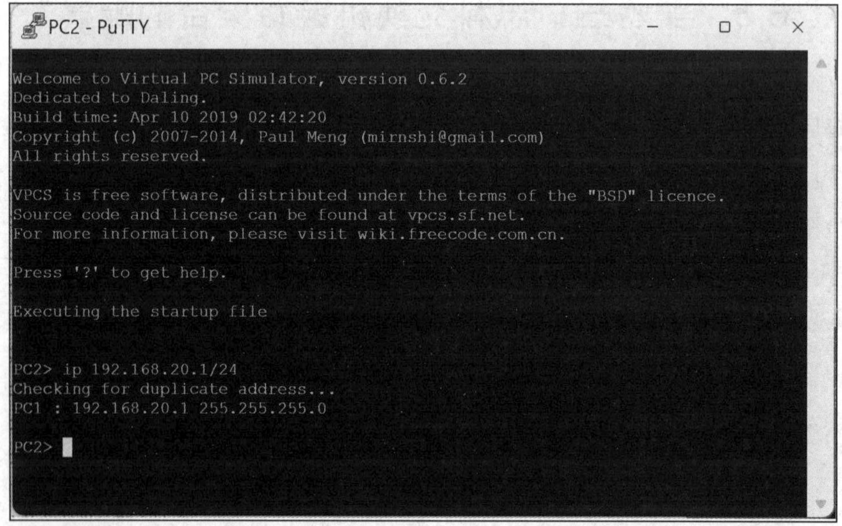

图 8-13　在 PC2 上手动添加 IP 地址

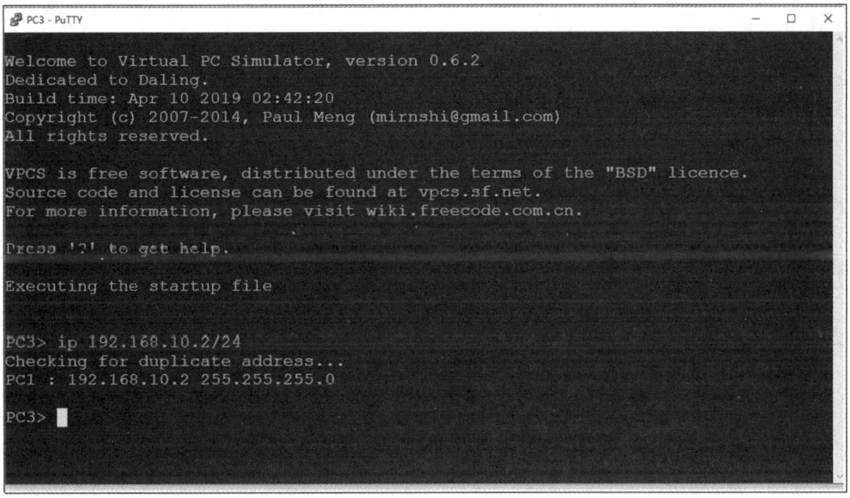

```
PC3 - PuTTY

Welcome to Virtual PC Simulator, version 0.6.2
Dedicated to Daling.
Build time: Apr 10 2019 02:42:20
Copyright (c) 2007-2014, Paul Meng (mirnshi@gmail.com)
All rights reserved.

VPCS is free software, distributed under the terms of the "BSD" licence.
Source code and license can be found at vpcs.sf.net.
For more information, please visit wiki.freecode.com.cn.

Press '?' to get help.

Executing the startup file


PC3> ip 192.168.10.2/24
Checking for duplicate address...
PC1 : 192.168.10.2 255.255.255.0

PC3>
```

图 8-14　在 PC3 上手动添加 IP 地址

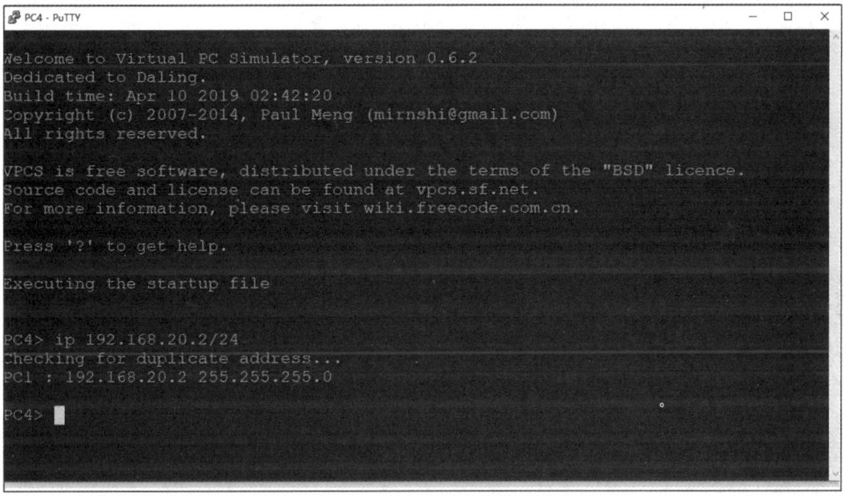

```
PC4 - PuTTY

Welcome to Virtual PC Simulator, version 0.6.2
Dedicated to Daling.
Build time: Apr 10 2019 02:42:20
Copyright (c) 2007-2014, Paul Meng (mirnshi@gmail.com)
All rights reserved.

VPCS is free software, distributed under the terms of the "BSD" licence.
Source code and license can be found at vpcs.sf.net.
For more information, please visit wiki.freecode.com.cn.

Press '?' to get help.

Executing the startup file


PC4> ip 192.168.20.2/24
Checking for duplicate address...
PC1 : 192.168.20.2 255.255.255.0

PC4>
```

图 8-15　在 PC4 上手动添加 IP 地址

（2）在 SW1 和 SW2 上创建 port-channel 接口并加入成员接口。

SW1 的配置：

```
SW1(config)#interface port-channel 1
SW1(config-if)#switchport trunk encapsulation dot1q
SW1(config-if)#switchport mode trunk
SW1(config-if)#switchport trunk allowed vlan all
SW1(config-if)#exit
SW1(config)#interface range f0/1 , f0/2 , f0/3
SW1(config-if-range)#channel-group 1 mode on
```

```
SW1(config-if-range)#exit
```

SW2 的配置：

```
SW2(config)#interface port-channel 1
SW2(config-if)#switchport trunk encapsulation dot1q
SW2(config-if)#switchport mode trunk
SW2(config-if)#switchport trunk allowed vlan all
SW2(config-if)#exit
SW2(config)#interface range f0/1 , f0/2 , f0/3
SW2(config-if-range)#channel-group 1 mode on
```

（3）在 SW1 和 SW2 上创建 VLAN 并将接口加入 VLAN。

SW1 的配置：

```
SW1#vlan database
SW1(vlan)#vlan 10
VLAN 10 added:
   Name: VLAN0010
SW1(vlan)#vlan 20
VLAN 20 added:
   Name: VLAN0020
SW1(vlan)#exit
SW1#configure terminal
SW1(config)#interface f0/4
SW1(config-if)#switchport mode access
SW1(config-if)#switchport access vlan 10
SW1(config-if)#exit
SW1(config)#interface f0/5
SW1(config-if)#switchport mode access
SW1(config-if)#switchport access vlan 20
SW1(config-if)#exit
```

SW2 的配置：

```
SW2#vlan database
SW2(vlan)#vlan 10
VLAN 10 modified:
SW2(vlan)#vlan 20
VLAN 20 added:
   Name: VLAN0020
SW2(vlan)#exit
SW2#configure terminal
SW2(config)#interface f0/4
SW2(config-if)#switchport mode access
SW2(config-if)#switchport access vlan 10
SW2(config-if)#exit
SW2(config)#interface f0/5
SW2(config-if)#switchport mode access
SW2(config-if)#switchport access vlan 20
SW2(config-if)#exit
```

（4）配置 port-channel 的负载分担方式。

SW1 的配置：

```
SW1(config)#port-channel load-balance src-dst-mac
```

SW2 的配置：

```
SW2(config)#port-channel load-balance src-dst-mac
```

4. 实验调试

（1）在 SW1 上检查创建的 port-channel 接口。

```
SW1#show etherchannel  summary
Flags:  D - down        P - in port-channel
        I - stand-alone s - suspended
        R - Layer3      S - Layer2
        U - in use
Group Port-channel  Ports
-----+------------+-----------------------------------------------------
1     Po1(SU)     Fa0/1(P)   Fa0/2(P)   Fa0/3(P)
```

（2）在 SW1 上查看 port-channel 接口的带宽。

```
SW1#show interfaces port-channel 1
Port-channel1 is up, line protocol is up
  Hardware is EtherChannel, address is cc01.48d4.f003 (bia cc01.48d4.f003)
  MTU 1500 bytes, BW 300000 Kbit, DLY 1000 usec,
     reliability 255/255, txload 1/255, rxload 1/255
  Encapsulation ARPA, loopback not set
  Keepalive set (10 sec)
  Full-duplex, 100Mb/s
  Members in this channel: Fa0/1 Fa0/2 Fa0/3
  ARP type: ARPA, ARP Timeout 04:00:00
  Last input 00:08:17, output never, output hang never
  Last clearing of "show interface" counters never
  Input queue: 0/75/0/0 (size/max/drops/flushes); Total output drops: 0
  Queueing strategy: fifo
  Output queue: 0/40 (size/max)
  5 minute input rate 0 bits/sec, 0 packets/sec
  5 minute output rate 0 bits/sec, 0 packets/sec
     0 packets input, 0 bytes, 0 no buffer
     Received 0 broadcasts, 0 runts, 0 giants, 0 throttles
     0 input errors, 0 CRC, 0 frame, 0 overrun, 0 ignored
     0 input packets with dribble condition detected
     0 packets output, 0 bytes, 0 underruns
     0 output errors, 0 collisions, 1 interface resets
     0 babbles, 0 late collision, 0 deferred
     0 lost carrier, 0 no carrier
     0 output buffer failures, 0 output buffers swapped out
```

以上输出表明，当前 port-channel 接口的状态为 UP，协议状态也为 UP，最大能够支持的带宽为 3Gb/s。

8.4 各厂商配置链路聚合的命令对比

在网络设备中，华为和新华三配置链路聚合的命令类似，思科和锐捷配置链路聚合的命令类似，它们之间的命令对比如表 8-1 所示。

表 8-1 各厂商配置链聚合的命令对比

华为和新华三设备	思科和锐捷设备	命令作用
华为命令： interface Eth-Trunk 1 新华三命令： interface Bridge-Aggregation 1	interface port-channel 1	创建链路聚合组 1
华为命令： interface Eth-Trunk 1 trunkport GigabitEthernet 0/0/1 to 0/0/3 新华三命令： interface range g1/0/1 to g1/0/3 port link-aggregation group 1	interface range f0/1, f0/2, f0/3 channel-group 1 mode on	把接口 f0/1、f0/2、f0/3 加入链路聚合组
华为命令：display interface Eth-Trunk 1 新华三命令：display interface Bridge-Aggregation 1	show interfaces port-channel 1	查看链路聚合组

Ⅱ 项目案例 9 Ⅱ

交换机 VRRP 技术

9.1 实验一：华为交换机 VRRP 的配置

扫一扫，看视频

1. 实验目的

（1）熟悉华为交换机 VRRP 多网关负载分担的应用场景。

（2）掌握华为交换机 VRRP 多网关负载分担的配置方法。

2. 实验拓扑

华为交换机 VRRP 多网关负载分担的实验拓扑如图 9-1 所示。

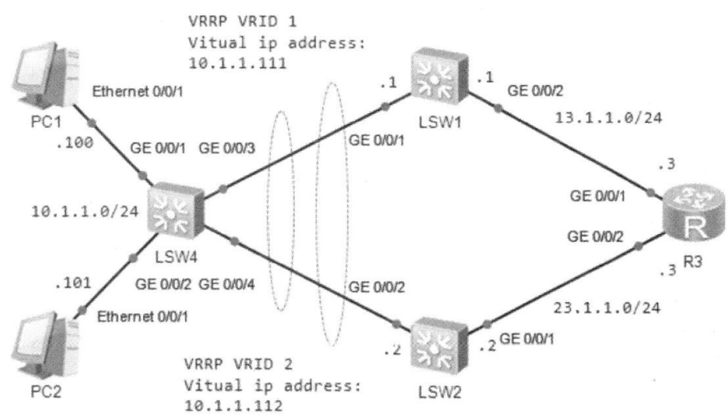

图 9-1　华为交换机 VRRP 多网关负载分担的实验拓扑

3. 实验步骤

（1）配置 IP 地址。

LSW1 的配置：

```
<Huawei>system-view
```

```
[Huawei]undo info-center enable
[Huawei]sysname LSW1
[LSW1]vlan batch 100 200
[LSW1]interface g0/0/1
[LSW1-GigabitEthernet0/0/1]port link-type access
[LSW1-GigabitEthernet0/0/1]port default vlan 100
[LSW1-GigabitEthernet0/0/1]quit
[LSW1]interface g0/0/2
[LSW1-GigabitEthernet0/0/2]port link-type access
[LSW1-GigabitEthernet0/0/2]port default vlan 200
[LSW1-GigabitEthernet0/0/2]quit
[LSW1]interface Vlanif 100
[LSW1-Vlanif100]ip address 10.1.1.1 24
[LSW1-Vlanif100]quit
[LSW1]interface Vlanif 200
[LSW1-Vlanif200]ip address 13.1.1.1 24
[LSW1-Vlanif200]quit
```

LSW2 的配置：

```
<Huawei>system-view
[Huawei]undo info-center enable
Info: Information center is disabled.
[Huawei]sysname LSW2
[LSW2]vlan batch 100 300
[LSW2]interface g0/0/2
[LSW2-GigabitEthernet0/0/2]port link-type access
[LSW2-GigabitEthernet0/0/2]port default vlan 100
[LSW2-GigabitEthernet0/0/2]quit
[LSW2]interface g0/0/1
[LSW2-GigabitEthernet0/0/1]port link-type access
[LSW2-GigabitEthernet0/0/1]port default vlan 300
[LSW2-GigabitEthernet0/0/1]quit
[LSW2]interface Vlanif 100
[LSW2-Vlanif100]ip address 10.1.1.2 24
[LSW2-Vlanif100]quit
[LSW2]interface Vlanif 300
[LSW2-Vlanif300]ip address 23.1.1.2 24
[LSW2-Vlanif300]quit
```

R3 的配置：

```
<Huawei>system-view
Enter system view, return user view with Ctrl+Z.
[Huawei]undo info-center enable
Info: Information center is disabled.
[Huawei]sysname R3
[R3]interface g0/0/1
[R3-GigabitEthernet0/0/1]ip address 13.1.1.3 24
[R3-GigabitEthernet0/0/1]quit
```

```
[R3]interface g0/0/2
[R3-GigabitEthernet0/0/2]ip address 23.1.1.3 24
[R3-GigabitEthernet0/0/2]quit
[R3]interface LoopBack 0
[R3-LoopBack0]ip address 3.3.3.3 32
[R3-LoopBack0]quit
```

配置 PC1 的 IP 地址，如图 9-2 所示。

配置 PC2 的 IP 地址，如图 9-3 所示。

图 9-2 配置 PC1 的 IP 地址

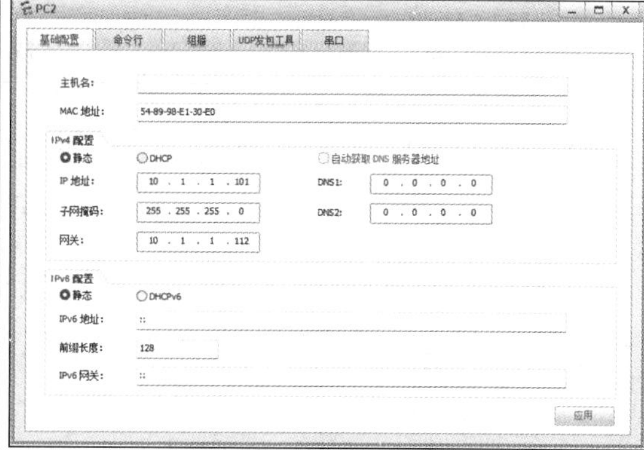

图 9-3 配置 PC2 的 IP 地址

（2）运行 IGP。

LSW1 的配置：

```
[LSW1]ospf router-id 1.1.1.1
[LSW1-ospf-1]area 0
[LSW1-ospf-1-area-0.0.0.0]network 10.1.1.0 0.0.0.255
[LSW1-ospf-1-area-0.0.0.0]network 13.1.1.0 0.0.0.255
[LSW1-ospf-1-area-0.0.0.0]quit
```

LSW2 的配置：

```
[LSW2]ospf router-id 2.2.2.2
[LSW2-ospf-1]area 0
[LSW2-ospf-1-area-0.0.0.0]network 10.1.1.0 0.0.0.255
[LSW2-ospf-1-area-0.0.0.0]network 23.1.1.0 0.0.0.255
[LSW2-ospf-1-area-0.0.0.0]quit
```

R3 的配置：

```
[R3]ospf router-id 3.3.3.3
[R3-ospf-1]area 0
[R3-ospf-1-area-0.0.0.0]network 13.1.1.0 0.0.0.255
[R3-ospf-1-area-0.0.0.0]network 23.1.1.0 0.0.0.255
[R3-ospf-1-area-0.0.0.0]network 3.3.3.0 0.0.0.255
[R3-ospf-1-area-0.0.0.0]quit
```

（3）配置 VRRP。

第一步，配置 VRRP 组 1，让 LSW1 成为主交换机，LSW2 成为备用交换机。

LSW1 的配置：

```
[LSW1]interface Vlanif 100
[LSW1-Vlanif100]vrrp vrid 1 virtual-ip 10.1.1.111
[LSW1-Vlanif100]vrrp vrid 1 priority 120
[LSW1-Vlanif100]vrrp vrid 1 preempt-mode timer delay 20
[LSW1-Vlanif100]quit
```

LSW2 的配置：

```
[LSW2]interface Vlanif 100
[LSW2-Vlanif100]vrrp vrid 1 virtual-ip 10.1.1.111
[LSW2-Vlanif100]quit
```

第二步，配置 VRRP 组 2，让 LSW2 成为主交换机，LSW1 成为备用交换机。

LSW1 的配置：

```
[LSW1]interface Vlanif 100
[LSW1-Vlanif100]vrrp vrid 2 virtual-ip 10.1.1.112
[LSW1-Vlanif100]quit
```

LSW2 的配置：

```
[LSW2]interface Vlanif 100
[LSW2-Vlanif100]vrrp vrid 2 virtual-ip 10.1.1.112
[LSW2-Vlanif100]vrrp vrid 2 priority 200
[LSW2-Vlanif100]quit
```

4．实验调试

（1）在 LSW1 上查看 VRRP 的信息。

```
<LSW1>display vrrp brief
VRID  State       Interface              Type     Virtual IP
----------------------------------------------------------------
1     Master      Vlanif100              Normal   10.1.1.111
2     Backup      Vlanif100              Normal   10.1.1.112
----------------------------------------------------------------
Total:2     Master:1     Backup:1     Non-active:0
```

通过以上输出可以看到，在 VRID1 中，LSW1 是主交换机；在 VRID2 中，LSW2 是备用交换机。

（2）在 PC1 上访问 3.3.3.3，如图 9-4 所示。

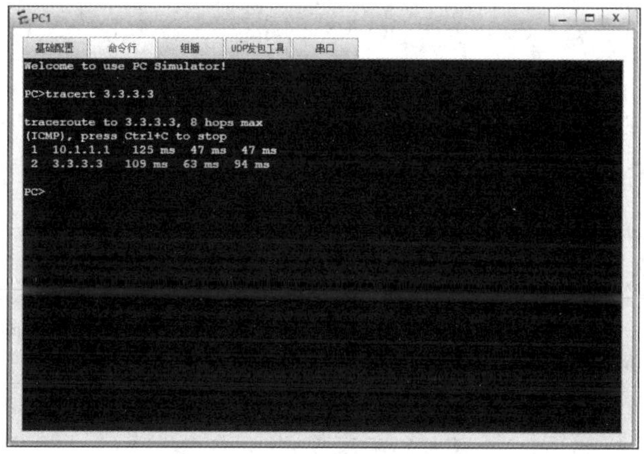

图 9-4　在 PC1 上访问 3.3.3.3（1）

通过以上输出可以看出，PC1 访问 3.3.3.3 的路径是 PC1_LSW1_R3。

（1）关闭 LSW1 的 GE0/0/1 接口。

```
[LSW1]interface g0/0/1
[LSW1-GigabitEthernet0/0/1]shutdown
[LSW1-GigabitEthernet0/0/1]quit
```

（2）在 LSW2 上查看 VRRP 的信息。

```
<LSW2>display vrrp brief
VRID  State       Interface                  Type     Virtual IP
----------------------------------------------------------------
1     Master      Vlanif100                  Normal   10.1.1.111
2     Master      Vlanif100                  Normal   10.1.1.112
----------------------------------------------------------------
Total:2     Master:2     Backup:0     Non-active:0
```

（3）在 PC1 上访问 3.3.3.3，如图 9-5 所示。

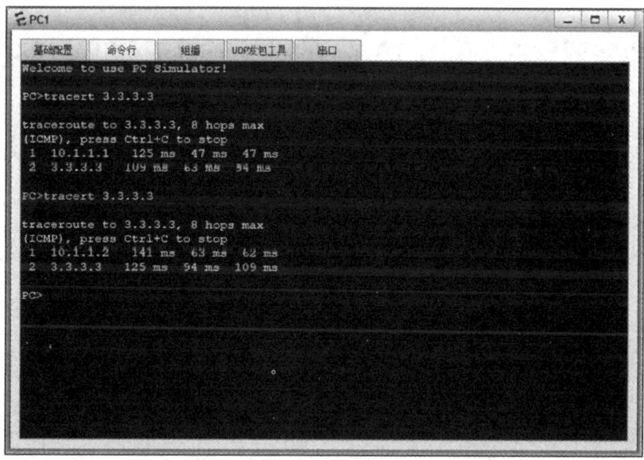

图 9-5　在 PC1 上访问 3.3.3.3（2）

通过以上输出可以看到，PC1 访问 3.3.3.3 的路径为 PC1_LSW2_R3，实验完成后，打开 LSW1 的 GE0/0/1 接口。

（4）在 LSW2 上查看 VRRP 的信息。

```
<LSW2>display vrrp brief
VRID  State       Interface                Type     Virtual IP
----------------------------------------------------------------
1     Backup      Vlanif100                Normal   10.1.1.111
2     Master      Vlanif100                Normal   10.1.1.112
----------------------------------------------------------------
Total:2     Master:1     Backup:1     Non-active:0
```

通过以上输出可以看到，在 VRID2 中，LSW2 是主交换机。

（5）在 PC2 上访问 3.3.3.3，如图 9-6 所示。

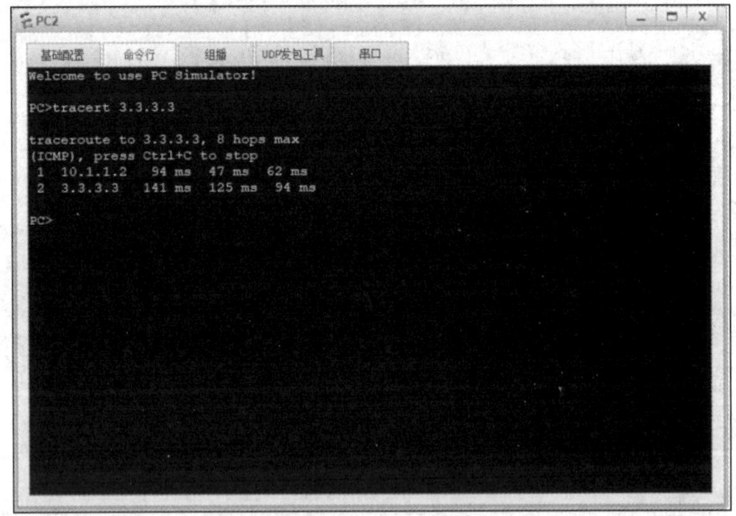

图 9-6　在 PC2 上访问 3.3.3.3

通过以上输出可以看到，PC2 访问 3.3.3.3 的路径是 PC2_LSW2_R3。

扫一扫，看视频

9.2　实验二：新华三交换机 VRRP 的配置

1. 实验目的

（1）熟悉新华三交换机 VRRP 多网关负载分担的应用场景。

（2）掌握新华三交换机 VRRP 多网关负载分担的配置方法。

2. 实验拓扑

新华三交换机 VRRP 多网关负载分担的实验拓扑如图 9-7 所示。

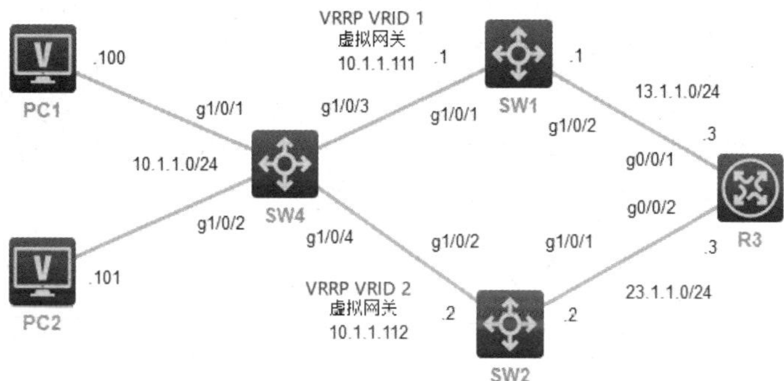

图 9-7　新华三交换机 VRRP 多网关负载分担的实验拓扑

3．实验步骤

（1）配置 IP 地址。

SW1 的配置：

```
<H3C>system-view
[H3C]sysname SW1
[SW1]vlan 100
[SW1-vlan100]QUIT
[SW1]vlan 300
[SW1-vlan300]quit
[SW1]interface g1/0/1
[SW1-GigabitEthernet1/0/1]port link-type access
[SW1-GigabitEthernet1/0/1]port access vlan 100
[SW1-GigabitEthernet1/0/1]quit
[SW1]interface g1/0/2
[SW1-GigabitEthernet1/0/2]port link-type access
[SW1-GigabitEthernet1/0/2]port access vlan 300
[SW1-GigabitEthernet1/0/2]quit
[SW1]interface Vlan-interface 100
[SW1-Vlan-interface100]ip address 10.1.1.1 24
[SW1-Vlan-interface100]quit
[SW1]interface Vlan-interface 300
[SW1-Vlan-interface300]ip address 13.1.1.1 24
[SW1-Vlan-interface300]quit
```

SW2 的配置：

```
<H3C>system-view
[H3C]sysname SW2
[SW2]vlan 100
[SW2-vlan100]quit
[SW2]vlan 200
[SW2-vlan200]quit
[SW2]interface g1/0/2
[SW2-GigabitEthernet1/0/2]port link-type access
```

```
[SW2-GigabitEthernet1/0/2]port access vlan 100
[SW2-GigabitEthernet1/0/2]quit
[SW2]interface g1/0/1
[SW2-GigabitEthernet1/0/1]port link-type access
[SW2-GigabitEthernet1/0/1]port access vlan 200
[SW2-GigabitEthernet1/0/1]quit
[SW2]interface Vlan-interface 100
[SW2-Vlan-interface100]ip add 10.1.1.2 24
[SW2-Vlan-interface100]quit
[SW2]interface Vlan-interface 200
[SW2-Vlan-interface200]ip address 23.1.1.2 24
[SW2-Vlan-interface200]quit
```

SW4 的配置：

```
<H3C>system-view
[H3C]sysname SW4
[SW4]vlan 100
[SW4-vlan100]quit
[SW4]interface range g1/0/1 to GigabitEthernet 1/0/4
[SW4-if-range]port link-type access
[SW4-if-range]port access vlan 100
[SW4-if-range]quit
```

R3 的配置：

```
<H3C>system-view
[H3C]sysname R3
[R3]interface g0/0/1
[R3-GigabitEthernet0/0/1]ip address 13.1.1.3 24
[R3-GigabitEthernet0/0/1]quit
[R3]interface g0/0/2
[R3-GigabitEthernet0/0/2]ip address 23.1.1.3 24
[R3-GigabitEthernet0/0/2]quit
[R3]interface LoopBack 0
[R3-LoopBack0]ip address 3.3.3.3 32
[R3-LoopBack0]quit
```

配置 PC1 的 IP 地址，如图 9-8 所示。

配置 PC2 的 IP 地址，如图 9-9 所示。

（2）运行 IGP。

SW1 的配置：

```
[SW1]ospf router-id 1.1.1.1
[SW1-ospf-1]area 0
[SW1-ospf-1-area-0.0.0.0]network 10.1.1.0 0.0.0.255
[SW1-ospf-1-area-0.0.0.0]network 13.1.1.0 0.0.0.255
[SW1-ospf-1-area-0.0.0.0]quit
```

图 9-8　配置 PC1 的 IP 地址

图 9-9　配置 PC2 的 IP 地址

SW2 的配置：

```
[SW2]ospf router-id 2.2.2.2
[SW2-ospf-1]area 0
[SW2-ospf-1-area-0.0.0.0]network 10.1.1.0 0.0.0.255
[SW2-ospf-1-area-0.0.0.0]network 23.1.1.0 0.0.0.255
[SW2-ospf-1-area-0.0.0.0]quit
```

R3 的配置：

```
[R3]ospf router-id 3.3.3.3
[R3-ospf-1]area 0
[R3-ospf-1-area-0.0.0.0]network 13.1.1.0 0.0.0.255
[R3-ospf-1-area-0.0.0.0]network 23.1.1.0 0.0.0.255
[R3-ospf-1-area-0.0.0.0]network 3.3.3.3 0.0.0.0
[R3-ospf-1-area-0.0.0.0]quit
```

（3）配置 VRRP。

第一步，配置 VRRP 组 1，让 SW1 成为主交换机，SW2 成为备用交换机。

SW1 的配置：

```
[SW1]interface Vlan-interface 100
[SW1-Vlan-interface100]vrrp  vrid 1 virtual-ip 10.1.1.111
[SW1-Vlan-interface100]vrrp  vrid 1 priority  120
[SW1-Vlan-interface100]quit
```

SW2 的配置：

```
[SW2]interface Vlan-interface 100
[SW2-Vlan-interface100]vrrp  vrid  1 virtual-ip 10.1.1.111
[SW2-Vlan-interface100]quit
```

第二步，配置 VRRP 组 2，让 SW2 成为主交换机，SW1 成为备用交换机。

SW1 的配置：

```
[SW1]interface Vlan-interface 100
[SW1-Vlan-interface100]vrrp  vrid 2 virtual-ip 10.1.1.112
[SW1-Vlan-interface100]quit
```

SW2 的配置：

```
[SW2]interface Vlan-interface 100
[SW2-Vlan-interface100]vrrp  vrid  2 virtual-ip 10.1.1.112
[SW2-Vlan-interface100]vrrp  vrid 2 priority 120
[SW2-Vlan-interface100]quit
```

4. 实验调试

（1）在 SW1 上查看 VRRP 的信息。

```
[SW1]display vrrp
IPv4 Virtual Router Information:
 Running mode : Standard
 Total number of virtual routers : 2
 Interface          VRID  State     Running Adver   Auth              Virtual
                                     Pri     Timer   Type               IP
 ---------------------------------------------------------------------------
 Vlan100          1     Master     120     100     Not supported    10.1.1.111
 Vlan100          2     Backup     100     100     Not supported    10.1.1.112
```

通过以上输出可以看到，在 VRID1 中，SW1 是主交换机；在 VRID2 中，SW1 是备用交换机。

（2）在 PC1 上访问 3.3.3.3，如图 9-10 所示。

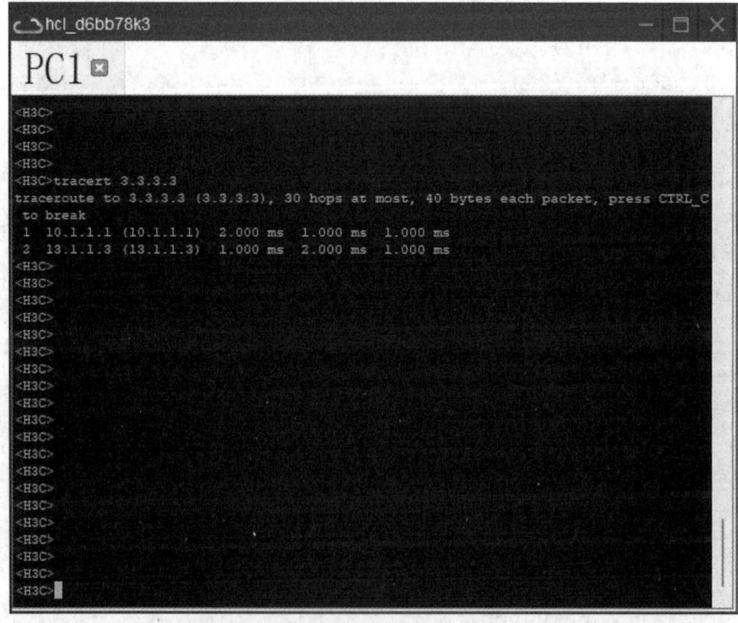

图 9-10　在 PC1 上访问 3.3.3.3（1）

通过以上输出可以看到，PC1 访问 3.3.3.3 的路径为 PC1—SW1—R3。

注意：

新华三所有设备要加上如下两条命令：

```
[R3]ip ttl-expires enable    //开启 ICMP 超时报文发送功能
[R3]ip unreachables enable   //ICMP 目的不可达报文发送功能
```

（3）关闭 SW1 的 g1/0/1 接口。

```
[SW1]interface g1/0/1
[SW1-GigabitEthernet1/0/1]shutdown
```

（4）在 SW2 上查看 VRRP 的信息。

```
[SW2]display vrrp
IPv4 Virtual Router Information:
 Running mode : Standard
 Total number of virtual routers : 2
 Interface       VRID  State     Running Adver   Auth               Virtual
                                  Pri     Timer  Type                  IP
 -----------------------------------------------------------------------------
 Vlan100          1     Master      100     100    Not supported    10.1.1.111
 Vlan100          2     Master      120     100    Not supported    10.1.1.112
```

（5）在 PC1 上访问 3.3.3.3，如图 9-11 所示。

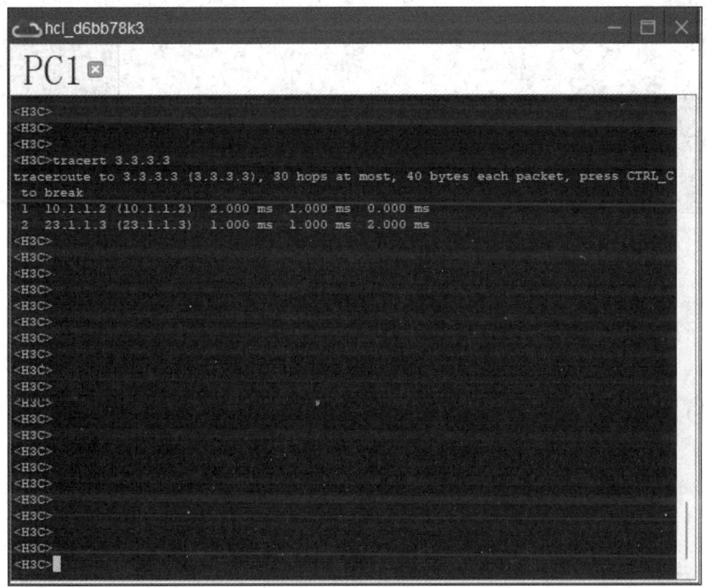

图 9-11　在 PC1 上访问 3.3.3.3（2）

通过以上输出可以看到，PC1 访问 3.3.3.3 的路径为 PC1—SW2—R3，实验完成后，打开 SW1 的 g1/0/1 接口。

（6）在 SW2 上查看 VRRP 的信息。

```
[SW2]display vrrp
IPv4 Virtual Router Information:
 Running mode : Standard
 Total number of virtual routers : 2
 Interface          VRID  State       Running Adver   Auth            Virtual
                                        Pri    Timer   Type              IP
 ------------------------------------------------------------------------------
 Vlan100             1     Backup      100     100    Not supported    10.1.1.112
 Vlan100             2     Master      120     100    Not supported    10.1.1.111
```

通过以上输出可以看到，在 VRID2 中，SW2 是主交换机。

（7）在 PC2 上访问 3.3.3.3，如图 9-12 所示。

```
hcl_116d43200923
PC2
<H3C>tra
<H3C>tracert 3.3.3.3
traceroute to 3.3.3.3 (3.3.3.3), 30 hops at most, 40 bytes each packet, press
 CTRL_C to break
 1  10.1.1.2 (10.1.1.2)  0.000 ms  1.000 ms  0.000 ms
 2  23.1.1.3 (23.1.1.3)  1.000 ms  0.000 ms  1.000 ms
<H3C>
<H3C>
<H3C>
<H3C>
<H3C>
<H3C>
<H3C>
<H3C>
<H3C>
<H3C>
<H3C>
<H3C>
<H3C>
<H3C>
<H3C>
<H3C>
```

图 9-12　在 PC2 上访问 3.3.3.3

通过以上输出可以看到，PC2 访问 3.3.3.3 的路径为 PC2—SW2—R3。

扫一扫，看视频

9.3　实验三：思科交换机 VRRP 的配置

1. 实验目的

（1）熟悉思科交换机 VRRP 多网关负载分担的应用场景。

（2）掌握思科交换机 VRRP 多网关负载分担的配置方法。

2. 实验拓扑

思科交换机 VRRP 多网关负载分担的实验拓扑如图 9-13 所示。

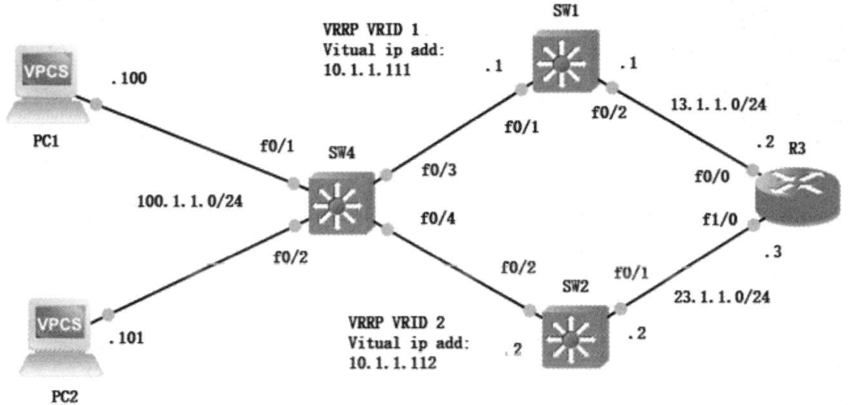

图 9-13　思科交换机 VRRP 多网关负载分担的实验拓扑

3. 实验步骤

（1）配置 IP 地址。

SW1 的配置：

```
SW1#vlan database
SW1(vlan)#vlan 100
VLAN 100 added:
   Name: VLAN0100
SW1(vlan)#vlan 200
VLAN 200 added:
   Name: VLAN0200
SW1(vlan)#exit
SW1#configure terminal
SW1(config)#interface f0/1
SW1(config-if)#switchport mode access
SW1(config-if)#switchport access vlan 100
SW1(config-if)#exit
SW1(config)#interface f0/2
SW1(config-if)#switchport mode access
SW1(config-if)#switchport access vlan 200
SW1(config-if)#exit
SW1(config)#interface vlan 100
SW1(config-if)#ip address 10.1.1.1 255.255.255.0
SW1(config-if)#no shutdown
SW1(config-if)#exit
SW1(config)#interface vlan 200
SW1(config-if)#ip address 13.1.1.1 255.255.255.0
SW1(config-if)#no shutdown
SW1(config-if)#exit
```

SW2 的配置：

```
SW2#vlan database
```

```
SW2(vlan)#vlan 100
VLAN 100 added:
   Name: VLAN0100
SW2(vlan)#vlan 300
VLAN 300 added:
   Name: VLAN0300
SW2(vlan)#exit
SW2#configure terminal
SW2(config)#interface f0/2
SW2(config-if)#switchport mode access
SW2(config-if)#switchport access vlan 100
SW2(config-if)#exit
SW2(config)#interface f0/1
SW2(config-if)#switchport mode access
SW2(config-if)#switchport access vlan 300
SW2(config-if)#exit
SW2(config)#interface vlan 100
SW2(config-if)#ip address 10.1.1.2 255.255.255.0
SW2(config-if)#no shutdown
SW2(config-if)#exit
SW2(config)#interface vlan 300
SW2(config-if)#ip address 23.1.1.2 255.255.255.0
SW2(config-if)#no shutdown
SW2(config-if)#exit
```

R3 的配置：

```
R3#configure terminal
R3(config)#interface f0/0
R3(config-if)#ip address 13.1.1.2 255.255.255.0
R3(config-if)#no shutdown
R3(config-if)#exit
R3(config)#interface f1/0
R3(config-if)#ip address 23.1.1.3 255.255.255.0
R3(config-if)#no shutdown
R3(config-if)#exit
R3(config)#interface loopback 0
R3(config-if)#ip address 3.3.3.3 255.255.255.255
R3(config-if)#exit
```

配置 PC1 的 IP 地址，如图 9-14 所示。

配置 PC2 的 IP 地址，如图 9-15 所示。

```
PC1 - PuTTY

PC1> ip 10.1.1.100/24 10.1.1.111/24
Checking for duplicate address...
PC1 : 10.1.1.100 255.255.255.0 gateway 10.1.1.111

PC1>
PC1>
PC1>
PC1>
PC1>
PC1>
PC1>
PC1>
PC1>
PC1>
PC1>
PC1>
PC1>
PC1>
PC1>
PC1>
PC1>
PC1>
PC1>
```

图 9-14　配置 PC1 的 IP 地址

```
PC2 - PuTTY

PC2> ip 10.1.1.101/24 10.1.1.112/24
Checking for duplicate address...
PC1 : 10.1.1.101 255.255.255.0 gateway 10.1.1.112

PC2>
PC2>
PC2>
PC2>
PC2>
PC2>
PC2>
PC2>
PC2>
PC2>
PC2>
PC2>
PC2>
PC2>
PC2>
PC2>
PC2>
PC2>
PC2>
```

图 9-15　配置 PC2 的 IP 地址

（2）运行 IGP。

SW1 的配置：

```
SW1(config)#router ospf 1
SW1(config-router)#router-id 1.1.1.1
SW1(config-router)#network 10.1.1.0 0.0.0.255 area 0
SW1(config-router)#network 13.1.1.0 0.0.0.255 area 0
SW1(config-router)#exit
```

SW2 的配置：

```
SW2(config)#router ospf 1
SW2(config-router)#router-id 2.2.2.2
```

```
SW2(config-router)#network 10.1.1.0 0.0.0.255 area 0
SW2(config-router)#network 23.1.1.0 0.0.0.255 area 0
SW2(config-router)#exit
```

R3 的配置：

```
R3(config)#router ospf 1
R3(config-router)#router-id 3.3.3.3
R3(config-router)#network 13.1.1.0 0.0.0.255 area 0
R3(config-router)#network 23.1.1.0 0.0.0.255 area 0
R3(config-router)#network 3.3.3.3 0.0.0.0 area 0
R3(config-router)#exit
```

（3）配置 VRRP。

第一步，配置 VRRP 组 1，让 SW1 成为主交换机，SW2 成为备用交换机。

SW1 的配置：

```
SW1(config)#interface vlan 100
SW1(config-if)#vrrp 1 ip 10.1.1.111
SW1(config-if)#vrrp  1 priority 120
SW1(config-if)#vrrp  1 preempt delay minimum 20
SW1(config-if)#exit
```

SW2 的配置：

```
SW2(config)#interface vlan 100
SW2(config-if)#vrrp  1 ip 10.1.1.111
```

第二步，配置 VRRP 组 2，让 SW2 成为主交换机，SW1 成为备用交换机。

SW1 的配置：

```
SW1(config)#interface vlan 100
SW1(config-if)#vrrp  2 ip 10.1.1.112
```

SW2 的配置：

```
SW2(config)#interface vlan 100
SW2(config-if)#vrrp  2 ip 10.1.1.112
SW2(config-if)#vrrp 2 priority 120
SW2(config-if)#exit
```

4. 实验调试

（1）在 SW1 上查看 VRRP 的信息。

```
SW1#show vrrp  brief
Interface          Grp Pri Time  Own Pre State   Master addr    Group addr
Vl100             1   120 3531      Y  Master  10.1.1.1        10.1.1.111
Vl100             2   100 3609      Y  Backup  10.1.1.2        10.1.1.112
```

通过以上输出可以看到，在 VRID1 中，SW1 是主交换机；在 VRID2 中，SW2 是备用交换机。

（2）在 PC1 上访问 3.3.3.3，如图 9-16 所示。

```
PC1> trace 3.3.3.3
trace to 3.3.3.3, 8 hops max, press Ctrl+C to stop
 1   10.1.1.1   15.321 ms  15.562 ms  15.759 ms
 2   *13.1.1.2   46.206 ms (ICMP type:3, code:3, Destination port unreachable)

PC1>
PC1>
PC1>
PC1>
PC1>
PC1>
PC1>
PC1>
PC1>
PC1>
PC1>
PC1>
PC1>
PC1>
PC1>
PC1>
PC1>
PC1>
```

图 9-16　在 PC1 上访问 3.3.3.3（1）

通过以上输出可以看出，PC1 访问 3.3.3.3 的路径为 PC1—SW1—R3。

（3）关闭 SW1 的 f0/1 接口。

```
SW1(config)#interface f0/1
SW1(config-if)#shutdown
```

（4）在 SW2 上查看 VRRP 的信息。

```
SW2#show vrrp  brief
Interface          Grp Pri Time  Own Pre State   Master addr     Group addr
Vl100               1   100 3609       Y  Master  10.1.1.2        10.1.1.111
Vl100               2   120 3531       Y  Master  10.1.1.2        10.1.1.112
```

（5）在 PC1 上访问 3.3.3.3，如图 9-17 所示。

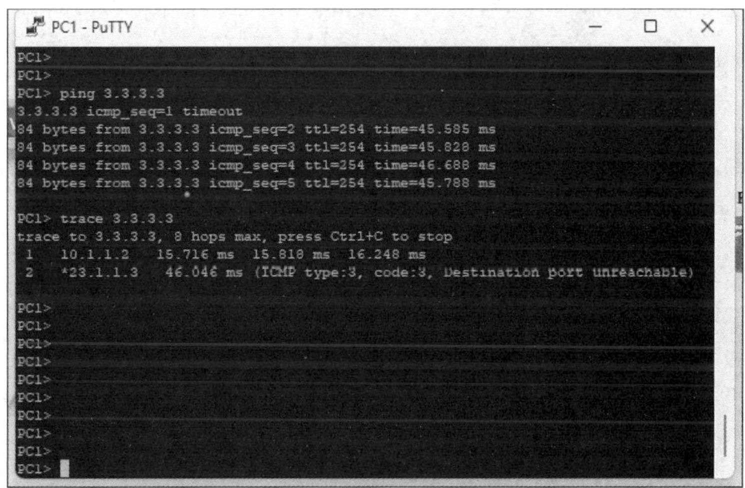

图 9-17　在 PC1 上访问 3.3.3.3（2）

通过以上输出可以看到，PC1 访问 3.3.3.3 路径为 PC1—SW2—R3，实验完成后，打开 SW1

的 f0/1 接口。

（6）在 SW2 上查看 VRRP 的信息。

```
SW2#show vrrp  brief
Interface        Grp Pri Time  Own Pre State   Master addr     Group addr
Vl100              1  100 3609      Y  Backup  10.1.1.1        10.1.1.111
Vl100              2  120 3531      Y  Master  10.1.1.2        10.1.1.112
```

通过以上输出可以看到，在 VRID2 中，SW2 是主交换机。

（7）在 PC2 上访问 3.3.3.3，如图 9-18 所示。

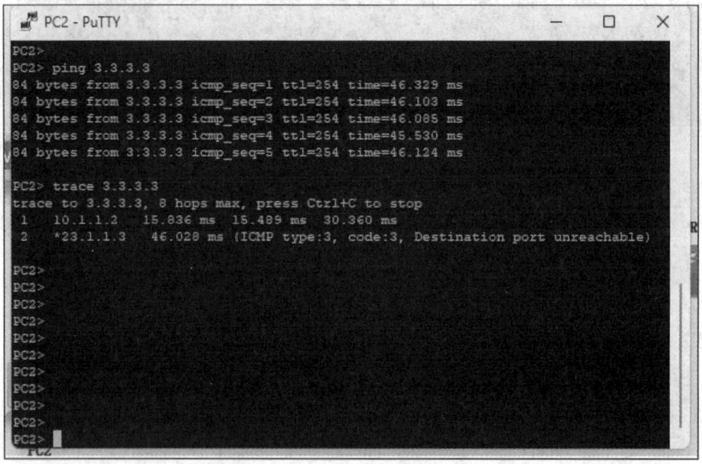

```
PC2 - PuTTY
PC2>
PC2> ping 3.3.3.3
84 bytes from 3.3.3.3 icmp_seq=1 ttl=254 time=46.329 ms
84 bytes from 3.3.3.3 icmp_seq=2 ttl=254 time=46.103 ms
84 bytes from 3.3.3.3 icmp_seq=3 ttl=254 time=46.085 ms
84 bytes from 3.3.3.3 icmp_seq=4 ttl=254 time=45.530 ms
84 bytes from 3.3.3.3 icmp_seq=5 ttl=254 time=46.124 ms

PC2> trace 3.3.3.3
trace to 3.3.3.3, 8 hops max, press Ctrl+C to stop
 1   10.1.1.2   15.836 ms  15.489 ms  30.360 ms
 2   *23.1.1.3   46.028 ms (ICMP type:3, code:3, Destination port unreachable)

PC2>
PC2>
PC2>
PC2>
PC2>
PC2>
PC2>
PC2>
PC2>
PC2>
PC2>
```

图 9-18　在 PC2 上访问 3.3.3.3

通过以上输出可以看到，PC2 访问 3.3.3.3 的路径为 PC2—SW2—R3。

9.4　各厂商配置 VRRP 的命令对比

在网络设备中，华为和新华三配置 VRRP 的命令类似，思科和锐捷配置 VRRP 的命令类似，它们之间的命令对比如表 9-1 所示。

表 9-1　各厂商配置 VRRP 的命令对比

华为和新华三设备	思科和锐捷设备	命令作用
华为命令： vrrp vrid 1 virtual-ip 10.1.1.111 新华三命令： 和华为命令相同	vrrp 1 ip 10.1.1.111	设置 VRRP 的组
华为命令：vrrp vrid 1 priority 120 新华三命令：和华为命令相同	vrrp 1 priority 120	设置 VRRP 的优先级
华为命令：display vrrp brief 新华三命令：display vrrp	show vrrp　brief	查看 VRRP

第三篇

路 由 器 项 目

‖ 项目案例 10 ‖

静 态 路 由

10.1　实验一：华为路由器静态路由的配置

1. 实验目的

（1）掌握路由表的概念。

（2）掌握 route-static 命令的使用方法。

（3）掌握根据需求正确配置静态路由的方法。

2. 实验拓扑

华为路由器静态路由的实验拓扑如图 10-1 所示。

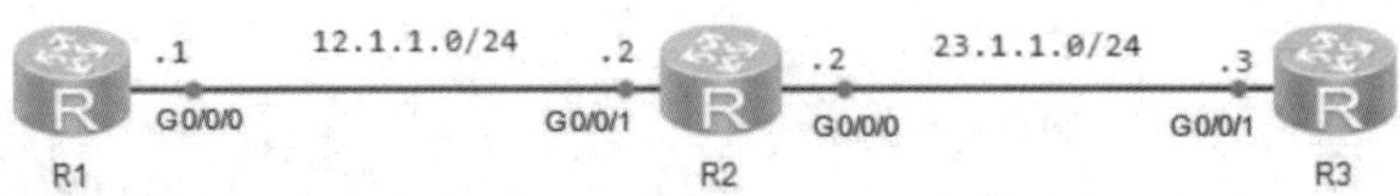

图 10-1　华为路由器静态路由的实验拓扑

3. 实验步骤

（1）配置网络连通性。

R1 的配置：

```
<Huawei>system-view
Enter system view, return user view with Ctrl+Z.
[Huawei]undo info-center enable
[Huawei]sysname R1
[R1]interface g0/0/0
[R1-GigabitEthernet0/0/0]ip address 12.1.1.1 24
[R1-GigabitEthernet0/0/0]quit
```

R2 的配置：

```
<Huawei>system-view
[Huawei]undo info-center enable
[Huawei]sysname R2
[R2]interface g0/0/1
[R2-GigabitEthernet0/0/1]ip address 12.1.1.2 24
[R2-GigabitEthernet0/0/1]quit
[R2]interface g0/0/0
[R2-GigabitEthernet0/0/0]ip address 23.1.1.2 24
[R2-GigabitEthernet0/0/0]quit
```

R3 的配置：

```
<Huawei>system-view
[Huawei]undo info-center enable
[Huawei]sysname R3
[R3]interface g0/0/1
[R3-GigabitEthernet0/0/1]ip address 23.1.1.3 24
[R3-GigabitEthernet0/0/1]quit
```

（2）测试网络连通性。

R1 访问 R2：

```
[R1]ping 12.1.1.2
  PING 12.1.1.2: 56  data bytes, press CTRL_C to break
    Reply from 12.1.1.2: bytes=56 Sequence=1 ttl=255 time=60 ms
    Reply from 12.1.1.2: bytes=56 Sequence=2 ttl=255 time=60 ms
    Reply from 12.1.1.2: bytes=56 Sequence=3 ttl=255 time=50 ms
    Reply from 12.1.1.2: bytes=56 Sequence=4 ttl=255 time=40 ms
    Reply from 12.1.1.2: bytes=56 Sequence=5 ttl=255 time=30 ms
    --- 12.1.1.2 ping statistics ---
    5 packet(s) transmitted
    5 packet(s) received
    0.00% packet loss
    round-trip min/avg/max = 30/48/60 ms
```

从 ping 的结果可以看到，网络连通性没有问题。

R2 访问 R3：

```
[R2]ping 23.1.1.3
  PING 23.1.1.3: 56  data bytes, press CTRL_C to break
    Reply from 23.1.1.3: bytes=56 Sequence=1 ttl=255 time=70 ms
    Reply from 23.1.1.3: bytes=56 Sequence=2 ttl=255 time=40 ms
    Reply from 23.1.1.3: bytes=56 Sequence=3 ttl=255 time=60 ms
    Reply from 23.1.1.3: bytes=56 Sequence=4 ttl=255 time=30 ms
    Reply from 23.1.1.3: bytes=56 Sequence=5 ttl=255 time=20 ms
    --- 23.1.1.3 ping statistics ---
    5 packet(s) transmitted
    5 packet(s) received
    0.00% packet loss
    round-trip min/avg/max = 20/44/70 ms
```

从 ping 的结果可以看到，网络连通性没有问题。

【技术要点】

对于初学者来说，每次配置完 IP 地址后，最好按以上方式测试网络连通性，以此确认 IP 地址的配置是否有问题。如果网络不能访问，则可能存在以下问题。

- 接口没有打开，显示结果如图 10-2 所示，Physical 下显示为*down。

```
[R1]display ip int b
*down: administratively down
!down: FIB overload down
^down: standby
(l): loopback
(s): spoofing
(d): Dampening Suppressed
The number of interface that is UP in Physical is 2
The number of interface that is DOWN in Physical is 10
The number of interface that is UP in Protocol is 2
The number of interface that is DOWN in Protocol is 10

Interface                         IP Address/Mask      Physical   Protocol
Ethernet0/0/0                     unassigned           down       down
Ethernet0/0/1                     unassigned           down       down
GigabitEthernet0/0/0              12.1.1.1/24          *down      down
GigabitEthernet0/0/1              unassigned           down       down
```

图 10-2 接口没有打开

- 接口没有配置 IP 地址或 IP 地址配置错误，显示结果如图 10-3 所示，IP Address/Mask 下显示为 unassigned。

```
[R1]display ip int b
*down: administratively down
!down: FIB overload down
^down: standby
(l): loopback
(s): spoofing
(d): Dampening Suppressed
The number of interface that is UP in Physical is 3
The number of interface that is DOWN in Physical is 9
The number of interface that is UP in Protocol is 2
The number of interface that is DOWN in Protocol is 10

Interface                         IP Address/Mask      Physical   Protocol
Ethernet0/0/0                     unassigned           down       down
Ethernet0/0/1                     unassigned           down       down
GigabitEthernet0/0/0              unassigned           up         down
GigabitEthernet0/0/1              unassigned           down       down
```

图 10-3 没有配置 IP 地址

（3）配置静态路由。

R1 的配置：

```
//配置静态路由的目的地址为 23.1.1.0，下一跳地址为 12.1.1.2
[R1]ip route-static 23.1.1.0 255.255.255.0 12.1.1.2
```

【技术要点】

配置静态路由有以下三种方式。

- 关联下一跳地址。

```
[Huawei] ip route-static ip-address { mask | mask-length } nexthop-address
```

- 关联出接口地址。

```
[Huawei] ip route-static ip-address { mask | mask-length } interface-type
interface-number
```

- 关联出接口和下一跳地址。

```
[Huawei] ip route-static ip-address { mask | mask-length } interface-type
interface-number [ nexthop-address ]
```

在创建静态路由时，可以同时指定出接口和下一跳地址。对于不同的出接口类型，也可以只指定出接口或只指定下一跳地址。

对于点到点接口（如串口），只需指定出接口。

对于广播接口（如以太网接口）和 VT（Virtual-template）接口，必须指定下一跳地址。

对于以太网，如果要成功封装数据帧，就必须知道下一跳地址的 MAC 地址；如果没有指定下一跳地址而只指定了出接口，设备就将无法通过 ARP 协议获取下一跳的 MAC 地址，导致无法完成数据帧的封装。广域网协议封装帧不需要 MAC 地址，这在后面的内容中会介绍。因此对于以太网接口必须指定下一跳地址。

综上所述，R1 上的静态路由理论上有三种配置方法：

```
[R1]ip route-static 23.1.1.0 255.255.255.0 12.1.1.2      //关联下一跳地址
[R1]ip route-static 23.1.1.0 255.255.255.0 g0/0/0        //关联出接口地址
[R1]ip route-static 23.1.1.0 255.255.255.0 g0/0/0 12.1.1.2   //关联出接口和下一跳地址
```

R3 的配置：

```
[R3]ip route-static 12.1.1.0 24 23.1.1.2
```

4. 实验调试

（1）在 R1 上查看路由表。

```
[R1]display ip routing-table                    //查看路由表
Route Flags: R - relay, D - download to fib
------------------------------------------------------------------------------
Routing Tables: Public
Destinations : 5    Routes : 5

Destination/Mask   Proto  Pre  Cost   Flags NextHop  Interface
    12.1.1.0/24    Direct  0    0       D    12.1.1.1  GigabitEthernet0/0/0
    12.1.1.1/32    Direct  0    0       D    127.0.0.1 GigabitEthernet0/0/0
    23.1.1.0/24    Static  60   0       RD   12.1.1.2  GigabitEthernet0/0/0
    127.0.0.0/8    Direct  0    0       D    127.0.0.1 InLoopBack0
   127.0.0.1/32    Direct  0    0       D    127.0.0.1 InLoopBack0
```

通过以上输出可以看到，路由表有一条 23.1.1.0/24 的静态路由。

【技术要点】

查看 23.1.1.0/24 这条路由，各项参数解析如下。

- Destination/Mask：23.1.1.0/24。说明目标网络为 23.1.1.0，子网掩码为 255.255.255.0。
- Proto：Static。说明此路由是通过静态路由学习到的。
- Pre：60。说明此路由的优先级为 60。
- Cost：0。说明此路由的开销为 0。

- Flags：RD。其中，R 代表此路由为迭代的路由条目；D 代表此路由条目下发到 FIB 表中。
- NextHop：12.1.1.2。说明此路由的下一跳地址为 12.1.1.2。
- Interface：GigabitEthernet0/0/0。说明此路由的出接口为 G0/0/0。

（2）在 R2 上查看路由表。

```
<R2>display ip routing-table
Route Flags: R - relay, D - download to fib
------------------------------------------------------------------------------
Routing Tables: Public
Destinations : 6        Routes : 6
Destination/Mask  Proto   Pre  Cost  Flags NextHop   Interface
     12.1.1.0/24  Direct  0    0       D   12.1.1.2  GigabitEthernet0/0/1
     12.1.1.2/32  Direct  0    0       D   127.0.0.1 GigabitEthernet0/0/1
     23.1.1.0/24  Direct  0    0       D   23.1.1.2  GigabitEthernet0/0/0
     23.1.1.2/32  Direct  0    0       D   127.0.0.1 GigabitEthernet0/0/0
     127.0.0.0/8  Direct  0    0       D   127.0.0.1  InLoopBack0
    127.0.0.1/32  Direct  0    0       D   127.0.0.1  InLoopBack0
```

⌘【思考】

为什么 R2 上不用配置静态路由？

解析：因为 R2 有 12.1.1.0/24 和 23.1.1.0/24 的直连路由。

【技术要点】

直连路由是由数据链路层协议发现的，是指去往路由器的接口地址所在网段的路径。该路径信息无须网络管理员维护，也无须路由器通过某种算法计算获得，只要该接口处于激活状态，路由器就会把直连接口所在的网段路由信息填写到路由表中。数据链路层只能发现接口所在的直连网段的路由，无法发现跨网段的路由。跨网段的路由需要用其他方法获得。

（3）在 R3 上查看路由表。

```
<R3>display ip routing-table
Route Flags: R - relay, D - download to fib
------------------------------------------------------------------------------
Routing Tables: Public
Destinations : 5        Routes : 5

Destination/Mask  Proto   Pre  Cost  Flags NextHop    Interface

    12.1.1.0/24  Static  60   0     RD   23.1.1.2   GigabitEthernet0/0/1
    23.1.1.0/24  Direct  0    0      D   23.1.1.3   GigabitEthernet0/0/1
    23.1.1.3/32  Direct  0    0      D   127.0.0.1  GigabitEthernet0/0/1
    127.0.0.0/8  Direct  0    0      D   127.0.0.1  InLoopBack0
   127.0.0.1/32  Direct  0    0      D   127.0.0.1  InLoopBack0
```

（4）R1 访问 R3。

```
<R1>ping 23.1.1.3
PING 23.1.1.3: 56  data bytes, press CTRL_C to break
  Reply from 23.1.1.3: bytes=56 Sequence=1 ttl=254 time=70 ms
  Reply from 23.1.1.3: bytes=56 Sequence=2 ttl=254 time=60 ms
  Reply from 23.1.1.3: bytes=56 Sequence=3 ttl=254 time=80 ms
  Reply from 23.1.1.3: bytes=56 Sequence=4 ttl=254 time=50 ms
  Reply from 23.1.1.3: bytes=56 Sequence=5 ttl=254 time=50 ms

  --- 23.1.1.3 ping statistics ---
    5 packet(s) transmitted
    5 packet(s) received
    0.00% packet loss
    round-trip min/avg/max = 50/62/80 ms
```

从 ping 的结果可以看到，R1 可以访问 R3。

10.2　实验二：新华三路由器静态路由的配置

扫一扫，看视频

1. 实验目的

（1）掌握路由表的概念。

（2）掌握 route-static 命令的使用方法。

（3）掌握根据需求正确配置静态路由的方法。

2. 实验拓扑

新华三路由器静态路由的实验拓扑如图 10-4 所示。

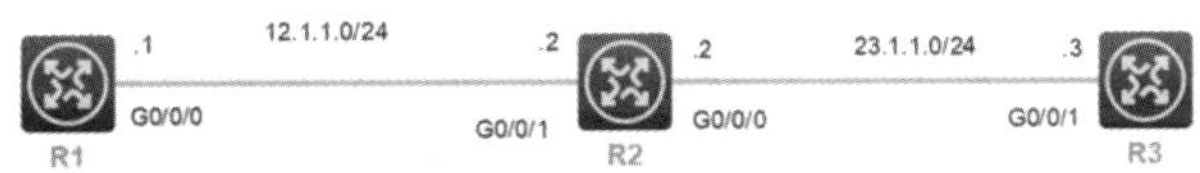

图 10-4　新华三路由器静态路由的实验拓扑

3. 实验步骤

（1）配置网络连通性。

R1 的配置：

```
[R1]interface g0/0/0
[R1-GigabitEthernet0/0/0]ip address 12.1.1.1 24
[R1-GigabitEthernet0/0/0]quit
```

R2 的配置：

```
[R2]interface g0/0/1
[R2-GigabitEthernet0/0/1]ip address 12.1.1.2 24
[R2-GigabitEthernet0/0/1]quit
```

```
[R2]interface g0/0/0
[R2-GigabitEthernet0/0/0]ip address 23.1.1.2 24
[R2-GigabitEthernet0/0/0]quit
```

R3 的配置：

```
[R3]interface g0/0/1
[R3-GigabitEthernet0/0/1]ip address 23.1.1.3 24
[R3-GigabitEthernet0/0/1]quit
```

（2）测试网络连通性。

R1 访问 R2：

```
[R1]ping 12.1.1.2
Ping 12.1.1.2 (12.1.1.2): 56 data bytes, press CTRL+C to break
56 bytes from 12.1.1.2: icmp_seq=0 ttl=255 time=0.000 ms
56 bytes from 12.1.1.2: icmp_seq=1 ttl=255 time=2.000 ms
56 bytes from 12.1.1.2: icmp_seq=2 ttl=255 time=2.000 ms
56 bytes from 12.1.1.2: icmp_seq=3 ttl=255 time=1.000 ms
56 bytes from 12.1.1.2: icmp_seq=4 ttl=255 time=1.000 ms
```

从 ping 的结果可以看到，网络连通性没有问题。

R2 访问 R3：

```
[R2]ping 23.1.1.3
Ping 23.1.1.3 (23.1.1.3): 56 data bytes, press CTRL+C to break
56 bytes from 23.1.1.3: icmp_seq=0 ttl=255 time=1.011 ms
56 bytes from 23.1.1.3: icmp_seq=1 ttl=255 time=1.161 ms
56 bytes from 23.1.1.3: icmp_seq=2 ttl=255 time=1.052 ms
56 bytes from 23.1.1.3: icmp_seq=3 ttl=255 time=0.745 ms
56 bytes from 23.1.1.3: icmp_seq=4 ttl=255 time=1.019 ms
```

从 ping 的结果可以看到，网络连通性没有问题。

（3）配置静态路由。

R1 的配置：

```
//配置静态路由的目的地址为 23.1.1.0，下一跳地址为 12.1.1.2
[R1]ip route-static 23.1.1.0 24 12.1.1.2
```

R3 的配置：

```
[R3]ip route-static 12.1.1.0 24 23.1.1.2
```

4．实验调试

（1）在 R1 上查看路由表。

```
<R1>display ip routing-table
Destinations : 8        Routes : 8
Destination/Mask      Proto   Pre  Cost        NextHop          Interface
12.1.1.0/24           Direct  0    0           12.1.1.1         GE0/0/0
12.1.1.1/32           Direct  0    0           127.0.0.1        GE0/0/0
12.1.1.255/32         Direct  0    0           12.1.1.1         GE0/0/0
```

```
23.1.1.0/24          Static  60   0        12.1.1.2       GE0/0/0
127.0.0.0/8          Direct  0    0        127.0.0.1      InLoop0
127.0.0.1/32         Direct  0    0        127.0.0.1      InLoop0
127.255.255.255/32   Direct  0    0        127.0.0.1      InLoop0
255.255.255.255/32   Direct  0    0        127.0.0.1      InLoop0
```

通过以上输出可以看到，路由表有一条 23.1.1.0/24 的静态路由。

（2）在 R2 上查看路由表。

```
[R2]display ip routing-table
Destinations : 10       Routes : 10
Destination/Mask    Proto   Pre Cost       NextHop        Interface
12.1.1.0/24         Direct  0    0         12.1.1.2       GE0/0/1
12.1.1.2/32         Direct  0    0         127.0.0.1      GE0/0/1
12.1.1.255/32       Direct  0    0         12.1.1.2       GE0/0/1
23.1.1.0/24         Direct  0    0         23.1.1.2       GE0/0/0
23.1.1.2/32         Direct  0    0         127.0.0.1      GE0/0/0
23.1.1.255/32       Direct  0    0         23.1.1.2       GE0/0/0
127.0.0.0/8         Direct  0    0         127.0.0.1      InLoop0
127.0.0.1/32        Direct  0    0         127.0.0.1      InLoop0
127.255.255.255/32  Direct  0    0         127.0.0.1      InLoop0
255.255.255.255/32  Direct  0    0         127.0.0.1      InLoop0
```

（3）在 R3 上查看路由表。

```
[R3]display ip routing-table
Destinations : 8        Routes : 8
Destination/Mask    Proto   Pre Cost       NextHop        Interface
12.1.1.0/24         Static  60   0         23.1.1.2       GE0/0/1
23.1.1.0/24         Direct  0    0         23.1.1.3       GE0/0/1
23.1.1.3/32         Direct  0    0         127.0.0.1      GE0/0/1
23.1.1.255/32       Direct  0    0         23.1.1.3       GE0/0/1
127.0.0.0/8         Direct  0    0         127.0.0.1      InLoop0
127.0.0.1/32        Direct  0    0         127.0.0.1      InLoop0
127.255.255.255/32  Direct  0    0         127.0.0.1      InLoop0
255.255.255.255/32  Direct  0    0         127.0.0.1      InLoop0
```

（4）R1 访问 R3。

```
<R1>ping 23.1.1.3
Ping 23.1.1.3 (23.1.1.3): 56 data bytes, press CTRL+C to break
56 bytes from 23.1.1.3: icmp_seq=0 ttl=254 time=1.000 ms
56 bytes from 23.1.1.3: icmp_seq=1 ttl=254 time=2.000 ms
56 bytes from 23.1.1.3: icmp_seq=2 ttl=254 time=2.000 ms
56 bytes from 23.1.1.3: icmp_seq=3 ttl=254 time=2.000 ms
56 bytes from 23.1.1.3: icmp_seq=4 ttl=254 time=2.000 ms
```

从 ping 的结果可以看到，R1 可以访问 R3。

扫一扫，看视频

10.3　实验三：思科路由器静态路由的配置

1. 实验目的

（1）掌握路由表的概念。

（2）掌握 route-static 命令的使用方法。

（3）掌握根据需求正确配置静态路由的方法。

2. 实验拓扑

思科路由器静态路由的实验拓扑如图 10-5 所示。

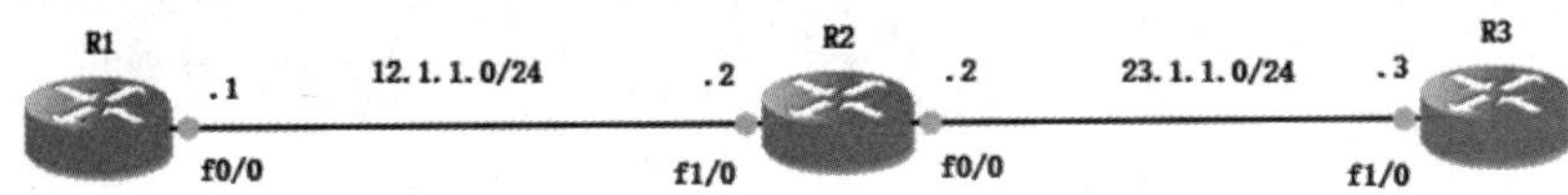

图 10-5　思科路由器静态路由的实验拓扑

3. 实验步骤

（1）配置网络连通性。

R1 的配置：

```
R1(config)#interface f0/0
R1(config-if)#ip address 12.1.1.1 255.255.255.0
R1(config-if)#no shutdown
R1(config-if)#exit
```

R2 的配置：

```
R2(config)#interface f1/0
R2(config-if)#ip address 12.1.1.2 255.255.255.0
R2(config-if)#no shutdown
R2(config-if)#exit
R2(config)#interface f0/0
R2(config-if)#ip address 23.1.1.2 255.255.255.0
R2(config-if)#no shutdown
R2(config-if)#exit
```

R3 的配置：

```
R3(config)#interface f1/0
R3(config-if)#ip address 23.1.1.3 255.255.255.0
R3(config-if)#no shutdown
R3(config-if)#exit
```

（2）测试网络连通性。

R1 访问 R2：

```
R1#ping 12.1.1.2
```

```
Type escape sequence to abort.
Sending 5, 100-byte ICMP Echos to 12.1.1.2, timeout is 2 seconds:
.!!!!
Success rate is 80 percent (4/5), round-trip min/avg/max = 44/61/68 ms
```

从 ping 的结果可以看到，网络连通性没有问题。

R2 访问 R3：

```
R2#ping 23.1.1.3
Type escape sequence to abort.
Sending 5, 100-byte ICMP Echos to 23.1.1.3, timeout is 2 seconds:
.!!!!
Success rate is 80 percent (4/5), round-trip min/avg/max = 36/57/64 ms
```

从 ping 的结果可以看到，网络连通性没有问题。

（3）配置静态路由。

R1 的配置：

```
//配置静态路由的目的地址为 23.1.1.0，下一跳地址为 12.1.1.2
R1(config)#ip route 23.1.1.0 255.255.255.0  12.1.1.2
```

R3 的配置：

```
[R3]ip route 12.1.1.0 24 23.1.1.2
```

4．实验调试

（1）在 R1 上查看路由表。

```
R1#show ip route
Codes: C - connected, S - static, R - RIP, M - mobile, B - BGP
       D - EIGRP, EX - EIGRP external, O - OSPF, IA - OSPF inter area
       N1 - OSPF NSSA external type 1, N2 - OSPF NSSA external type 2
       E1 - OSPF external type 1, E2 - OSPF external type 2
       i - IS-IS, su - IS-IS summary, L1 - IS-IS level-1, L2 - IS-IS level-2
       ia - IS-IS inter area, * - candidate default, U - per-user static route
       o - ODR, P - periodic downloaded static route
Gateway of last resort is not set
    23.0.0.0/24 is subnetted, 1 subnets
S      23.1.1.0 [1/0] via 12.1.1.2
    12.0.0.0/24 is subnetted, 1 subnets
C      12.1.1.0 is directly connected, FastEthernet0/0
```

通过以上输出可以看到，路由表有一条 23.1.1.0/24 的静态路由。

（2）在 R2 上查看路由表。

```
R2#show ip route
Codes: C - connected, S - static, R - RIP, M - mobile, B - BGP
       D - EIGRP, EX - EIGRP external, O - OSPF, IA - OSPF inter area
       N1 - OSPF NSSA external type 1, N2 - OSPF NSSA external type 2
       E1 - OSPF external type 1, E2 - OSPF external type 2
       i - IS-IS, su - IS-IS summary, L1 - IS-IS level-1, L2 - IS-IS level-2
       ia - IS-IS inter area, * - candidate default, U - per-user static route
```

```
       o - ODR, P - periodic downloaded static route
Gateway of last resort is not set
     23.0.0.0/24 is subnetted, 1 subnets
C       23.1.1.0 is directly connected, FastEthernet0/0
     12.0.0.0/24 is subnetted, 1 subnets
C       12.1.1.0 is directly connected, FastEthernet1/0
```

（3）在 R3 上查看路由表。

```
R3#show ip route
Codes: C - connected, S - static, R - RIP, M - mobile, B - BGP
       D - EIGRP, EX - EIGRP external, O - OSPF, IA - OSPF inter area
       N1 - OSPF NSSA external type 1, N2 - OSPF NSSA external type 2
       E1 - OSPF external type 1, E2 - OSPF external type 2
       i - IS-IS, su - IS-IS summary, L1 - IS-IS level-1, L2 - IS-IS level-2
       ia - IS-IS inter area, * - candidate default, U - per-user static route
       o - ODR, P - periodic downloaded static route
Gateway of last resort is not set
     23.0.0.0/24 is subnetted, 1 subnets
C       23.1.1.0 is directly connected, FastEthernet1/0
     12.0.0.0/24 is subnetted, 1 subnets
S       12.1.1.0 [1/0] via 23.1.1.2
```

（4）R1 访问 R3。

```
R1#ping 23.1.1.3

Type escape sequence to abort.
Sending 5, 100-byte ICMP Echos to 23.1.1.3, timeout is 2 seconds:
!!!!!
Success rate is 100 percent (5/5), round-trip min/avg/max = 92/96/100 ms
```

从 ping 的结果可以看到，R1 可以访问 R3。

10.4 各厂商配置静态路由的命令对比

在网络设备中，华为和新华三配置静态路由的命令类似，思科和锐捷配置静态路由的命令类似，它们之间的命令对比如表 10-1 所示。

表 10-1 各厂商配置静态路由的命令对比

华为和新华三设备	思科和锐捷设备	命令作用
华为命令： ip route-static 12.1.1.0 24 23.1.1.2 新华三命令：和华为命令相同	ip route 23.1.1.0 255.255.255.0 12.1.1.2	设置静态路由
华为命令：display ip routing-table 新华三命令：和华为命令相同	show ip route	查看静态路由

‖ 项目案例 11 ‖

OSPF

11.1　实验一：华为路由器 OSPF 的配置

扫一扫，看视频

1. 实验目的

（1）实现华为路由器单区域 OSPF 的配置。

（2）描述华为路由器 OSPF 在多路式访问网络中邻接关系建立的过程。

2. 实验拓扑

配置华为路由器单区域 OSPF 的实验拓扑如图 11-1 所示。

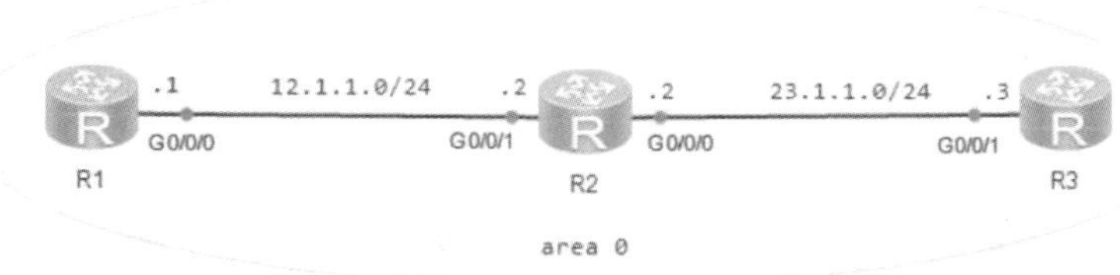

图 11-1　配置华为路由器单区域 OSPF 的实验拓扑

3. 实验步骤

（1）配置 IP 地址。

R1 的配置：

```
<Huawei>system-view
[Huawei]undo info-center enable
[Huawei]sysname R1
[R1]interface g0/0/0
[R1-GigabitEthernet0/0/0]ip address 12.1.1.1 24
[R1-GigabitEthernet0/0/0]quit
```

```
[R1]interface LoopBack 0
[R1-LoopBack0]ip address 1.1.1.1 24
[R1-LoopBack0]quit
```

R2 的配置：

```
<Huawei>system-view
[Huawei]undo info-center enable
[Huawei]sysname R2
[R2]interface g0/0/1
[R2-GigabitEthernet0/0/1]ip address 12.1.1.2 24
[R2-GigabitEthernet0/0/1]quit
[R2]interface g0/0/0
[R2-GigabitEthernet0/0/0]ip address 23.1.1.2 24
[R2-GigabitEthernet0/0/0]quit
[R2]interface LoopBack 0
[R2-LoopBack0]ip address 2.2.2.2 24
[R2-LoopBack0]quit
```

R3 的配置：

```
<Huawei>system-view
[Huawei]undo info-center enable
[Huawei]sysname R3
[R3]interface g0/0/1
[R3-GigabitEthernet0/0/1]ip address 23.1.1.3 24
[R3-GigabitEthernet0/0/1]quit
[R3]interface LoopBack 0
[R3-LoopBack0]ip address 3.3.3.3 32
[R3-LoopBack0]quit
```

（2）运行 OSPF。

R1 的配置：

```
[R1]ospf router-id 1.1.1.1
[R1-ospf-1]area 0
[R1-ospf-1-area-0.0.0.0]network 12.1.1.0 0.0.0.255
[R1-ospf-1-area-0.0.0.0]network 1.1.1.0 0.0.0.255
[R1-ospf-1-area-0.0.0.0]quit
```

R2 的配置：

```
[R2]ospf router-id 2.2.2.2
[R2-ospf-1]area 0
[R2-ospf-1-area-0.0.0.0]network 12.1.1.0 0.0.0.255
[R2-ospf-1-area-0.0.0.0]network 23.1.1.0 0.0.0.255
[R2-ospf-1-area-0.0.0.0]network 2.2.2.0 0.0.0.255
[R2-ospf-1-area-0.0.0.0]quit
```

R3 的配置：

```
[R3]ospf router-id 3.3.3.3
[R3-ospf-1]area 0
[R3-ospf-1-area-0.0.0.0]network 23.1.1.0 0.0.0.255
```

```
[R3-ospf-1-area-0.0.0.0]network 3.3.3.0 0.0.0.255
[R3-ospf-1-area-0.0.0.0]quit
```

【技术要点 1】

OSPF 的 Router ID 编号范围为 1～65535，只在本地有效，不同路由器的 Router ID 可以不同。

【技术要点 2】

Router ID 用于在自治系统中唯一标识一台运行 OSPF 的路由器，它是一个 32 位的无符号整数。Router ID 的选举规则如下。

- 手动配置 OSPF 路由器的 Router ID（建议手动配置）。
- 如果没有手动配置 Router ID，则路由器使用 LoopBack 接口中最大的 IP 地址作为 Router ID。
- 如果没有配置 LoopBack 接口，则路由器使用物理接口中最大的 IP 地址作为 Router ID。

4. 实验调试

（1）在 R1 上查看当前设备所有激活 OSPF 的接口信息。

```
<R1>display ospf interface all
OSPF Process 1 with Router ID 1.1.1.1 //OSPF 的进程为 1，Router ID 为 1.1.1.1
                  Interfaces
 Area: 0.0.0.0          (MPLS TE not enabled) //OSPF 的区域为 0
 Interface: 12.1.1.1 (GigabitEthernet0/0/0)
 Cost: 1       State: DR        Type: Broadcast    MTU: 1500
 Priority: 1   //G0/0/0 的开销为 1，它是 DR，网络类型为广播，MTU 为 1500，优先级为 1
 Designated Router: 12.1.1.1                    //DR 为 12.1.1.1
 Backup Designated Router: 12.1.1.2             //BDR 为 12.1.1.2
 Timers: Hello 10 , Dead 40 , Poll  120 , Retransmit 5 , Transmit Delay 1
 Interface: 1.1.1.1 (LoopBack0)
 Cost: 0       State: P-2-P     Type: P2P       MTU: 1500
 Timers: Hello 10 , Dead 40 , Poll  120 , Retransmit 5 , Transmit Delay 1
```

（2）在 R1 上查看当前设备的邻居状态。

```
<R1>display ospf peer
         OSPF Process 1 with Router ID 1.1.1.1
                  Neighbors
 Area 0.0.0.0 interface 12.1.1.1(GigabitEthernet0/0/0)'s neighbors
 Router ID: 2.2.2.2          Address: 12.1.1.2
   //邻居状态为 Full，邻居为 Master
   State: Full  Mode:Nbr is  Master  Priority: 1
   DR: 12.1.1.1  BDR: 12.1.1.2  MTU: 0
   Dead timer due in 34  sec
   Retrans timer interval: 5
   Neighbor is up for 00:29:56
```

```
    Authentication Sequence: [ 0 ]
```

（3）在R1上查看当前设备的LSDB。

```
<R1>display ospf lsdb
        OSPF Process 1 with Router ID 1.1.1.1
               Link State Database
                      Area: 0.0.0.0
 Type      LinkState ID   AdvRouter        Age  Len   Sequence   Metric
 Router    2.2.2.2         2.2.2.2          109  60    8000000A      1
 Router    1.1.1.1         1.1.1.1          169  48    80000007      1
 Router    3.3.3.3         3.3.3.3          114  48    80000005      1
 Network   23.1.1.2        2.2.2.2          109  32    80000003      0
 Network   12.1.1.1        1.1.1.1          169  32    80000003      0
```

（4）在R1上查看当前设备的OSPF路由表。

```
<R1>display ospf routing
        OSPF Process 1 with Router ID 1.1.1.1
               Routing Tables
 Routing for Network
 Destination        Cost  Type       NextHop     AdvRouter     Area
 1.1.1.1/32         0     Stub       1.1.1.1     1.1.1.1       0.0.0.0
 12.1.1.0/24        1     Transit    12.1.1.1    1.1.1.1       0.0.0.0
 2.2.2.2/32         1     Stub       12.1.1.2    2.2.2.2       0.0.0.0
 3.3.3.3/32         2     Stub       12.1.1.2    3.3.3.3       0.0.0.0
 23.1.1.0/24        2     Transit    12.1.1.2    2.2.2.2       0.0.0.0
 Total Nets: 5
 Intra Area: 5  Inter Area: 0  ASE: 0  NSSA: 0
```

（5）在R1上开启以下命令，观察OSPF的状态机。

```
<R1>terminal debugging
<R1>terminal monitor
<R1>debugging ospf event
<R1>debugging ospf packet
<R1>system-view
[R1]interface g0/0/0
[R1-GigabitEthernet0/0/0]shutdown
[R1-GigabitEthernet0/0/0]quit
[R1]interface g0/0/0
[R1-GigabitEthernet0/0/0]undo shutdown
[R1-GigabitEthernet0/0/0]quit
[R1]info-center enable
Sep  2 2022 15:13:00-08:00 R1 %%01IFPDT/4/IF_STATE(l)[0]:Interface
GigabitEthernet0/0/0 has turned into UP state.
[R1]
Sep  2 2022 15:13:00-08:00 R1 %%01IFNET/4/LINK_STATE(l)[1]:The line
protocol IP on the interface GigabitEthernet0/0/0 has entered the UP state.
[R1]
[R1]
[R1]
```

```
Sep  2 2022 15:13:00.191.7-08:00 R1 RM/6/RMDEBUG:
 FileID: 0xd017802c Line: 1295 Level: 0x20
  OSPF 1: Intf 12.1.1.1 Rcv InterfaceUp State Down -> Waiting.
//接口开启（UP）后，OSPF 状态从 Down 变为 Waiting
[R1]
Sep  2 2022 15:13:00.191.8-08:00 R1 RM/6/RMDEBUG:
 FileID: 0xd0178025 Line: 559 Level: 0x20
 OSPF 1: SEND Packet. Interface: GigabitEthernet0/0/0
[R1]
Sep  2 2022 15:13:00.191.9-08:00 R1 RM/6/RMDEBUG: Source Address: 12.1.1.1
[R1]
Sep  2 2022 15:13:00.191.10-08:00 R1 RM/6/RMDEBUG: Destination Address: 224.0.0.5
[R1]
[R1]
Sep  2 2022 15:13:00.191.11-08:00 R1 RM/6/RMDEBUG:  Ver# 2, Type: 1 (Hello)
[R1]
Sep  2 2022 15:13:00.191.12-08:00 R1 RM/6/RMDEBUG:  Length: 44, Router: 1.1.1.1
[R1]
Sep  2 2022 15:13:00.191.13-08:00 R1 RM/6/RMDEBUG:  Area: 0.0.0.0, Chksum: fa9c
[R1]
Sep  2 2022 15:13:00.191.14-08:00 R1 RM/6/RMDEBUG:  AuType: 00
[R1]
Sep  2 2022 15:13:00.191.15-08:00 R1 RM/6/RMDEBUG:  Key(ascii): * * * * * * * *
[R1]
Sep  2 2022 15:13:00.191.16-08:00 R1 RM/6/RMDEBUG:  Net Mask: 255.255.255.0
[R1]
Sep  2 2022 15:13:00.191.17-08:00 R1 RM/6/RMDEBUG:  Hello Int: 10, Option: _E_
[R1]
Sep  2 2022 15:13:00.191.18-08:00 R1 RM/6/RMDEBUG:  Rtr Priority: 1, Dead Int: 40
[R1]
Sep  2 2022 15:13:00.191.19-08:00 R1 RM/6/RMDEBUG:  DR: 0.0.0.0
[R1]
Sep  2 2022 15:13:00.191.20-08:00 R1 RM/6/RMDEBUG:  BDR: 0.0.0.0
[R1]
Sep  2 2022 15:13:00.191.21-08:00 R1 RM/6/RMDEBUG:  # Attached Neighbors: 0
[R1]
Sep  2 2022 15:13:00.191.22-08:00 R1 RM/6/RMDEBUG:
[R1]
Sep  2 2022 15:13:00.191.23-08:00 R1 RM/6/RMDEBUG:
 FileID: 0xd017802c Line: 1409 Level: 0x20
  OSPF 1 Send Hello Interface Up on 12.1.1.1 //R1 在接口上发送 Hello 包
[R1]
Sep  2 2022 15:13:00.641.1-08:00 R1 RM/6/RMDEBUG:
 FileID: 0xd0178024 Line: 2236 Level: 0x20
 OSPF 1: RECV Packet. Interface: GigabitEthernet0/0/0
[R1]
Sep  2 2022 15:13:00.641.2-08:00 R1 RM/6/RMDEBUG:  Source Address: 12.1.1.2
[R1]
```

```
Sep 2 2022 15:13:00.641.3-08:00 R1 RM/6/RMDEBUG: Destination Address: 224.0.0.5
[R1]
Sep 2 2022 15:13:00-08:00 R1 %%01OSPF/4/NBR_CHANGE_E(l)[2]:Neighbor
changes event: neighbor status changed. (ProcessId=256, NeighborAddress=
2.1.1.12, NeighborEvent=HelloReceived, NeighborPreviousState=Down,
NeighborCurrentState=Init)
//从邻居接收到 Hello 包，状态从 Down 变为 Init
[R1]
Sep 2 2022 15:13:00.641.5-08:00 R1 RM/6/RMDEBUG: Ver# 2, Type: 1 (Hello)
[R1]
Sep 2 2022 15:13:00.641.6-08:00 R1 RM/6/RMDEBUG: Length: 44, Router: 2.2.2.2
[R1]
Sep 2 2022 15:13:00.641.7-08:00 R1 RM/6/RMDEBUG: Area: 0.0.0.0, Chksum: f89a
[R1]
Sep 2 2022 15:13:00.641.8-08:00 R1 RM/6/RMDEBUG: AuType: 00
[R1]
Sep 2 2022 15:13:00.641.9-08:00 R1 RM/6/RMDEBUG: Key(ascii): * * * * * * * *
[R1]
Sep 2 2022 15:13:00.641.10-08:00 R1 RM/6/RMDEBUG: Net Mask: 255.255.255.0
[R1]
Sep 2 2022 15:13:00.641.11-08:00 R1 RM/6/RMDEBUG: Hello Int: 10, Option: _E_
[R1]
Sep 2 2022 15:13:00.641.12-08:00 R1 RM/6/RMDEBUG: Rtr Priority: 1, Dead Int: 40
[R1]
Sep 2 2022 15:13:00.641.13-08:00 R1 RM/6/RMDEBUG: DR: 0.0.0.0
[R1]
Sep 2 2022 15:13:00.641.14-08:00 R1 RM/6/RMDEBUG: BDR: 0.0.0.0
[R1]
Sep 2 2022 15:13:00.641.15-08:00 R1 RM/6/RMDEBUG: # Attached Neighbors: 0
[R1]
Sep 2 2022 15:13:00.641.16-08:00 R1 RM/6/RMDEBUG:
[R1]
Sep 2 2022 15:13:00.641.17-08:00 R1 RM/6/RMDEBUG:
 FileID: 0xd017802d Line: 1136 Level: 0x20
  OSPF 1: Nbr 12.1.1.2 Rcv HelloReceived State Down -> Init.
[R1]
Sep 2 2022 15:13:10-08:00 R1 %%01OSPF/4/NBR_CHANGE_E(l)[3]:Neighbor
changes event: neighbor status changed. (ProcessId=256, NeighborAddress=
2.1.1.12, NeighborEvent=2WayReceived, NeighborPreviousState=Init,
NeighborCurrentState=2Way)
//从邻居接收到 Hello 包，在 Hello 包中可以看到自己的 Router ID，状态从 Init 变为 2Way
[R1]
Sep 2 2022 15:13:39-08:00 R1 %%01OSPF/4/NBR_CHANGE_E(l)[4]:Neighbor
changes event: neighbor status changed. (ProcessId=256,
NeighborAddress=2.1.1.12, NeighborEvent=AdjOk?, NeighborPreviousState=2Way,
NeighborCurrentState=ExStart)
//发送 DD 报文，进入 ExStart 状态
[R1]
```

```
    Sep  2 2022 15:13:44-08:00 R1 %%01OSPF/4/NBR_CHANGE_E(l)[5]:Neighbor
changes event: neighbor status changed. (ProcessId=256, NeighborAddress=
2.1.1.12, NeighborEvent=NegotiationDone,NeighborPreviousState=ExStart,
NeighborCurrentState=Exchange)  //交互 DD 报文并发送 LSR、LSU，进入 Exchange 状态
    [R1]
    Sep  2 2022 15:13:44-08:00 R1 %%01OSPF/4/NBR_CHANGE_E(l)[6]:Neighbor
changes event: neighbor status changed. (ProcessId=256, NeighborAddress=
2.1.1.12, NeighborEvent=ExchangeDone,NeighborPreviousState=Exchange,
NeighborCurrentState=Loading)  //交互完毕，进入 Loading 状态
    [R1]
    Sep  2 2022 15:13:44-08:00 R1 %%01OSPF/4/NBR_CHANGE_E(l)[7]:Neighbor
changes event: neighbor status changed. (ProcessId=256, NeighborAddress=
2.1.1.12, NeighborEvent=LoadingDone, NeighborPreviousState=Loading,
NeighborCurrentState=Full
    )//LSA 同步完成
```

11.2　实验二：新华三路由器 OSPF 的配置

扫一扫，看视频

1. 实验目的

（1）实现新华三路由器单区域 OSPF 的配置。

（2）描述新华三路由器 OSPF 在多路式访问网络中邻接关系建立的过程。

2. 实验拓扑

配置新华三路由器单区域 OSPF 的实验拓扑如图 11-2 所示。

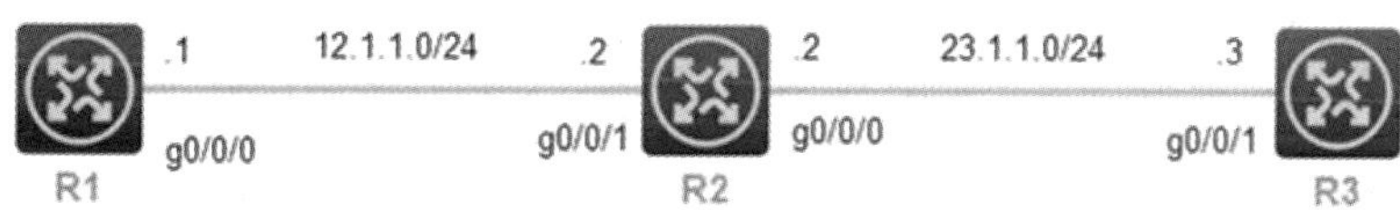

图 11-2　配置新华三路由器单区域 OSPF 的实验拓扑

3. 实验步骤

（1）配置 IP 地址。

R1 的配置：

```
    [R1]interface g0/0/0
    [R1-GigabitEthernet0/0/0]ip address 12.1.1.1 24
    [R1-GigabitEthernet0/0/0]quit
    [R1]interface LoopBack 0
    [R1-LoopBack0]ip address 1.1.1.1 32
    [R1-LoopBack0]quit
```

R2 的配置：

```
[R2]interface g0/0/1
[R2-GigabitEthernet0/0/1]ip address 12.1.1.2 24
[R2-GigabitEthernet0/0/1]quit
[R2]interface g0/0/0
[R2-GigabitEthernet0/0/0]ip address 23.1.1.2 24
[R2-GigabitEthernet0/0/0]quit
[R2]interface LoopBack 0
[R2-LoopBack0]ip address 2.2.2.2 32
[R2-LoopBack0]quit
```

R3 的配置：

```
[R3]interface g0/0/1
[R3-GigabitEthernet0/0/1]ip address 23.1.1.3 24
[R3-GigabitEthernet0/0/1]quit
[R3]interface LoopBack 0
[R3-LoopBack0]ip address 3.3.3.3 32
[R3-LoopBack0]quit
```

（2）运行 OSPF。

R1 的配置：

```
[R1]ospf router-id 1.1.1.1
[R1-ospf-1]area 0
[R1-ospf-1-area-0.0.0.0]network  12.1.1.0 0.0.0.255
[R1-ospf-1-area-0.0.0.0]network 1.1.1.1 0.0.0.0
[R1-ospf-1-area-0.0.0.0]quit
```

R2 的配置：

```
[R2]ospf router-id 2.2.2.2
[R2-ospf-1]area 0
[R2-ospf-1-area-0.0.0.0]network 12.1.1.0 0.0.0.255
[R2-ospf-1-area-0.0.0.0]network 23.1.1.0 0.0.0.255
[R2-ospf-1-area-0.0.0.0]network 2.2.2.2 0.0.0.0
[R2-ospf-1-area-0.0.0.0]quit
```

R3 的配置：

```
[R3]ospf router-id 3.3.3.3
[R3-ospf-1]area 0
[R3-ospf-1-area-0.0.0.0]network  23.1.1.0 0.0.0.255
[R3-ospf-1-area-0.0.0.0]network 3.3.3.3 0.0.0.0
[R3-ospf-1-area-0.0.0.0]quit
```

4. 实验调试

（1）在 R1 上查看当前设备所有激活 OSPF 的接口信息。

```
[R1]display ospf interface GigabitEthernet 0/0/0
         OSPF Process 1 with Router ID 1.1.1.1
                 Interfaces
 Area: 0.0.0.0
 Interface: 12.1.1.1 (GigabitEthernet0/0/0)
```

```
    Cost: 1        State: DR        Type: Broadcast    MTU: 1500
    Cost source: Default
    Priority: 1
    Designated router: 12.1.1.1
    Backup designated router: 12.1.1.2
    Timers: Hello 10, Dead 40, Poll 40, Retransmit 5, Transmit Delay 1
    FRR backup: Enabled
    FRR TI-LFA: Enabled
    FRR remote-lfa: Enabled
    Enabled by network configuration
    Virtual system: Disabled
    Average delay  : 0 us
    Min delay      : 0 us
    Max delay      : 0 us
    Delay variation: 0 us
   MTID    Cost      Disabled    Topology name
    0       1         No          base
```

（2）在 R1 上查看当前设备的邻居状态。

```
   [R1]display ospf peer
          OSPF Process 1 with Router ID 1.1.1.1
                  Neighbor Brief Information
    Area: 0.0.0.0
    Router ID       Address         Pri Dead-Time  State            Interface
    2.2.2.2         12.1.1.2        1    34        Full/BDR         GE0/0/0
   R1#show ip ospf neighbor
   Neighbor ID     Pri   State           Dead Time    Address         Interface
   2.2.2.2           1   FULL/BDR        00:00:34     12.1.1.2        FastEthernet0/0
```

（3）在 R1 上查看当前设备的 LSDB。

```
   [R1]display ospf lsdb
          OSPF Process 1 with Router ID 1.1.1.1
                    Link State Database
                              Area: 0.0.0.0
    Type       LinkState ID    AdvRouter        Age  Len    Sequence  Metric
    Router     3.3.3.3         3.3.3.3          109  48    80000004  0
    Router     1.1.1.1         1.1.1.1          166  48    80000004  0
    Router     2.2.2.2         2.2.2.2          113  48    80000006  0
    Network    23.1.1.2        2.2.2.2          104  32    80000002  0
    Network    12.1.1.1        1.1.1.1          160  32    80000002  0
```

（4）在 R1 上查看当前设备的 OSPF 路由表。

```
   [R1]display ospf routing
          OSPF Process 1 with Router ID 1.1.1.1
                   Routing Table
                 Topology base (MTID 0)
    Routing for network
    Destination        Cost     Type     NextHop          AdvRouter         Area
```

```
3.3.3.3/32        2        Stub    12.1.1.2        3.3.3.3         0.0.0.0
1.1.1.1/32        0        Stub    0.0.0.0         1.1.1.1         0.0.0.0
12.1.1.0/24       1        Transit 0.0.0.0         1.1.1.1         0.0.0.0
23.1.1.0/24       2        Transit 12.1.1.2        2.2.2.2         0.0.0.0
Total nets: 4
Intra area: 4  Inter area: 0  ASE: 0  NSSA: 0
```

扫一扫，看视频

11.3 实验三：思科路由器 OSPF 的配置

1. 实验目的

（1）实现思科路由器单区域 OSPF 的配置。

（2）描述思科路由器 OSPF 在多路式访问网络中邻接关系建立的过程。

2. 实验拓扑

配置思科路由器单区域 OSPF 的实验拓扑如图 11-3 所示。

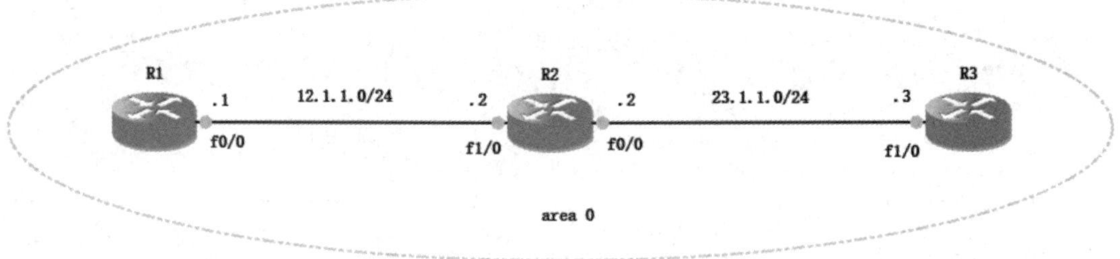

图 11-3 配置思科路由器单区域 OSPF 的实验拓扑

3. 实验步骤

（1）配置 IP 地址。

R1 的配置：

```
R1#configure terminal
R1(config)#interface f0/0
R1(config-if)#ip address 12.1.1.1 255.255.255.0
R1(config-if)#no shutdown
R1(config-if)#exit
R1(config)#interface loopback 0
R1(config-if)#ip address 1.1.1.1 255.255.255.255
R1(config-if)#exit
```

R2 的配置：

```
R2#configure terminal
R2(config)#interface f1/0
```

```
R2(config-if)#ip address 12.1.1.2 255.255.255.0
R2(config-if)#no shutdown
R2(config-if)#exit
R2(config)#interface f0/0
R2(config-if)#ip address 23.1.1.2 255.255.255.0
R2(config-if)#no shutdown
R2(config-if)#exit
R2(config)#interface loopback 0
R2(config-if)#ip address 2.2.2.2 255.255.255.255
R2(config-if)#exit
```

R3 的配置：

```
R3#configure terminal
R3(config)#interface f1/0
R3(config-if)#ip address 23.1.1.3 255.255.255.0
R3(config-if)#no shutdown
R3(config-if)#exit
R3(config)#interface loopback 0
R3(config-if)#ip address 3.3.3.3 255.255.255.255
R3(config-if)#exit
```

（2）运行 OSPF。

R1 的配置：

```
R1(config)#router ospf  1
R1(config-router)#router-id 1.1.1.1
R1(config-router)#network 12.1.1.0 0.0.0.255 area 0
R1(config-router)#network 1.1.1.1 0.0.0.0 area 0
R1(config-router)#exit
```

R2 的配置：

```
R2(config)#router ospf 1
R2(config-router)#router-id 2.2.2.2
R2(config-router)#network 12.1.1.0 0.0.0.255 area 0
R2(config-router)#network 23.1.1.0 0.0.0.255 area 0
R2(config-router)#network 2.2.2.2 0.0.0.0 area 0
R2(config-router)#exit
```

R3 的配置：

```
R3(config)#router ospf 1
R3(config-router)#router-id 3.3.3.3
R3(config-router)#network 23.1.1.0 0.0.0.255 area 0
R3(config-router)#network 3.3.3.3 0.0.0.0 area 0
R3(config-router)#exit
```

4．实验调试

（1）在 R1 上查看当前设备所有激活 OSPF 的接口信息。

```
R1#show ip ospf interface f0/0
FastEthernet0/0 is up, line protocol is up
```

```
   Internet Address 12.1.1.1/24, Area 0
   Process ID 1, Router ID 1.1.1.1, Network Type BROADCAST, Cost: 1
   Transmit Delay is 1 sec, State DR, Priority 1
   Designated Router (ID) 1.1.1.1, Interface address 12.1.1.1
   Backup Designated router (ID) 2.2.2.2, Interface address 12.1.1.2
   Timer intervals configured, Hello 10, Dead 40, Wait 40, Retransmit 5
     oob-resync timeout 40
     Hello due in 00:00:02
   Supports Link-local Signaling (LLS)
   Index 1/1, flood queue length 0
   Next 0x0(0)/0x0(0)
   Last flood scan length is 1, maximum is 1
   Last flood scan time is 0 msec, maximum is 0 msec
   Neighbor Count is 1, Adjacent neighbor count is 1
     Adjacent with neighbor 2.2.2.2  (Backup Designated Router)
   Suppress hello for 0 neighbor(s)
```

（2）在 R1 上查看当前设备的邻居状态。

```
R1#show ip ospf neighbor
Neighbor ID     Pri   State           Dead Time   Address         Interface
2.2.2.2           1   FULL/BDR        00:00:34    12.1.1.2        FastEthernet0/0
```

（3）在 R1 上查看当前设备的 LSDB。

```
R1#show ip ospf database
            OSPF Router with ID (1.1.1.1) (Process ID 1)
                Router Link States (Area 0)
Link ID         ADV Router      Age         Seq#       Checksum Link count
1.1.1.1         1.1.1.1         174         0x80000003 0x00C332 2
2.2.2.2         2.2.2.2         129         0x80000005 0x004060 3
3.3.3.3         3.3.3.3         129         0x80000003 0x00893B 2
                Net Link States (Area 0)
Link ID         ADV Router      Age         Seq#       Checksum
12.1.1.1        1.1.1.1         174         0x80000001 0x004AD0
23.1.1.2        2.2.2.2         129         0x80000001 0x00E61C
```

（4）在 R1 上查看当前设备的 OSPF 路由表。

```
R1#show ip route ospf
     2.0.0.0/32 is subnetted, 1 subnets
O       2.2.2.2 [110/2] via 12.1.1.2, 00:02:29, FastEthernet0/0
     3.0.0.0/32 is subnetted, 1 subnets
O       3.3.3.3 [110/3] via 12.1.1.2, 00:02:29, FastEthernet0/0
     23.0.0.0/24 is subnetted, 1 subnets
O       23.1.1.0 [110/2] via 12.1.1.2, 00:02:29, FastEthernet0/0
```

11.4　各厂商配置 OSPF 的命令对比

在网络设备中，华为和新华三配置 OSPF 的命令类似，思科和锐捷配置 OSPF 的命令类似，它们之间的命令对比如表 11-1 所示。

表 11-1　各厂商配置 OSPF 的命令对比

华为和新华三设备	思科和锐捷设备	命令作用
华为命令： ospf router-id 3.3.3.3 新华三命令：和华为命令相同	router ospf　1 router-id 1.1.1.1	运行 OSPF 设置 Router ID
华为命令： area 0 network 12.1.1.0 0.0.0.255 新华三命令：和华为命令相同	network 12.1.1.0 0.0.0.255 area 0	在 OSPF 中通告路由
华为命令：display ospf routing	show ip route ospf	查看 OSPF 路由

第四篇

广域网接入项目

‖ 项目案例 12 ‖

ACL

12.1　实验一：华为路由器 ACL 的配置

扫一扫，看视频

1. 实验目的

（1）掌握华为路由器基本 ACL 的配置方法。

（2）掌握华为路由器基本 ACL 在接口下的应用方法。

（3）掌握华为路由器基本 ACL 流量过滤的方式。

2. 实验拓扑

配置华为路由器基本 ACL 的实验拓扑如图 12-1 所示。

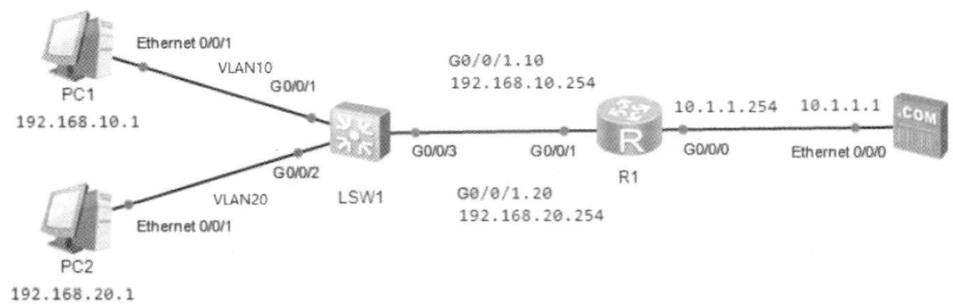

图 12-1　配置华为路由器基本 ACL 的实验拓扑

3. 实验步骤

（1）配置 IP 地址。

PC1 的配置如图 12-2 所示。在【IPv4 配置】下选中【静态】单选按钮，输入对应的 IP 地址、子网掩码及网关，然后单击【应用】按钮。PC2、Server 的配置同 PC1，这里不再赘述。

PC2 的配置如图 12-3 所示。

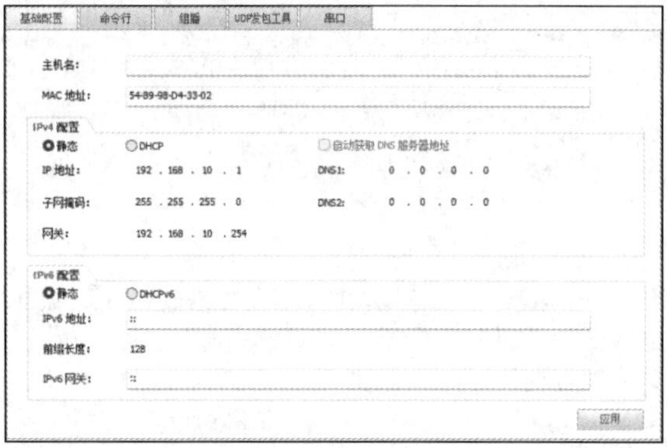

图 12-2　在 PC1 上手动添加 IP 地址

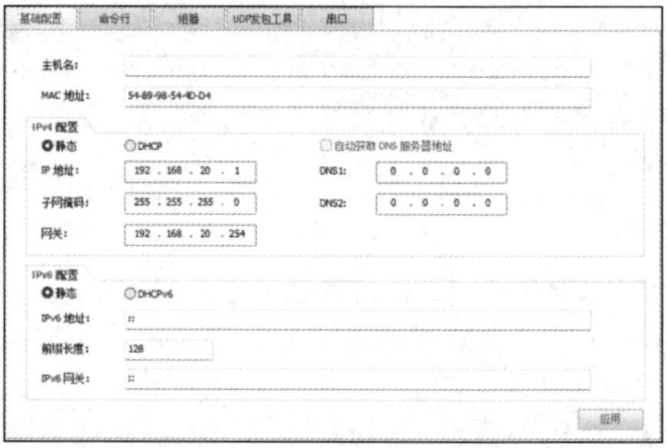

图 12-3　在 PC2 上手动添加 IP 地址

（2）在交换机 LSW1 上创建 VLAN10 和 VLAN20，把 G0/0/1 划分到 VLAN10，把 G0/0/2 划分到 VLAN20，把 G0/0/3 设置成 Trunk。

```
<Huawei>system-view
[Huawei]sysname LSW1
[LSW1]undo info-center enable
[LSW1]vlan batch 10 20
[LSW1]interface g0/0/1
[LSW1-GigabitEthernet0/0/1]port link-type access
[LSW1-GigabitEthernet0/0/1]port default vlan 10
[LSW1-GigabitEthernet0/0/1]quit
[LSW1]interface g0/0/2
[LSW1-GigabitEthernet0/0/2]port link-type access
[LSW1-GigabitEthernet0/0/2]port default vlan 20
[LSW1-GigabitEthernet0/0/2]quit
[LSW1]interface g0/0/3
[LSW1-GigabitEthernet0/0/3]port link-type trunk
[LSW1-GigabitEthernet0/0/3]port trunk allow-pass vlan 10 20
[LSW1-GigabitEthernet0/0/3]quit
```

（3）在路由器上配置 IP 地址，并配置单臂路由，使 PC1 和 PC2 可以相互访问。

```
<Huawei>system-view
[Huawei]undo info-center enable
[Huawei]sysname R1
[R1]interface g0/0/1
[R1-GigabitEthernet0/0/1]undo shutdown
[R1-GigabitEthernet0/0/1]quit
[R1]interface g0/0/1.10
[R1-GigabitEthernet0/0/1.10]dot1q termination vid 10
[R1-GigabitEthernet0/0/1.10]ip address 192.168.10.254 24
[R1-GigabitEthernet0/0/1.10]arp broadcast enable
[R1-GigabitEthernet0/0/1.10]quit
[R1]interface g0/0/1.20
[R1-GigabitEthernet0/0/1.20]dot1q termination vid 20
```

```
[R1-GigabitEthernet0/0/1.20]ip address 192.168.20.254 24
[R1-GigabitEthernet0/0/1.20]arp broadcast enable
[R1-GigabitEthernet0/0/1.20]quit
[R1]interface g0/0/0
[R1-GigabitEthernet0/0/0]ip address 10.1.1.254 24
[R1-GigabitEthernet0/0/0]undo shutdown
[R1-GigabitEthernet0/0/0]quit
```

（4）Server 的配置如图 12-4 所示。

图 12-4　在 Server 上手动添加 IP 地址

（5）在 R1 上配置基本 ACL。

```
[R1]acl 2000      // 创建 ACL 编号为 2000
//拒绝 192.168.20.0 网段
[R1-acl-basic-2000]rule 10 deny source 192.168.20.0 0.0.0.255
[R1-acl-basic-2000]quit
[R1]interface g0/0/1
//在 G0/0/1 接口的入方向配置流量过滤，若匹配到 acl 2000 流量，则执行相应的过滤动作
[R1-GigabitEthernet0/0/1]traffic-filter inbound acl 2000
[R1-GigabitEthernet0/0/1]quit
```

【技术要点】

基本 ACL 配置过程及参数详解。

创建基本 ACL：

```
[Huawei] acl [ number ] acl-number [ match-order config ]
```

- acl-number：指定访问控制列表的编号。
- match-order config：指定 ACL 规则的匹配顺序，config 表示配置顺序。

配置基本 ACL 规则：

```
[Huawei-acl-basic-2000] rule [ rule-id ] { deny | permit } [ source
{ source-address source-wildcard | any } | time-range time-name ]
```

- rule-id：指定 ACL 的规则 ID。

> deny：指定拒绝符合条件的报文。
> permit：指定允许符合条件的报文。
> source { source-address source-wildcard | any }：指定 ACL 规则匹配报文的源地址信息。如果不配置，表示报文的任何源地址都匹配。其中，source-address 用于指定报文的源地址；source-wildcard 用于指定源地址通配符。
> any：表示报文的任意源地址。相当于 source-address 为 0.0.0.0，或者 source-wildcard 为 255.255.255.255。
> time-range time-name：指定 ACL 规则生效的时间段。其中，time-name 表示 ACL 规则生效的时间段名称。如果不指定时间段，则表示任何时间都生效。

traffic-filter 命令用于在接口上配置基于 ACL 对报文进行过滤。Inbound 为针对接口入方向进行流量过滤，outbound 为针对接口出方向进行流量过滤。在接口下执行本命令，设备将会过滤匹配 ACL 规则的报文。

> 若报文匹配的规则的动作为 deny，则直接丢掉该报文。
> 若报文匹配的规则的动作为 permit，则允许该报文通过。
> 若报文没有匹配任何一条规则，则允许该报文通过。

4. 实验调试

（1）测试 PC1 是否可以访问 Server，结果如图 12-5 所示。

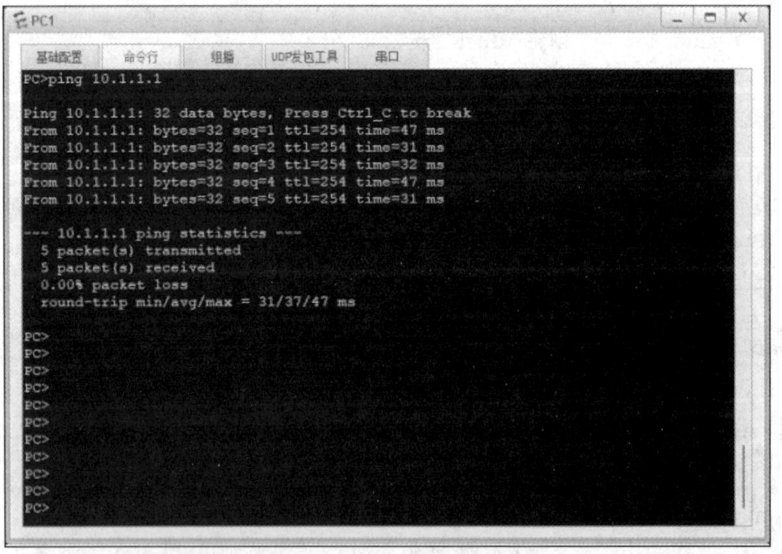

图 12-5　PC1 上显示的 ping 程序测试信息

通过输出结果可以看到，PC1 可以访问 Server。

（2）测试 PC2 是否可以访问 Server，结果如图 12-6 所示。

通过输出结果可以看到，PC2 不可以访问 Server。

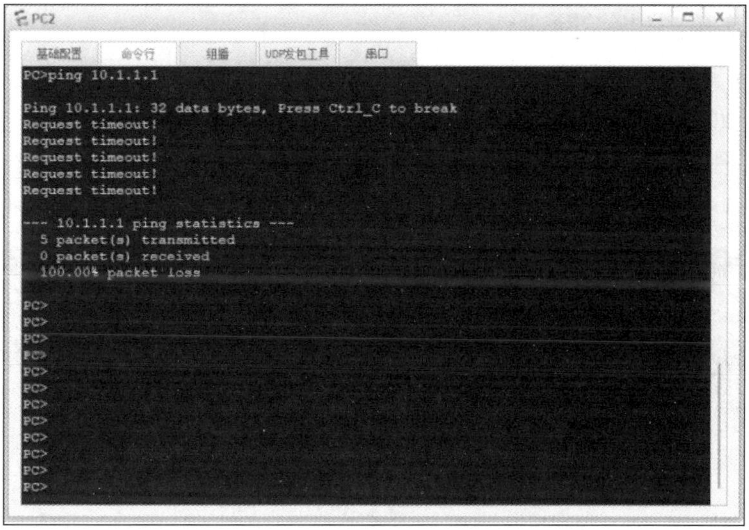

```
PC>ping 10.1.1.1

Ping 10.1.1.1: 32 data bytes, Press Ctrl_C to break
Request timeout!
Request timeout!
Request timeout!
Request timeout!
Request timeout!

--- 10.1.1.1 ping statistics ---
  5 packet(s) transmitted
  0 packet(s) received
  100.00% packet loss

PC>
PC>
PC>
PC>
PC>
PC>
PC>
PC>
PC>
PC>
PC>
PC>
```

图 12-6 PC2 上显示的 ping 程序测试信息

【技术要点】

ACL 总结：如果 ACL 配置在接口上，则默认规则为允许；如果 ACL 配置在其他地方，则默认规则为拒绝。

12.2 实验二：新华三路由器 ACL 的配置

扫一扫，看视频

1. 实验目的

（1）掌握新华三路由器基本 ACL 的配置方法。

（2）掌握新华三路由器基本 ACL 在接口下的应用方法。

（3）掌握新华三路由器基本 ACL 流量过滤的方式。

2. 实验拓扑

配置新华三路由器基本 ACL 的实验拓扑如图 12-7 所示。

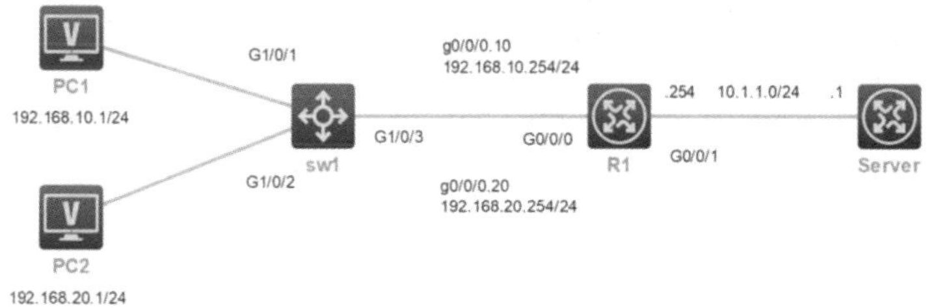

图 12-7 配置新华三路由器基本 ACL 的实验拓扑

3．实验步骤

（1）配置 IP 地址。

PC1 的配置如图 12-8 所示。在【IPv4 配置】下选中【静态】单选按钮，输入对应的 IP 地址、子网掩码及网关，然后单击【应用】按钮。PC2、Server 的配置同 PC1，这里不再赘述。

PC2 的配置如图 12-9 所示。

图 12-8　在 PC1 上手动添加 IP 地址　　　图 12-9　在 PC2 上手动添加 IP 地址

（2）在交换机 SW1 上创建 VLAN10 和 VLAN20，把 G1/0/1 划分到 VLAN10，把 G1/0/2 划分到 VLAN20，把 G1/0/3 设置成 Trunk。

```
[SW1]vlan 10
[SW1-vlan10]exit
[SW1]vlan 20
[SW1-vlan20]quit
[SW1]interface g1/0/1
[SW1-GigabitEthernet1/0/1]port link-type access
[SW1-GigabitEthernet1/0/1]port access vlan 10
[SW1-GigabitEthernet1/0/1]quit
[SW1]interface g1/0/2
[SW1-GigabitEthernet1/0/2]port link-type access
[SW1-GigabitEthernet1/0/2]port access vlan 20
[SW1-GigabitEthernet1/0/2]quit

[SW1]interface g1/0/3
[SW1-GigabitEthernet1/0/3]port link-type trunk
[SW1-GigabitEthernet1/0/3]port trunk permit vlan all
```

```
[SW1-GigabitEthernet1/0/3]quit
```

（3）在路由器上配置 IP 地址，并配置单臂路由，使 PC1 和 PC2 可以相互访问。

```
[R1]interface g0/0/0.10
[R1-GigabitEthernet0/0/0.10]vlan-type dot1q vid 10
[R1-GigabitEthernet0/0/0.10]ip address 192.168.10.254 24
[R1-GigabitEthernet0/0/0.10]quit
[R1]interface g0/0/0.20
[R1-GigabitEthernet0/0/0.20]ip address 192.168.20.254 24
[R1-GigabitEthernet0/0/0.20]vlan-type dot1q vid 20
[R1]interface g0/0/1
[R1-GigabitEthernet0/0/1]ip address 10.1.1.254 24
[R1-GigabitEthernet0/0/1]quit
```

（4）配置 Server。

```
[server]interface g0/0/0
[server-GigabitEthernet0/0/0]ip address 10.1.1.1 24
[server-GigabitEthernet0/0/0]quit
[server]ip route-static 0.0.0.0 0.0.0.0 10.1.1.254
```

（5）测试 PC1 是否可以访问 Server，结果如图 12-10 所示。

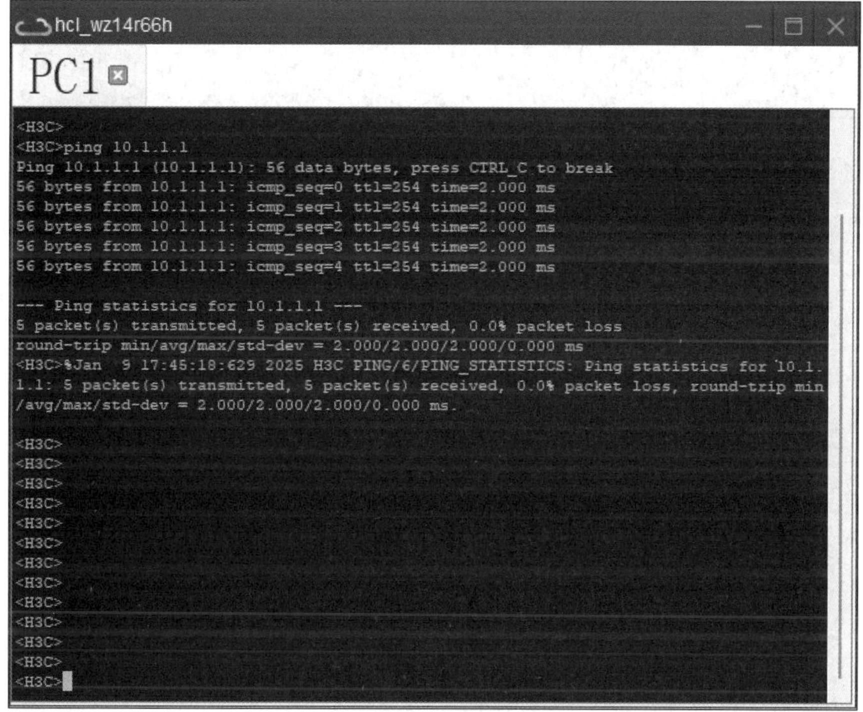

图 12-10　PC1 上显示的 ping 程序测试信息

通过图 12-10 所示的输出结果可以看到，PC1 可以访问 Server。

（6）测试 PC2 是否可以访问 Server，结果如图 12-11 所示。

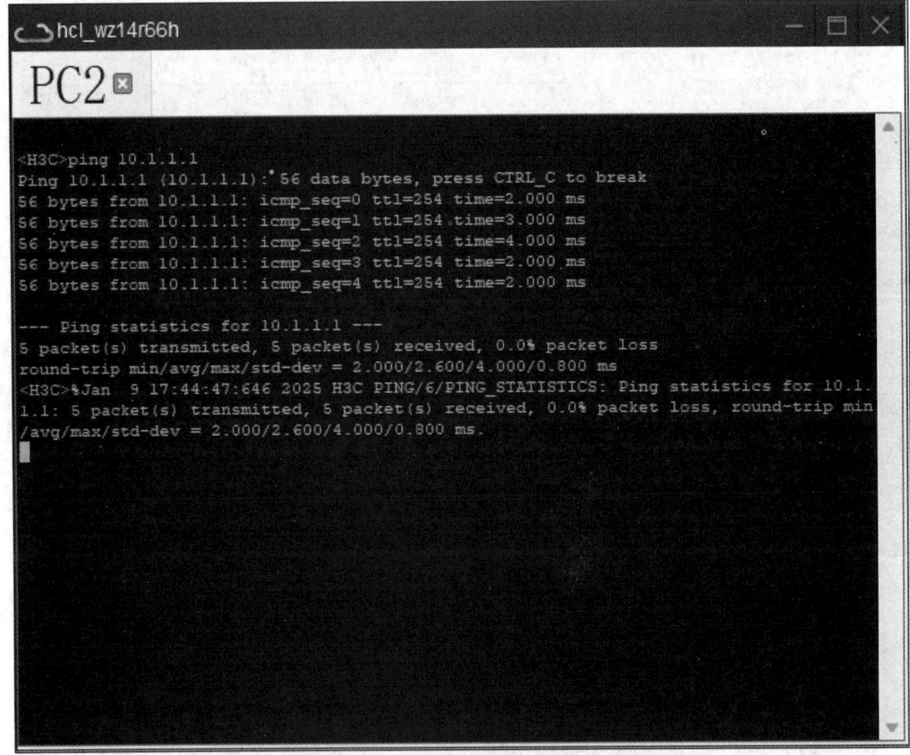

图 12-11　PC2 上显示的 ping 程序测试信息

通过图 12-13 所示的输出结果可以看到，PC2 也可以访问 Server。

（7）在 R1 上配置基本 ACL。

```
[R1]access-list basic 2000
[R1-acl-ipv4-basic-2000]rule 10 deny source 192.168.10.0 0.0.0.255
[R1-acl-ipv4-basic-2000]rule 20 permit source any
[R1-acl-ipv4-basic-2000]quit
[R1]interface g0/0/0.10
[R1-GigabitEthernet0/0/0.10]packet-filter  2000 inbound
[R1-GigabitEthernet0/0/0.10]quit
```

4. 实验调试

（1）测试 PC1 是否可以访问 Server，结果如图 12-12 所示。

通过输出结果可以看到，PC1 可以访问 Server。

（2）测试 PC2 是否可以访问 Server，结果如图 12-13 所示。

通过输出结果可以看到，PC2 不可以访问 Server。

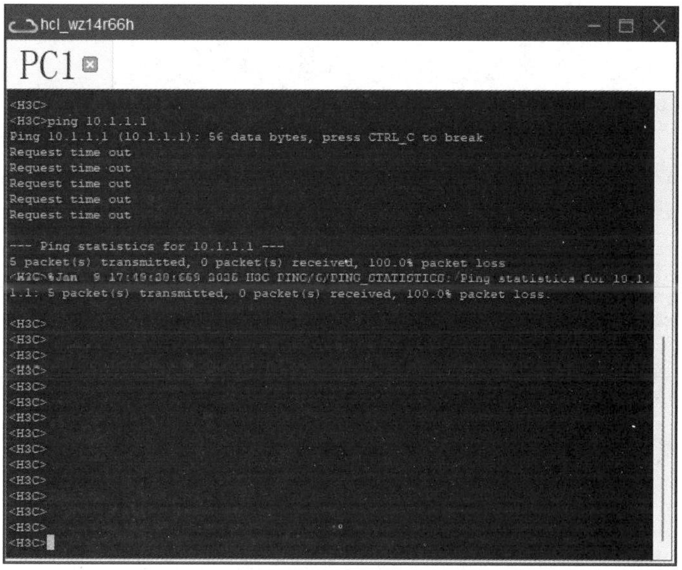

```
hcl_wz14r66h
PC1
<H3C>
<H3C>ping 10.1.1.1
Ping 10.1.1.1 (10.1.1.1): 56 data bytes, press CTRL_C to break
Request time out
Request time out
Request time out
Request time out
Request time out

--- Ping statistics for 10.1.1.1 ---
5 packet(s) transmitted, 0 packet(s) received, 100.0% packet loss
<H3C>%Jan  9 17:49:30:669 2025 H3C PING/6/PING_STATISTICS: Ping statistics for 10.1.
1.1: 5 packet(s) transmitted, 0 packet(s) received, 100.0% packet loss.

<H3C>
<H3C>
<H3C>
<H3C>
<H3C>
<H3C>
<H3C>
<H3C>
<H3C>
<H3C>
<H3C>
<H3C>
<H3C>
<H3C>
<H3C>
```

图 12-12 PC1 上显示的 ping 程序测试信息

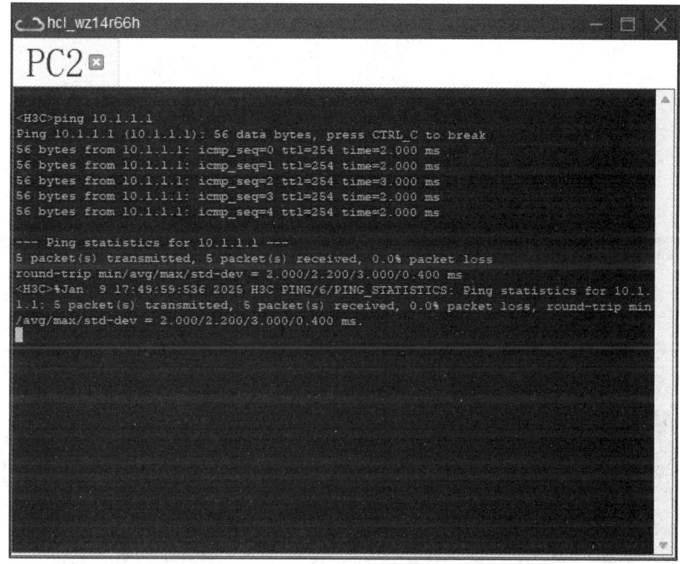

图 12-13 PC2 上显示的 ping 程序测试信息

12.3 实验三：思科路由器 ACL 的配置

扫一扫，看视频

1. 实验目的

（1）掌握思科路由器基本 ACL 的配置方法。

（2）掌握思科路由器基本 ACL 在接口下的应用方法。

（3）掌握思科路由器基本 ACL 流量过滤的方式。

2. 实验拓扑

配置思科路由器基本 ACL 的实验拓扑如图 12-14 所示。

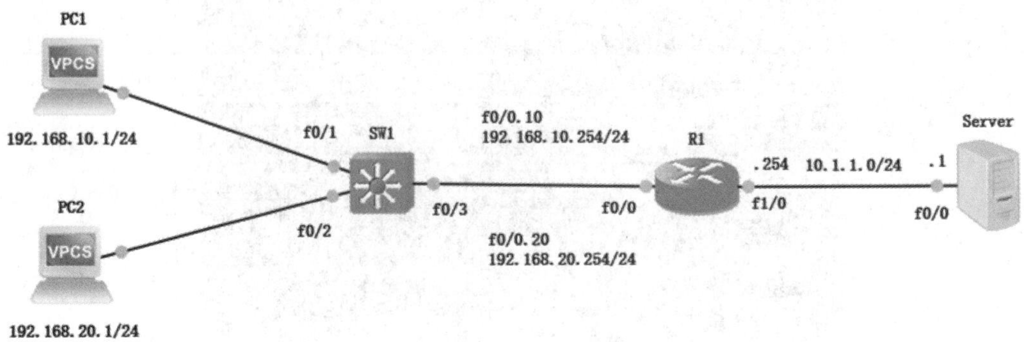

图 12-14 配置思科路由器基本 ACL 的实验拓扑

3. 实验步骤

（1）配置 IP 地址。

PC1 的配置如图 12-15 所示。在【IPv4 配置】下选中【静态】单选按钮，输入对应的 IP 地址、子网掩码及网关，然后单击【应用】按钮。PC2、Server 的配置同 PC1，这里不再赘述。

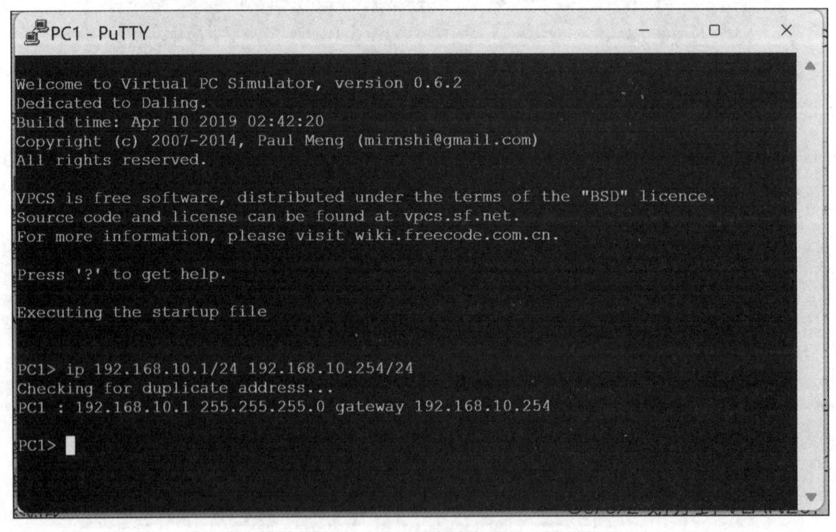

图 12-15 在 PC1 上手动添加 IP 地址

PC2 的配置如图 12-16 所示。

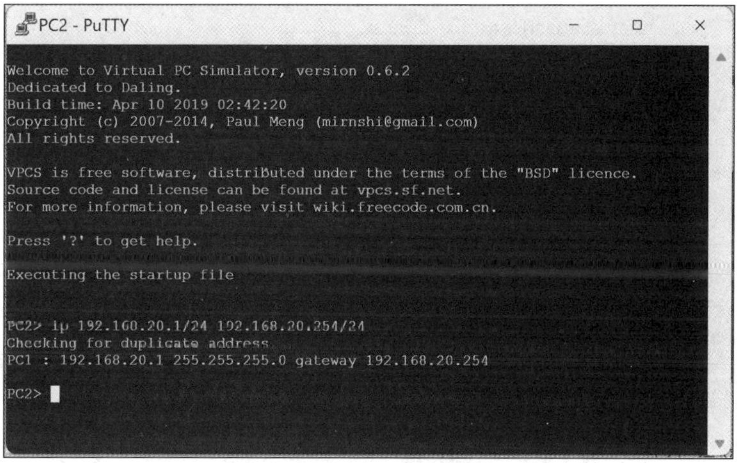

```
PC2 - PuTTY

Welcome to Virtual PC Simulator, version 0.6.2
Dedicated to Daling.
Build time: Apr 10 2019 02:42:20
Copyright (c) 2007-2014, Paul Meng (mirnshi@gmail.com)
All rights reserved.

VPCS is free software, distributed under the terms of the "BSD" licence.
Source code and license can be found at vpcs.sf.net.
For more information, please visit wiki.freecode.com.cn.

Press '?' to get help.

Executing the startup file


PC2> ip 192.168.20.1/24 192.168.20.254/24
Checking for duplicate address...
PC1 : 192.168.20.1 255.255.255.0 gateway 192.168.20.254

PC2>
```

图 12-16 在 PC2 上手动添加 IP 地址

（2）在交换机 SW1 上创建 VLAN10 和 VLAN20，把 f0/1 划分到 VLAN10，把 f0/2 划分到 VLAN20，把 f0/3 设置成 Trunk。

```
SW1(config)#interface f0/1
SW1(config-if)#switchport mode access
SW1(config-if)#switchport access vlan 10
SW1(config-if)#exit
SW1(config)#interface f0/2
SW1(config-if)#switchport mode access
SW1(config-if)#switchport access vlan 20
SW1(config-if)#exit
SW1(config)#interface f0/3
SW1(config-if)#switchport trunk encapsulation dot1q
SW1(config-if)#switchport mode trunk
SW1(config-if)#switchport trunk allowed vlan all
SW1(config-if)#exit
```

（3）在路由器上配置 IP 地址，并配置单臂路由，使 PC1 和 PC2 可以相互访问。

```
R1(config)#interface f0/0
R1(config-if)#no shutdown
R1(config-if)#exit
R1(config)#interface f0/0.10
R1(config-subif)#encapsulation dot1Q 10
R1(config-subif)#ip address 192.168.10.254 255.255.255.0
R1(config-subif)#exit
R1(config)#interface f0/0.20
R1(config-subif)#encapsulation dot1Q 20
R1(config-subif)#ip address 192.168.20.254 255.255.255.0
R1(config-subif)#exit
R1(config)#interface f1/0
R1(config-if)#ip address 10.1.1.254 255.255.255.0
```

```
R1(config-if)#no shutdown
R1(config-if)#exit
```

（4）Server 的配置。

```
Server(config)#no ip routing
Server(config)#interface f0/0
Server(config-if)#ip address 10.1.1.1 255.255.255.0
Server(config-if)#no shutdown
Server(config-if)#exit
Server(config)#ip default-gateway 10.1.1.254
```

（5）测试 PC1 是否可以访问 Server，结果如图 12-17 所示。

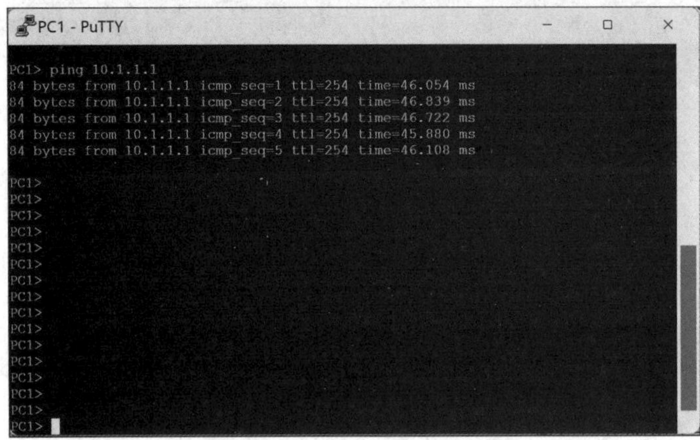

图 12-17　PC1 上显示的 ping 程序测试信息（1）

通过图 12-17 所示的输出结果可以看到，PC1 可以访问 Server。

（6）测试 PC2 是否可以访问 Server，结果如图 12-18 所示。

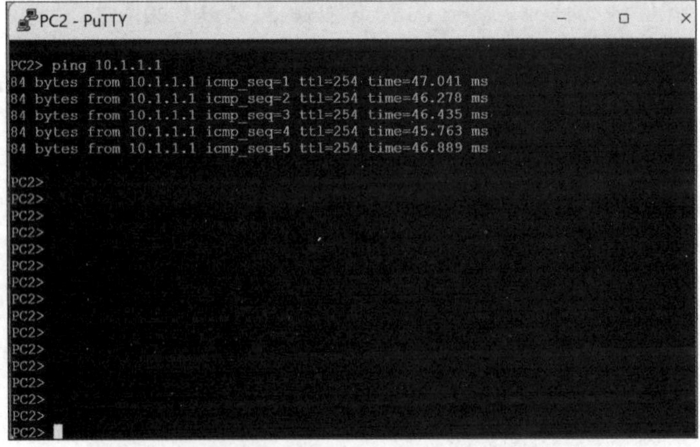

图 12-18　PC2 上显示的 ping 程序测试信息（1）

通过图 12-18 所示的输出结果可以看到，PC2 也可以访问 Server。

（7）在 R1 上配置基本 ACL。

```
R1(config)#access-list 1 deny 192.168.10.0 0.0.0.255
R1(config)#access-list 1 permit any
R1(config)#interface f0/0.10
R1(config-subif)#ip access-group 1 in
R1(config-subif)#exit
```

4. 实验调试

（1）测试 PC1 是否可以访问 Server，结果如图 12-19 所示。

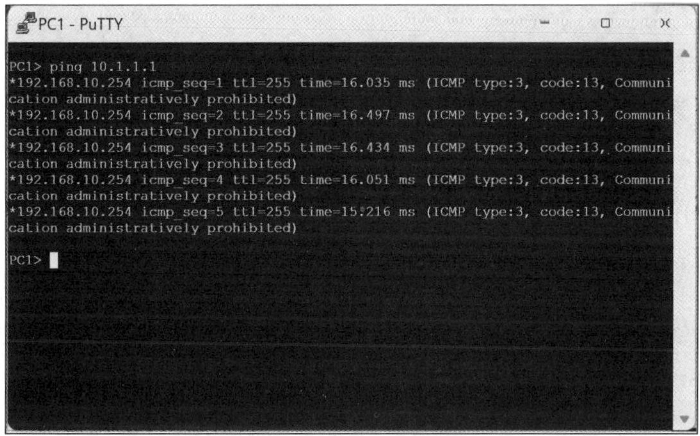

图 12-19　PC1 上显示的 ping 程序测试信息（2）

通过输出结果可以看到，PC1 可以访问 Server。

（2）测试 PC2 是否可以访问 Server，结果如图 12-20 所示。

图 12-20　PC2 上显示的 ping 程序测试信息（2）

通过输出结果可以看到，PC2 不可以访问 Server。

12.4 各厂商配置 ACL 的命令对比

在网络设备中，华为和新华三配置 ACL 的命令类似，思科和锐捷配置 ACL 的命令类似，它们之间的命令对比如表 12-1 所示。

表 12-1 各厂商配置 ACL 的命令对比

华为和新华三设备	思科和锐捷设备	命令作用
华为命令： acl 2000 rule 5 deny source 192.168.21.0 0.0.0.255 新华三命令： access-list basic 2000 rule 10 deny source 192.168.10.0 0.0.0.255	access-list 1 deny 192.168.1.0 0.0.0.255	拒绝 192.168.1.0/24
华为命令： traffic-filter outbound acl 2000 新华三命令： packet-filter 2000 inbound	ip access-group 1 out	接口调用

‖ 项目案例 13 ‖

Easy-IP

13.1 实验一：华为路由器 Easy-IP 的配置

扫一扫，看视频

1. 实验目的

（1）掌握华为路由器 Easy-IP 的特征。

（2）掌握华为路由器 Easy-IP 的基本配置和调试。

2. 实验拓扑

配置华为路由器 Easy-IP 的实验拓扑如图 13-1 所示。

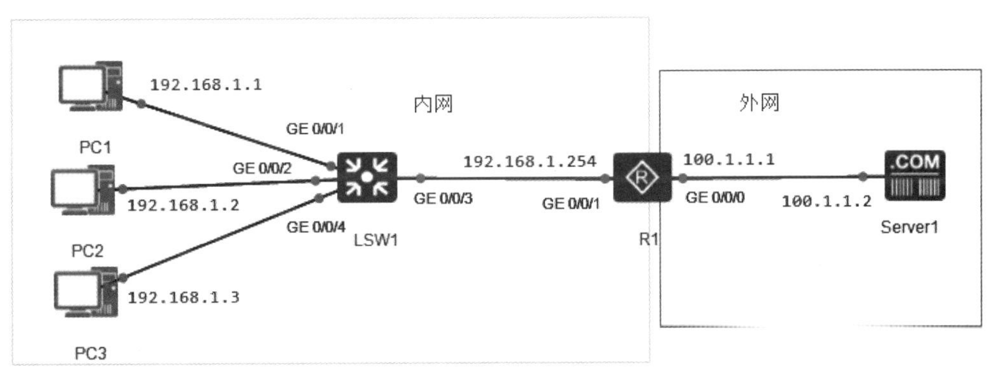

图 13-1 配置华为路由器 Easy-IP 的实验拓扑

3. 实验步骤

（1）配置 IP 地址。

PC1 的配置如图 13-2 所示。在【IPv4 配置】下选中【静态】单选按钮，输入对应的 IP 地址以及子网掩码，然后单击【应用】按钮。PC2、PC3、Server1 的配置同 PC1，这里不再赘述。

PC2 的配置如图 13-3 所示，PC3 的配置如图 13-4 所示，Server1 的配置如图 13-5 所示。

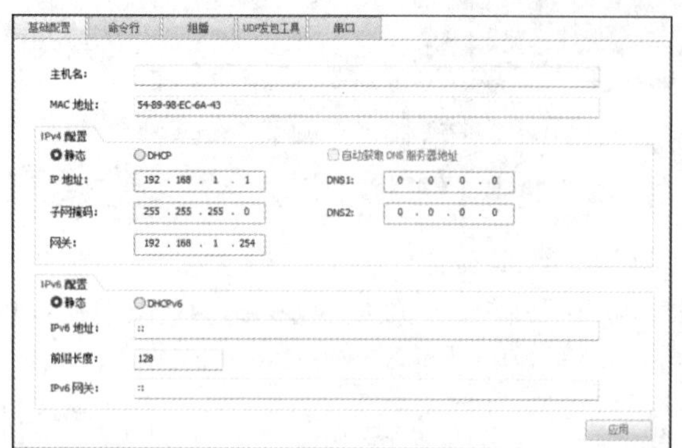

图 13-2　在 PC1 上手动添加 IP 地址

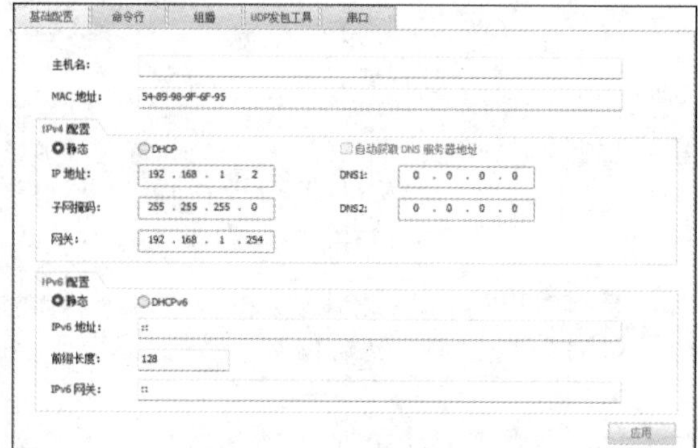

图 13-3　在 PC2 上手动添加 IP 地址

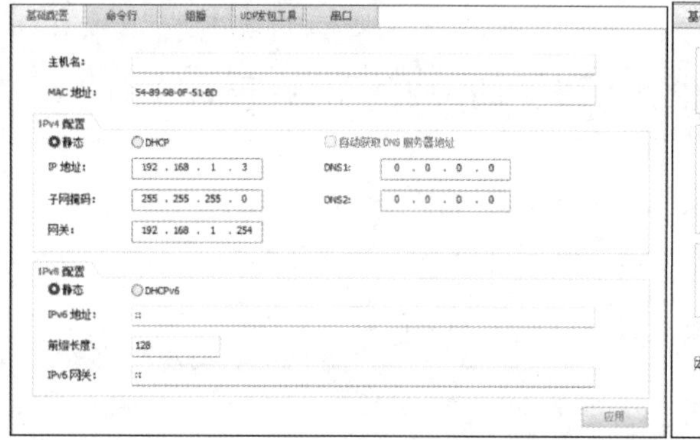

图 13-4　在 PC3 上手动添加 IP 地址

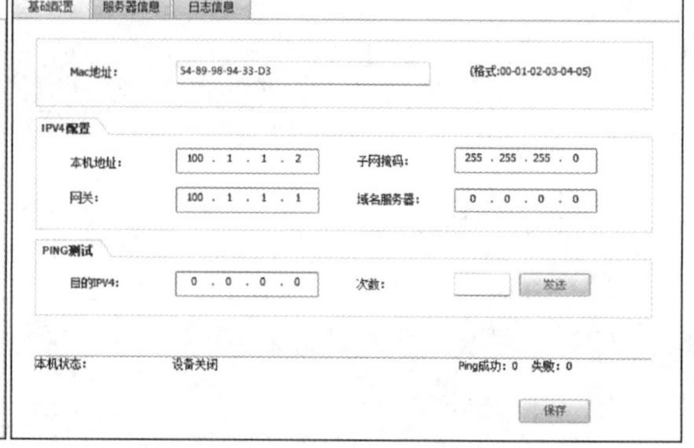

图 13-5　在 Server1 上手动添加 IP 地址

R1 的配置：

```
<Huawei>system-view
[Huawei]undo info-center enable
[Huawei]sysname R1
[R1]interface g0/0/0
[R1-GigabitEthernet0/0/0]ip address 100.1.1.1 24
[R1-GigabitEthernet0/0/0]quit
[R1]interface g0/0/1
[R1-GigabitEthernet0/0/1]ip address 192.168.1.254 24
[R1-GigabitEthernet0/0/1]quit
```

（2）配置 Easy-IP。

```
[R1]acl 2000
[R1-acl-basic-2000]rule 10 permit source 192.168.1.0 0.0.0.255
[R1-acl-basic-2000]quit
[R1]interface g0/0/0
//此命令为配置 Easy-IP，能够实现 ACL 2000 的流量到达 G0/0/0 接口后全部映射到此接口的
//不同端口号，以进行公网的访问
[R1-GigabitEthernet0/0/0]nat outbound 2000
[R1-GigabitEthernet0/0/0]quit
```

4. 实验调试

（1）在 PC1 上访问 Server1，结果如图 13-6 所示。

```
基础配置  命令行  组播  UDP发包工具  串口

PC>ping 100.1.1.2

Ping 100.1.1.2: 32 data bytes, Press Ctrl_C to break
From 100.1.1.2: bytes=32 seq=1 ttl=254 time=47 ms
From 100.1.1.2: bytes=32 seq=2 ttl=254 time=31 ms
From 100.1.1.2: bytes=32 seq=3 ttl=254 time=31 ms
From 100.1.1.2: bytes=32 seq=4 ttl=254 time=31 ms
From 100.1.1.2: bytes=32 seq=5 ttl=254 time=32 ms

--- 100.1.1.2 ping statistics ---
  5 packet(s) transmitted
  5 packet(s) received
  0.00% packet loss
  round-trip min/avg/max = 31/34/47 ms

PC>
PC>
PC>
PC>
PC>
PC>
PC>
PC>
PC>
PC>
```

图 13-6　PC1 上显示的 ping 程序测试信息

（2）在 PC2 上访问 Server1，结果如图 13-7 所示。

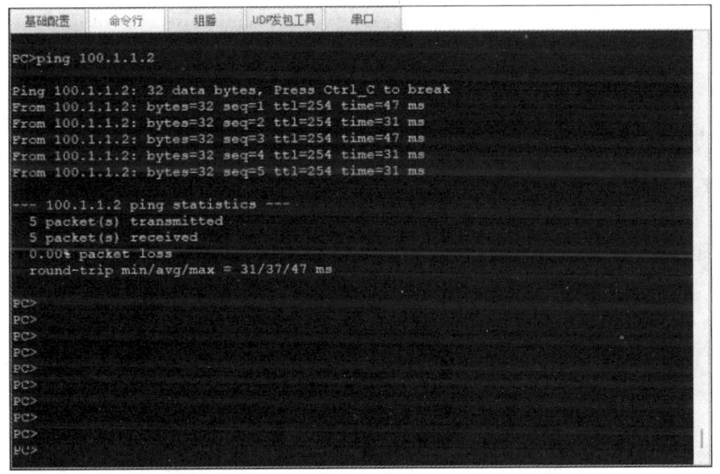

图 13-7　PC2 上显示的 ping 程序测试信息

（3）在 PC3 上访问 Server1，结果如图 13-8 所示。

通过以上输出可以看到，PC1、PC2、PC3 都可以访问 Server1。

```
基础配置  命令行  组播  UDP发包工具  串口
Request timeout!
From 100.1.1.2: bytes=32 seq=4 ttl=254 time=47 ms
Request timeout!

--- 100.1.1.2 ping statistics ---
  5 packet(s) transmitted
  1 packet(s) received
  80.00% packet loss
  round-trip min/avg/max = 0/47/47 ms

PC>ping 100.1.1.2

Ping 100.1.1.2: 32 data bytes, Press Ctrl_C to break
From 100.1.1.2: bytes=32 seq=1 ttl=254 time=46 ms
From 100.1.1.2: bytes=32 seq=2 ttl=254 time=32 ms
From 100.1.1.2: bytes=32 seq=3 ttl=254 time=31 ms
From 100.1.1.2: bytes=32 seq=4 ttl=254 time=16 ms
From 100.1.1.2: bytes=32 seq=5 ttl=254 time=16 ms

--- 100.1.1.2 ping statistics ---
  5 packet(s) transmitted
  5 packet(s) received
  0.00% packet loss
  round-trip min/avg/max = 16/28/46 ms

PC>
```

图 13-8 PC3 上显示的 ping 程序测试信息

扫一扫，看视频

13.2 实验二：新华三路由器 Easy-IP 的配置

1. 实验目的

（1）掌握新华三路由器 Easy-IP 的特征。

（2）掌握新华三路由器 Easy-IP 的基本配置和调试。

2. 实验拓扑

配置新华三路由器 Easy-IP 的实验拓扑如图 13-9 所示。

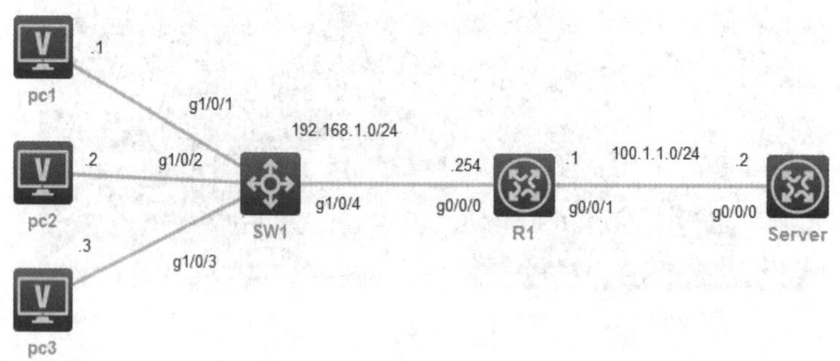

图 13-9 配置新华三路由器 Easy-IP 的实验拓扑

3. 实验步骤

（1）配置 IP 地址。

pc1 的配置如图 13-10 所示。在 IPv4 配置下选中【静态】单选按钮，输入对应的 IP 地址以及子网掩码，然后单击【应用】按钮。pc2、pc3、Server 的配置同 PC1，这里不再赘述。

图 13-10 在 pc1 上手动添加 IP 地址

pc2 的配置如图 13-11 所示；pc3 的配置如图 13-12 所示。

图 13-11 在 pc2 上手动添加 IP 地址

图 13-12 在 pc3 上手动添加 IP 地址

Server 的 IP 设置：

```
[server]interface g0/0/0
[server-GigabitEthernet0/0/0]ip add
[server-GigabitEthernet0/0/0]ip address 100.1.1.2 24
[server-GigabitEthernet0/0/0]quit
```

R1 的配置：

```
[R1]interface g0/0/0
```

```
[R1-GigabitEthernet0/0/0]ip address 192.168.1.254 24
[R1-GigabitEthernet0/0/0]quit
[R1]interface g0/0/1
[R1-GigabitEthernet0/0/1]ip add
[R1-GigabitEthernet0/0/1]ip address 100.1.1.1 24
[R1-GigabitEthernet0/0/1]quit
```

（2）配置 Easy-IP。

```
[R1]access-list basic 2000
[R1-acl-ipv4-basic-2000]rule 10 permit source 192.168.1.0 0.0.0.255
[R1-acl-ipv4-basic-2000]quit
[R1]int
[R1]interface g0/0/1
[R1-GigabitEthernet0/0/1]nat outbound 2000
[R1-GigabitEthernet0/0/1]quit
```

4．实验调试

在 pc1 上访问 Server，结果如图 13-13 所示。

```
hcl_mgx6v5vc
pc1
<H3C>
<H3C>
<H3C>ping 100.1.1.2
Ping 100.1.1.2 (100.1.1.2): 56 data bytes, press CTRL_C to break
56 bytes from 100.1.1.2: icmp_seq=0 ttl=254 time=2.046 ms
56 bytes from 100.1.1.2: icmp_seq=1 ttl=254 time=2.588 ms
56 bytes from 100.1.1.2: icmp_seq=2 ttl=254 time=1.940 ms
56 bytes from 100.1.1.2: icmp_seq=3 ttl=254 time=2.853 ms
56 bytes from 100.1.1.2: icmp_seq=4 ttl=254 time=1.617 ms

--- Ping statistics for 100.1.1.2 ---
5 packet(s) transmitted, 5 packet(s) received, 0.0% packet loss
round-trip min/avg/max/std-dev = 1.617/2.209/2.853/0.449 ms
<H3C>%Jan  9 18:15:41:284 2025 H3C PING/6/PING_STATISTICS: Ping statistics for 100.1
.1.2: 5 packet(s) transmitted, 5 packet(s) received, 0.0% packet loss, round-trip mi
n/avg/max/std-dev = 1.617/2.209/2.853/0.449 ms.

<H3C>
<H3C>
<H3C>
<H3C>
<H3C>
<H3C>
<H3C>
<H3C>
<H3C>
<H3C>
<H3C>
<H3C>
```

图 13-13　pc1 上显示的 ping 程序测试信息

扫一扫，看视频

13.3　实验三：思科路由器 Easy-IP 的配置

1．实验目的

（1）掌握思科路由器 Easy-IP 的特征。

（2）掌握思科路由器 Easy-IP 的基本配置和调试。

2. 实验拓扑

配置思科路由器 Easy-IP 的实验拓扑如图 13-14 所示。

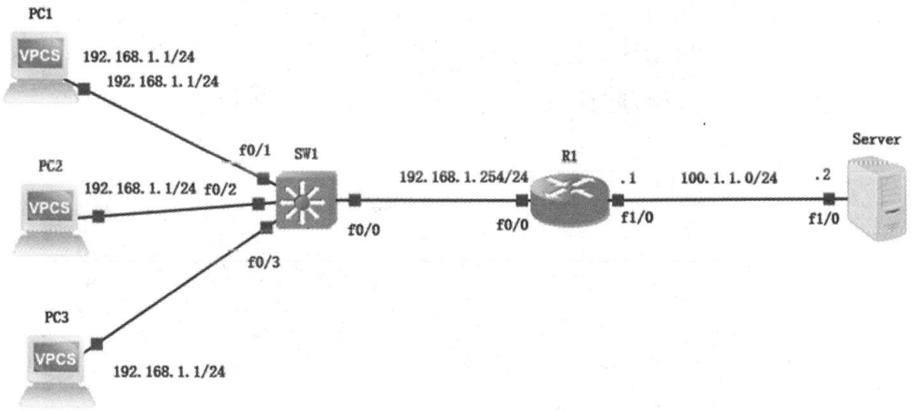

图 13-14　配置思科路由器 Easy-IP 的实验拓扑

3. 实验步骤

（1）配置 IP 地址。

PC1 的配置如图 13-15 所示。在【IPv4 配置】下选中【静态】单选按钮，输入对应的 IP 地址以及子网掩码，然后单击【应用】按钮。PC2、PC3、Server 的配置同 PC1，这里不再赘述。

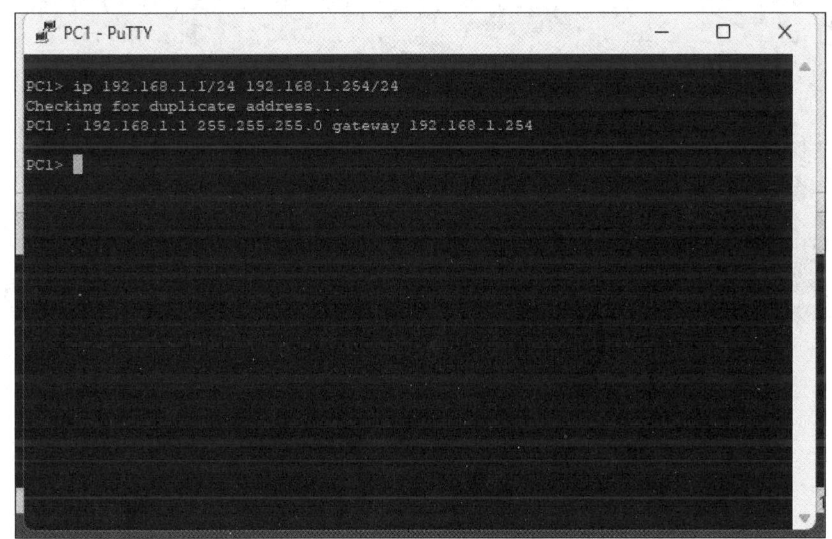

图 13-15　在 PC1 上手动添加 IP 地址

PC2 的配置如图 13-16 所示，PC3 的配置如图 13-17 所示。

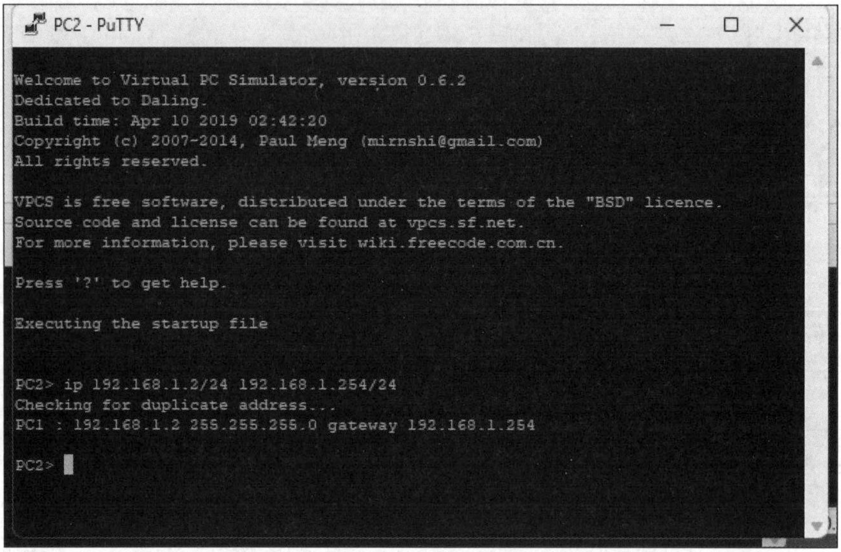

```
PC2 - PuTTY

Welcome to Virtual PC Simulator, version 0.6.2
Dedicated to Daling.
Build time: Apr 10 2019 02:42:20
Copyright (c) 2007-2014, Paul Meng (mirnshi@gmail.com)
All rights reserved.

VPCS is free software, distributed under the terms of the "BSD" licence.
Source code and license can be found at vpcs.sf.net.
For more information, please visit wiki.freecode.com.cn.

Press '?' to get help.

Executing the startup file


PC2> ip 192.168.1.2/24 192.168.1.254/24
Checking for duplicate address...
PC1 : 192.168.1.2 255.255.255.0 gateway 192.168.1.254

PC2>
```

图 13-16　在 PC2 上手动添加 IP 地址

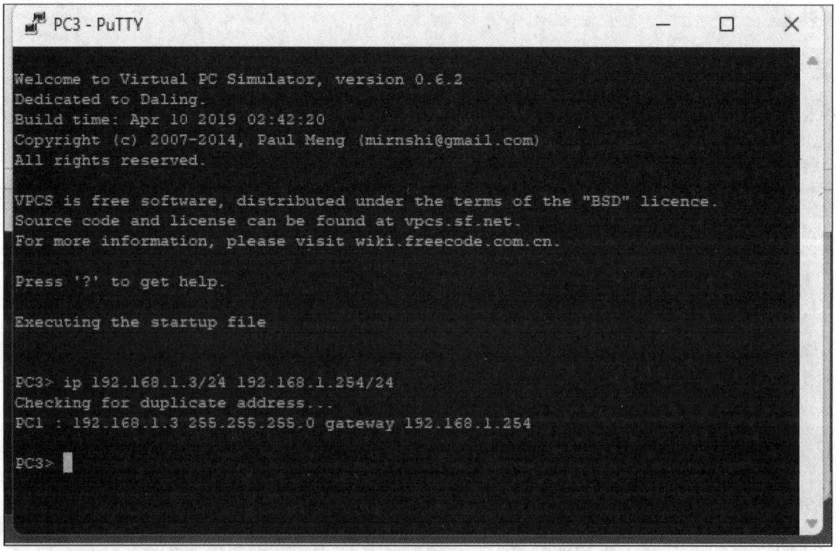

```
PC3 - PuTTY

Welcome to Virtual PC Simulator, version 0.6.2
Dedicated to Daling.
Build time: Apr 10 2019 02:42:20
Copyright (c) 2007-2014, Paul Meng (mirnshi@gmail.com)
All rights reserved.

VPCS is free software, distributed under the terms of the "BSD" licence.
Source code and license can be found at vpcs.sf.net.
For more information, please visit wiki.freecode.com.cn.

Press '?' to get help.

Executing the startup file


PC3> ip 192.168.1.3/24 192.168.1.254/24
Checking for duplicate address...
PC1 : 192.168.1.3 255.255.255.0 gateway 192.168.1.254

PC3>
```

图 13-17　在 PC3 上手动添加 IP 地址

Server 的 IP 设置：

```
Server(config)#no ip routing
Server(config)#interface f1/0
Server(config-if)#ip address 100.1.1.2 255.255.255.0
Server(config-if)#no shutdown
Server(config-if)#exit
Server(config)#ip default-gateway 100.1.1.1
```

R1 的配置：

```
R1#configure terminal
R1(config)#interface f0/0
R1(config-if)#ip address 192.168.1.254 255.255.255.0
R1(config-if)#no shutdown
R1(config-if)#exit
R1(config)#interface f1/0
R1(config-if)#ip address 100.1.1.1 255.255.255.0
R1(config-if)#no shutdown
R1(config-if)#exit
```

（2）配置 Easy-IP。

```
R1(config)#access-list 1 permit 192.168.1.0 0.0.0.255
R1(config)#ip nat inside source list 1 interface f1/0 overload
R1(config)#interface f0/0
R1(config-if)#ip nat inside
R1(config)#interface f1/0
R1(config-if)#ip nat outside
R1(config-if)#exit
```

4．实验调试

（1）在 PC1 上访问 Server，结果如图 13-18 所示。

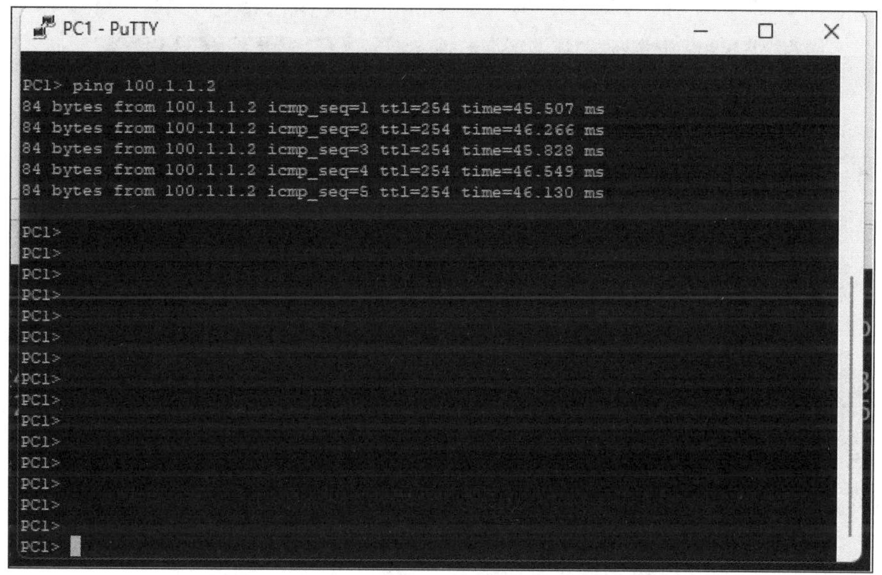

图 13-18　PC1 上显示的 ping 程序测试信息

（2）在 PC2 上访问 Server，结果如图 13-19 所示。

```
PC2 - PuTTY
Executing the startup file


PC2> ip 192.168.1.2/24 192.168.1.254/24
Checking for duplicate address...
PC1 : 192.168.1.2 255.255.255.0 gateway 192.168.1.254

PC2> ping 100.1.1.2
84 bytes from 100.1.1.2 icmp_seq=1 ttl=254 time=46.995 ms
84 bytes from 100.1.1.2 icmp_seq=2 ttl=254 time=46.115 ms
84 bytes from 100.1.1.2 icmp_seq=3 ttl=254 time=46.895 ms
84 bytes from 100.1.1.2 icmp_seq=4 ttl=254 time=46.426 ms
84 bytes from 100.1.1.2 icmp_seq=5 ttl=254 time=46.101 ms

PC2>
PC2>
PC2>
PC2>
PC2>
PC2>
PC2>
PC2>
PC2>
PC2>
```

图 13-19 PC2 上显示的 ping 程序测试信息

（3）在 PC3 上访问 Server，结果如图 13-20 所示。

通过以上输出可以看到，PC1、PC2、PC3 都可以访问 Server。

```
PC3 - PuTTY
PC3> ip 192.168.1.3/24 192.168.1.254/24
Checking for duplicate address...
PC1 : 192.168.1.3 255.255.255.0 gateway 192.168.1.254

PC3> ping 100.1.1.2
84 bytes from 100.1.1.2 icmp_seq=1 ttl=254 time=46.759 ms
84 bytes from 100.1.1.2 icmp_seq=2 ttl=254 time=44.935 ms
84 bytes from 100.1.1.2 icmp_seq=3 ttl=254 time=46.895 ms
84 bytes from 100.1.1.2 icmp_seq=4 ttl=254 time=47.026 ms
84 bytes from 100.1.1.2 icmp_seq=5 ttl=254 time=46.615 ms

PC3>
PC3>
PC3>
PC3>
PC3>
PC3>
PC3>
PC3>
PC3>
PC3>
PC3>
PC3>
```

图 13-20 PC3 上显示的 ping 程序测试信息

13.4 各厂商配置 Easy-IP 的命令对比

在网络设备中，华为和新华三配置 Easy-IP 的命令类似，思科和锐捷配置 Easy-IP 的命令类似，它们之间的命令对比如表 13-1 所示。

表 13-1 各厂商配置 Easy-IP 的命令对比

华为和新华三设备	思科和锐捷设备	命令作用
华为命令： acl 2000 rule 10 permit source 192.168.1.0 0.0.0.255 interface g0/0/0 nat outbound 2000 新华三命令： access-list basic 2000 rule 10 permit source 192.168.1.0 0.0.0.255	access-list 1 permit 192.168.1.0 0.0.0.255 ip nat inside source list 1 interface f1/0 overload R1(config)#interface f0/0 R1(config-if)#ip nat inside R1(config)#interface f1/0 R1(config-if)#ip nat outside	允许 192.168.1.0 所在的网段访问互联网

|| 项目案例 14 ||

PPP

扫一扫，看视频

14.1 实验一：华为路由器 PPP 的配置

1. 实验目的

掌握华为路由器 PPP 协议中 PAP 认证的配置方法。

2. 实验拓扑

配置华为路由器 PPP 协议中 PAP 认证的实验拓扑如图 14-1 所示。

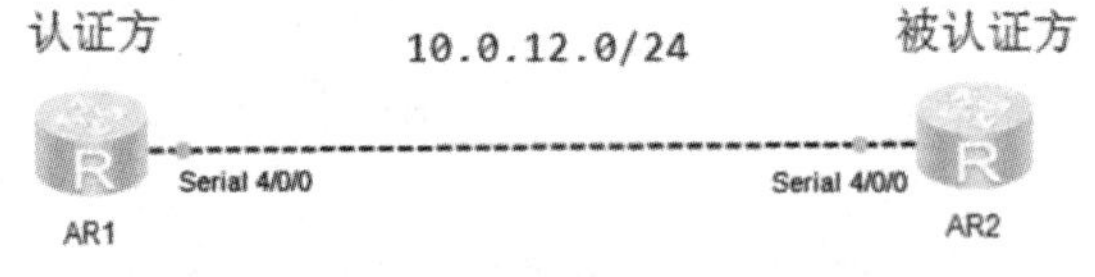

图 14-1 配置华为路由器 PPP 协议中 PAP 认证的实验拓扑

3. 实验步骤

（1）配置 AR1 的接口 IP 地址。

```
<Huawei>system-view
Enter system view, return user view with Ctrl+Z.
[Huawei]sysname AR1
[AR1]interface s4/0/0
[AR1-Serial4/0/0]link-protocol ppp
[AR1-Serial4/0/0]ip address  10.0.12.1 24
```

（2）配置认证账户密码。

```
[AR1]aaa
[AR1-aaa]local-user huawei password cipher huawei //配置认证时使用的账户密码
//将用户名为 huawei 的服务类型改为 PPP
[AR1-aaa]local-user huawei service-type ppp
```

（3）在 AP1 接口配置认证模式为 PAP 认证。

```
[AR1]interface s4/0/0
[AR1-Serial4/0/0]ppp authentication-mode pap
```

（4）配置 AR2 的接口 IP 地址。

```
<Huawei>system-view
Enter system view, return user view with Ctrl+Z.
[Huawei]sysname AR2
[AR2]interface s4/0/0
[AR2-Serial4/0/0]link-protocol ppp
[AR2-Serial4/0/0]ip address  10.0.12.2 24
```

（5）在 AR2 接口配置认证用户名及密码。

```
[AR2]interface s4/0/0
[AR2-Serial4/0/0]ppp pap local-user huawei password cipher huawei
```

（6）在 AR2 上查看接口状态。

```
<AR2>display interface Serial4/0/0
Serial4/0/0 current state : UP
Line protocol current state : UP
Last line protocol up time : 2022-04-07 16:40:02 UTC-08:00
Description:HUAWEI, AR Series, Serial4/0/0 Interface
Route Port,The Maximum Transmit Unit is 1500, Hold timer is 10(sec)
Internet Address is 10.0.12.2/24
Link layer protocol is PPP
LCP opened, IPCP opened
Last physical up time   : 2022-04-07 16:40:01 UTC-08:00
Last physical down time : 2022-04-07 16:39:57 UTC-08:00
Current system time: 2022-04-07 16:47:59-08:00
Physical layer is synchronous, Virtualbaudrate is 64000 bps
Interface is DTE, Cable type is V11, Clock mode is TC
Last 300 seconds input rate 6 bytes/sec 48 bits/sec 0 packets/sec
Last 300 seconds output rate 2 bytes/sec 16 bits/sec 0 packets/sec

Input: 487 packets, 15742 bytes
  Broadcast:              0,  Multicast:          0
  Errors:                 0,  Runts:              0
  Giants:                 0,  CRC:                0

  Alignments:             0,  Overruns:           0
  Dribbles:               0,  Aborts:             0
  No Buffers:             0,  Frame Error:        0

Output: 484 packets, 5950 bytes
  Total Error:            0,  Overruns:           0
  Collisions:             0,  Deferred:           0
    Input bandwidth utilization  :    0%
    Output bandwidth utilization :    0%
```

通过以上步骤可以发现，LCP 及 IPCP 的状态都为 opened，并且物理状态和协议状态都为 UP。

扫一扫，看视频

14.2 实验二：新华三路由器 PPP 的配置

1. 实验目的

掌握新华三路由器 PPP 协议中 PAP 认证的配置方法。

2. 实验拓扑

配置新华三路由器 PPP 协议中 PAP 认证的实验拓扑如图 14-2 所示。

图 14-2 配置新华三路由器 PPP 协议中 PAP 认证的实验拓扑

3. 实验步骤

（1）配置 R1 的接口 IP 地址。

```
[R1]interface s0/0/3
[R1-Serial0/0/3]link-protocol ppp
[R1-Serial0/0/3]ip add
[R1-Serial0/0/3]ip address 12.1.1.1 24
[R1-Serial0/0/3]quit
```

（2）配置认证账户密码。

```
[R1]local-user lw class network
[R1-luser-network-lw]service-type ppp
[R1-luser-network-lw]password simple 1234
[R1-luser-network-lw]quit
```

（3）在 R1 接口配置认证模式为 PAP 认证。

```
[R1]interface s0/0/3
[R1-Serial0/0/3]ppp authentication-mode pap
```

（4）配置 R2 的接口 IP 地址。

```
[R2]interface s0/0/3
[R2-Serial0/0/3]link-protocol ppp
[R2-Serial0/0/3]ip address 12.1.1.2 24
[R2-Serial0/0/3]ppp pap local-user lw password simple 1234
[R2-Serial0/0/3]
```

（5）在 R2 接口配置认证用户名及密码。

```
[R2]interface s0/0/3
[R2-Serial0/0/3]ppp pap local-user lw password simple 1234
```

（6）在 R2 上查看接口状态。

```
[R2]display interface s0/0/3
Serial0/0/3
Interface index: 4
Current state: UP
Line protocol state: UP
Description: Serial0/0/3 Interface
Bandwidth: 64 kbps
Maximum transmission unit: 1500
Hold timer: 10 seconds, retry times: 5
Internet address: 12.1.1.2/24 (Primary)
Link layer protocol: PPP
LCP: opened, IPCP: opened
Output queue - Urgent queuing: Size/Length/Discards 0/100/0
Output queue - Protocol queuing: Size/Length/Discards 0/500/0
Output queue - FIFO queuing: Size/Length/Discards 0/75/0
Last link flapping: 0 hours 34 minutes 14 seconds
Last clearing of counters: Never
Current system time:2025-01-22 14:20:22
Last time when physical state changed to up:2025-01-22 13:46:08
Last time when physical state changed to down:2025-01-22 13:46:04
Traffic statistic: Not include Inter-frame Gaps and Preambles
```

通过以上步骤可以发现，LCP及IPCP的状态都为opened，并且物理状态和协议状态都为UP。

14.3 实验三：思科路由器 PPP 的配置

扫一扫，看视频

1. 实验目的

掌握思科路由器 PPP 协议中 PAP 认证的配置方法。

2. 实验拓扑

配置思科路由器 PPP 协议中 PAP 认证的实验拓扑如图 14-3 所示。

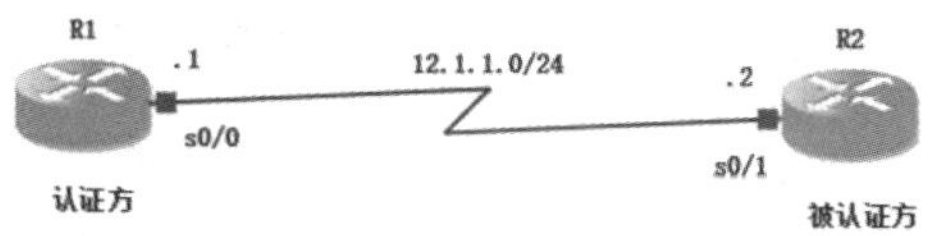

图 14-3　配置思科路由器 PPP 协议中 PAP 认证的实验拓扑

3. 实验步骤

(1) 配置 R1 的接口 IP 地址。

```
R1(config)#interface s0/0
R1(config-if)#encapsulation ppp
R1(config-if)#ip address 12.1.1.1 255.255.255.0
R1(config-if)#no shutdown
```

```
R1(config-if)#exit
```

（2）配置认证账户密码。

```
R1(config)#username joinlabs password 1234
```

（3）在 R1 接口配置认证模式为 PAP 认证。

```
R1(config)#interface s0/0
R1(config-if)#ppp authentication pap
R1(config-if)#exit
```

（4）配置 R2 的接口 IP 地址。

```
R2(config)#interface s0/1
R2(config-if)#encapsulation ppp
R2(config-if)#ip address 12.1.1.2 255.255.255.0
R2(config-if)#no shutdown
R2(config-if)#exit
```

（5）在 R2 接口配置认证用户名及密码。

```
R2(config)#interface s0/1
R2(config-if)#ppp pap sent-username joinlabs password 1234
```

（6）查看 R1 是否可以访问 R2。

```
R1#ping 12.1.1.2
Type escape sequence to abort.
Sending 5, 100-byte ICMP Echos to 12.1.1.2, timeout is 2 seconds:
!!!!!
Success rate is 100 percent (5/5), round-trip min/avg/max = 44/60/68 ms
```

14.4 各厂商配置 PAP 的命令对比

在网络设备中，华为和新华三配置 PAP 的命令类似，思科和锐捷配置 PAP 的命令类似，它们之间的命令对比如表 14-1 所示。

表 14-1 各厂商配置 PAP 的命令对比

华为和新华三设备	思科和锐捷设备	命令作用
华为命令： aaa local-user huawei password cipher huawei local-user huawei service-type ppp interface s4/0/0 ppp authentication-mode pap	username joinlabs password 1234 interface s0/0 ppp authentication pap	被认证端的配置

‖ 项目案例 15 ‖

PPPoE

15.1 实验一：华为路由器 PPPoE 的配置

扫一扫，看视频

1. 实验目的

（1）了解华为路由器 ADSL 技术中 PPPoE 的原理。

（2）掌握华为路由器 ADSL 技术中 PPPoE 的配置方法。

2. 实验拓扑

配置华为路由器 ADSL 技术中 PPPoE 的实验拓扑如图 15-1 所示。

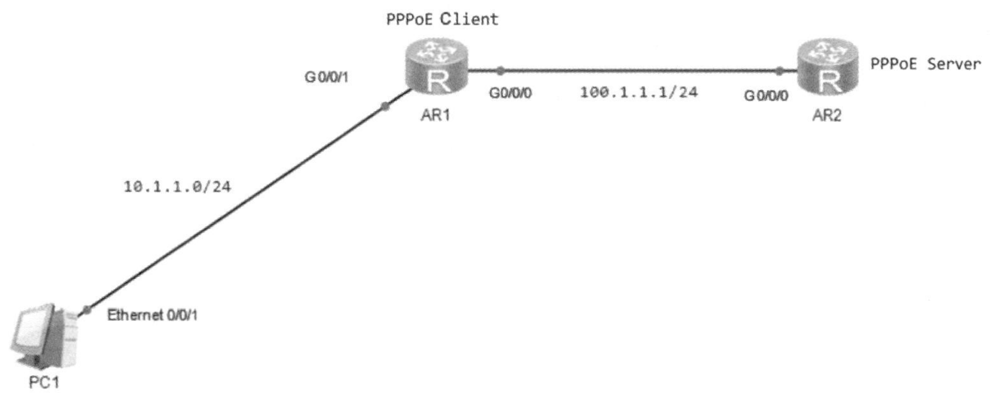

图 15-1　配置华为路由器 ADSL 技术中 PPPoE 的实验拓扑

3. 实验步骤

（1）配置 PPPoE Server 的地址池。

```
<Huawei>system-view
Enter system view, return user view with Ctrl+Z.
```

```
[Huawei]sysname PPPoE Server
[PPPoE server]ip pool pool1
Info: It's successful to create an IP address pool.
//客户端通过拨号所获取的网段地址
[PPPoE server-ip-pool-pool1]network 100.1.1.0 mask 24
[PPPoE server-ip-pool-pool1]gateway-list 100.1.1.1 //配置分配的网关地址
```

（2）配置 PPPoE 客户端拨号使用的用户名及密码。

```
[PPPoE Server]aaa
//创建用户名为 huawei、密码为 huawei 的账号
[PPPoE Server-aaa]local-user huawei password cipher huawei
Info: Add a new user.
//设置用户名为 huawei 的服务类型为 PPP
[PPPoe Server-aaa]local-user huawei service-type ppp
```

（3）配置 VT 接口，用于 PPPoE 认证并且分配地址。

```
[PPPoE Server]interface  Virtual-Template 1          //创建 VT 接口
//将网关地址配置在 VT 接口
[PPPoE Server-Virtual-Template1]ip address  100.1.1.1 24
//配置 PPP 的认证类型为 chap
[PPPoE Server-Virtual-Template1]ppp authentication-mode chap
//调用为客户端分配地址的地址池 pool1
[PPPoE Server-Virtual-Template1]remote address pool pool1
```

【提示】

以太网接口不支持 PPP，需要配置虚拟接口 VT。

（4）在以太网接口使能 PPPoE 功能并绑定 VT 接口 1。

```
[PPPoE server]interface  g0/0/0
//设置本设备为 PPPoE 的服务端，并且关联 VT 接口
[PPPoE server-GigabitEthernet0/0/0]PPPoE-server bind virtual-template 1
```

（5）配置 AR1 的 PPPoE Client 拨号功能。

```
[Huawei]sysname PPPoe client
[PPPoE Client]interface Dialer 0
[PPPoE Client-Dialer0]dialer user user1       //使能共享 DDC 功能
[PPPoE Client-Dialer0]dialer bundle 1         //指定该dialer接口的dialer bundle
[PPPoE Client-Dialer0]ppp chap user Huawei    //配置服务器端分配的用户名
[PPPoE Client-Dialer0]ppp chap password cipher huawei //配置服务器端分配的密码
[PPPoE Client-Dialer0]ip address ppp-negotiate //使用 PPP 协商获取 IP 地址
```

（6）建立 PPPoE 会话。

```
[PPPoE Client]interface  g0/0/0
//绑定 dialer 接口的 dialer bundle
[PPPoE Client-GigabitEthernet0/0/0]pppoe-client dial-bundle-number 1
```

（7）查看客户端是否能通过 PPPoE 获取 IP 地址。

```
[PPPoe client]display  ip interface brief
*down: administratively down
^down: standby
(l): loopback
(s): spoofing
The number of interface that is UP in Physical is 4
The number of interface that is DOWN in Physical is 3
The number of interface that is UP in Protocol is 2
The number of interface that is DOWN in Protocol is 5
Interface                      IP Address/Mask      Physical    Protocol
Dialer0                        100.1.1.254/32       up          up(s)
GigabitEthernet0/0/0           unassigned           up          down
GigabitEthernet0/0/1           unassigned           up          down
GigabitEthernet0/0/2           unassigned           down        down
NULL0                          unassigned           up          up(s)
```

通过以上输出结果可以看到，客户端通过 PPPoE 得到了 100.1.1.254 的 IP 地址。

（8）配置 AR1 的 G0/0/1 接口的 IP 地址。

```
[PPPoe client]interface  g0/0/1
[PPPoe client-GigabitEthernet0/0/1]ip address  10.1.1.2 24
```

（9）配置 NAT，让私网的 PC 能够访问公网。

配置 ACL，定义需要地址转换的流量：

```
[PPPoE Client]acl  2000
//匹配需要访问公网的设备流量
[PPPoE Client-acl-basic-2000]rule  permit  source  10.1.1.0 0.0.0.255
```

在接口配置 Easy-IP：

```
[PPPoE Client]interface Dialer 0
[PPPoE Client-Dialer0]nat outbound 2000 //在dialer 0接口调用acl 2000
```

配置默认路由访问公网：

```
//配置默认路由，下一跳出口为dialer接口
[PPPoE Client]ip route-static 0.0.0.0 0 Dialer 0
```

（10）在 PC 1 上测试公网的连通性。

```
PC>ping 100.1.1.1

Ping 100.1.1.1: 32 data bytes, Press Ctrl_C to break
From 100.1.1.1: bytes=32 seq=1 ttl=254 time=15 ms
From 100.1.1.1: bytes=32 seq=2 ttl=254 time=15 ms
From 100.1.1.1: bytes=32 seq=3 ttl=254 time=32 ms
From 100.1.1.1: bytes=32 seq=4 ttl=254 time=15 ms
From 100.1.1.1: bytes=32 seq=5 ttl=254 time=32 ms
```

通过以上输出结果可以看到，私网 PC 也可以使用 NAT 实现对公网的访问。

扫一扫，看视频

15.2　实验二：新华三路由器 PPPoE 的配置

1. 实验目的

（1）了解新华三路由器 ADSL 技术中 PPPoE 的原理。

（2）掌握新华三路由器 ADSL 技术中 PPPoE 的配置方法。

2. 实验拓扑

配置新华三路由器 ADSL 技术中 PPPoE 的实验拓扑如图 15-2 所示。

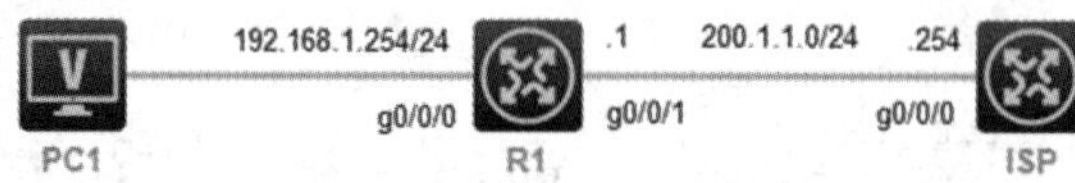

图 15-2　配置新华三路由器 ADSL 技术中 PPPoE 的实验拓扑

3. 实验步骤

（1）配置 ISP 的地址池。

```
[ISP]dhcp  enable
[ISP]ip pool lw
[ISP-ip-pool-lw]network 200.1.1.0 mask 255.255.255.0
[ISP-ip-pool-lw]gateway-list 200.1.1.254
[ISP-ip-pool-lw]dns-list 114.114.114.114
[ISP-ip-pool-lw]quit
```

（2）配置 PPPoE 客户端拨号使用的用户名及密码。

```
[ISP]local-user lw class network
[ISP-luser-network-lw]password simple 1234
[ISP-luser-network-lw]service-type ppp
[ISP-luser-network-lw]quit
[ISP]domain name H3C
[ISP-isp-H3C]authentication ppp local
[ISP-isp-H3C]quit
```

（3）配置 VT 接口，用于 PPPoE 认证并且分配地址。

```
[ISP]interface Virtual-Template 1
[ISP-Virtual-Template1]ppp authentication-mode  chap domain H3C
[ISP-Virtual-Template1]remote address pool lw
[ISP-Virtual-Template1]ip address 200.1.1.254 24
[ISP-Virtual-Template1]quit
```

【提示】

以太网接口不支持 PPP，需要配置虚拟接口 VT。

（4）在以太网接口使能 PPPoE 功能并绑定 VT 接口 1。

```
[ISP]interface g0/0/0
[ISP-GigabitEthernet0/0/0]pppoe-server bind virtual-template 1
[ISP-GigabitEthernet0/0/0]quit
[ISP]interface LoopBack 0
[ISP-LoopBack0]ip address 2.2.2.2 32
[ISP-LoopBack0]quit
```

（5）配置 R1 的 PPPoE Clicnt 拨号功能。

```
[R1]dialer-group  1 rule ip permit
[R1]interface Dialer 1
[R1-Dialer1]ip address ppp-negotiate
[R1-Dialer1]dialer bundle enable     //开启共享 DDR
[R1-Dialer1]dialer-group 1           //配置接口 Dialer1 关联拨号访问组 1
[R1-Dialer1]ppp chap user lw
[R1-Dialer1]ppp chap password simple 1234
[R1-Dialer1]dialer timer idle 0      //设置自动触发拨号链接永久在线
[R1-Dialer1]quit
```

（6）建立 PPPoE 会话。

```
[R1]interface g0/0/1
[R1-GigabitEthernet0/0/1]pppoe-client dial-bundle-number 1
[R1-GigabitEthernet0/0/1]quit
```

（7）查看客户端是否能通过 PPPoE 获取 IP 地址。

```
<R1>display ip int b
*down: administratively down
(s): spoofing  (l): loopback
Interface      Physical Protocol IP Address/Mask   VPN instance Description
Dia1               up       up      200.1.1.10/32      --           --
GE0/0/0            down     down     --                --           --
GE0/0/1            up       up      --                --           --
GE0/0/2            down     down     --                --           --
GE0/0/7            down     down     --                --           --
GE0/0/8            down     down     --                --           --
GE0/0/9            down     down     --                --           --
GE0/0/10           down     down     --                --           --
Ser0/0/3           down     down     --                --           --
Ser0/0/4           down     down     --                --           --
Ser0/0/5           down     down     --                --           --
Ser0/0/6           down     down     --                --           --
```

通过以上输出结果可以看到，客户端通过 PPPoE 得到了 200.1.1.10 的 IP 地址。

（8）配置 R1 的 g0/0/1 接口的 IP 地址。

```
[R1]interface g0/0/0
[R1-GigabitEthernet0/0/0]ip address 192.168.1.254 24
[R1-GigabitEthernet0/0/0]exit
[R1]dhcp  enable
```

```
[R1]ip pool lw
[R1-ip-pool-lw]network 192.168.1.0 mask 255.255.255.0
[R1-ip-pool-lw]gateway-list 192.168.1.254
[R1-ip-pool-lw]dns-list 114.114.114.114
[R1-ip-pool-lw]quit
[R1]ip route-static 0.0.0.0 0.0.0.0 Dialer 1
```

（9）配置 NAT，让 PC1 能够访问公网。

配置 ACL，定义需要地址转换的流量：

```
[R1]access-list basic 2000
[R1-acl-ipv4-basic-2000]rule 10 permit source 192.168.1.0 0.0.0.255
[R1-acl-ipv4-basic-2000]quit
```

在接口配置 Easy-IP：

```
[R1]interface Dialer 1
[R1-Dialer1]nat outbound 2000
[R1-Dialer1]quit
```

（10）在 PC1 上测试公网的连通性，如图 15-3 所示。

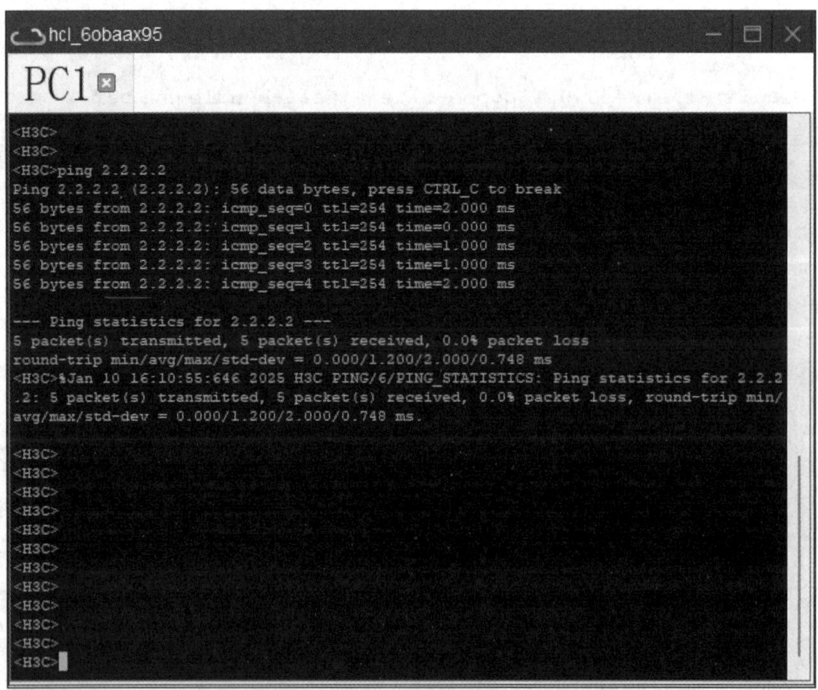

图 15-3　在 PC1 上访问 2.2.2.2

从图 15-3 中可以看到，PC1 也可以使用 NAT 实现对公网的访问。

15.3 实验三：思科路由器 PPPoE 的配置

1. 实验目的

（1）了解思科路由器 ADSL 技术中 PPPoE 的原理。

（2）掌握思科路由器 ADSL 技术中 PPPoE 的配置方法。

2. 实验拓扑

配置思科路由器 ADSL 技术中 PPPoE 的实验拓扑如图 15-4 所示。

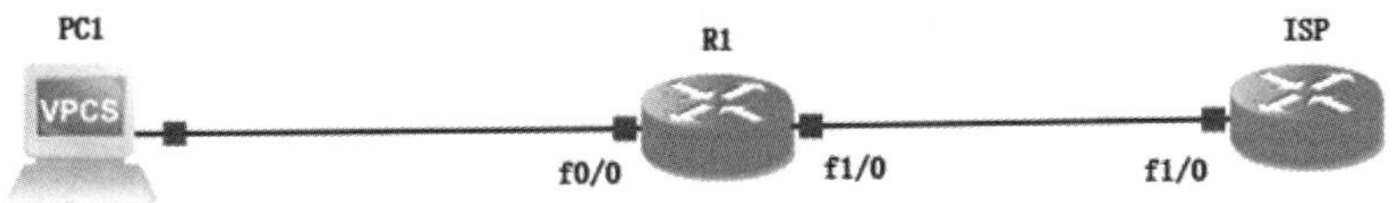

图 15-4 配置思科路由器 ADSL 技术中 PPPoE 的实验拓扑

3. 实验步骤

（1）配置 ISP 的地址池。

```
ISP(config)#ip local pool  joinlabs 200.1.1.10
```

（2）配置 PPPoE 客户端拨号使用的用户名及密码。

```
ISP(config)#username joinlabs password 1234
```

（3）配置 VT 接口，用于 PPPoE 认证并且分配地址。

```
ISP(config)#interface virtual-template 1
ISP(config-if)#ip address 200.1.1.254 255.255.255.0
ISP(config-if)#encapsulation ppp
ISP(config-if)#ppp  authentication pap
ISP(config-if)#peer default ip address pool joinlabs
ISP(config-if)#exit
```

（4）在以太网接口使能 PPPoE 功能并绑定 VT 接口 1。

```
ISP(config)#bba-group pppoe joinlabs
ISP(config-bba-group)#virtual template 1
ISP(config-bba-group)#exit
ISP(config)#int f1/0
ISP(config-if)#no shutdown
ISP(config-if)#pppoe enable group joinlabs
ISP(config-if)#exit
ISP(config)#interface loopback 0
ISP(config-if)#ip address 2.2.2.2 255.255.255.255
ISP(config-if)#exit
```

（5）配置 R1 的 PPPoE Client 拨号功能。

```
R1(config)#interface dialer 0
R1(config-if)#encapsulation ppp
R1(config-if)#ppp pap sent-username joinlabs password 1234
R1(config-if)#ppp ipcp route default
R1(config-if)#ip address negotiated
R1(config-if)#dialer pool 1
R1(config-if)#exit
```

（6）建立 PPPoE 会话。

```
R1(config)#interface f1/0
R1(config-if)#no shutdown
R1(config-if)#pppoe-client dial-pool-number 1
R1(config-if)#exit
```

（7）查看客户端是否能通过 PPPoE 获取 IP 地址。

```
R1#show ip int b
Interface          IP-Address      OK? Method Status                Protocol
FastEthernet0/0    unassigned      YES unset  administratively down down
FastEthernet1/0    unassigned      YES unset  up                    up
Virtual-Access1    unassigned      YES unset  up                    up
Dialer0            200.1.1.10      YES IPCP   up                    up
```

通过以上输出结果可以看到，客户端通过 PPPoE 得到了 200.1.1.10 的 IP 地址。

（8）配置 R1 的 f0/0 接口的 IP 地址。

```
R1(config)#interface f0/0
R1(config-if)#ip address 192.168.1.254 255.255.255.0
R1(config-if)#no shutdown
R1(config-if)#exit
R1(config)#ip dhcp pool  pc
R1(dhcp-config)#network 192.168.1.0 255.255.255.0
R1(dhcp-config)#default-router 192.168.1.254
R1(dhcp-config)#dns 8.8.8.8
R1(dhcp-config)#exit
R1(config)#ip dhcp excluded-address 192.168.1.254
R1(config)#ip route 0.0.0.0 0.0.0.0 dialer 0
```

（9）配置 NAT，让私网的 PC 能够访问公网。

配置 ACL，定义需要地址转换的流量：

```
R1(config)#access-list 1 permit 192.168.1.0 0.0.0.255
```

在接口配置 Easy-IP：

```
R1(config)#ip nat inside source list 1 interface dialer 0 overload
```

配置默认路由访问公网：

```
R1(config)#interface dialer 0
R1(config-if)#ip nat outside
R1(config-if)#exit
R1(config)#interface f0/0
R1(config-if)#ip nat inside
```

```
R1(config-if)#exit
```

（10）在 PC1 上测试公网的连通性，如图 15-5 所示、

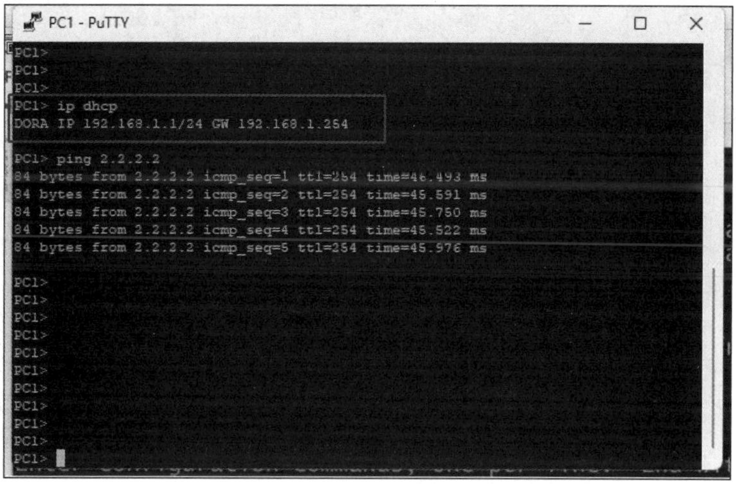

```
PC1 - PuTTY
PC1>
PC1>
PC1>
PC1> ip dhcp
DORA IP 192.168.1.1/24 GW 192.168.1.254

PC1> ping 2.2.2.2
84 bytes from 2.2.2.2 icmp_seq=1 ttl=254 time=46.493 ms
84 bytes from 2.2.2.2 icmp_seq=2 ttl=254 time=45.591 ms
84 bytes from 2.2.2.2 icmp_seq=3 ttl=254 time=45.750 ms
84 bytes from 2.2.2.2 icmp_seq=4 ttl=254 time=45.522 ms
84 bytes from 2.2.2.2 icmp_seq=5 ttl=254 time=45.976 ms

PC1>
PC1>
PC1>
PC1>
PC1>
PC1>
PC1>
PC1>
PC1>
PC1>
PC1>
```

图 15-5　在 PC1 上访问 2.2.2.2

从图 15-5 中可以看到，PC1 也可以使用 NAT 实现对公网的访问。

‖ 项目案例 16 ‖

IPSEC VPN

扫一扫，看视频

16.1 实验一：华为路由器 IPSEC VPN 的配置

1. 实验目的

（1）熟悉华为路由器 IPSEC VPN 的应用场景。

（2）掌握华为路由器 IPSEC VPN 的配置方法。

2. 实验拓扑

配置华为路由器 IPSEC VPN 的实验拓扑如图 16-1 所示。

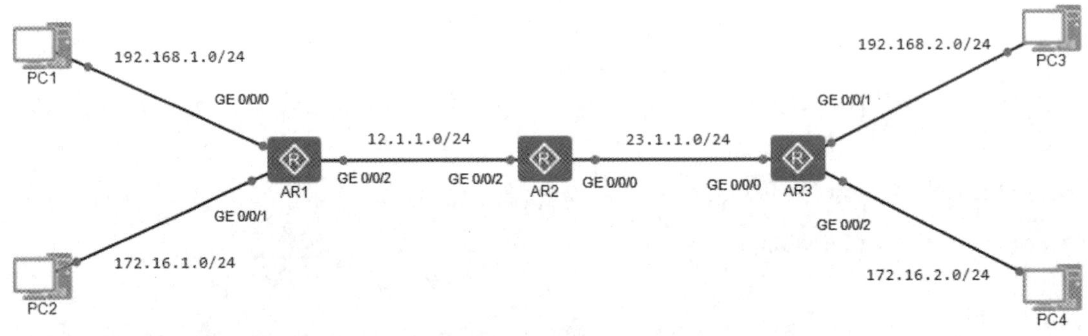

图 16-1 配置华为路由器 IPSEC VPN 的实验拓扑

3. 实验步骤

（1）配置 IP 地址。

PC1 的 IP 地址的配置如图 16-2 所示。

图 16-2　配置 PC1 的 IP 地址

PC2 的 IP 地址的配置如图 16-3 所示。

图 16-3　配置 PC2 的 IP 地址

AR1 的配置：

```
<Huawei>system-view
Enter system view, return user view with Ctrl+Z.
[Huawei]undo info-center enable
Info: Information center is disabled.
[Huawei]sysname AR1
[AR1]interface g0/0/0
[AR1-GigabitEthernet0/0/0]ip address 192.168.1.254 24
```

```
[AR1-GigabitEthernet0/0/0]quit
[AR1]interface g0/0/1
[AR1-GigabitEthernet0/0/1]ip address 172.16.1.254 24
[AR1-GigabitEthernet0/0/1]quit
[AR1]interface g0/0/2
[AR1-GigabitEthernet0/0/2]ip address 12.1.1.1 24
[AR1-GigabitEthernet0/0/2]quit
```

AR2 的配置：

```
<Huawei>system-view
Enter system view, return user view with Ctrl+Z.
[Huawei]undo info-center enable
Info: Information center is disabled.
[Huawei]sysname AR2
[AR2]interface g0/0/2
[AR2-GigabitEthernet0/0/2]ip address 12.1.1.2 24
[AR2-GigabitEthernet0/0/2]quit
[AR2]interface g0/0/0
[AR2-GigabitEthernet0/0/0]ip address 23.1.1.2 24
[AR2-GigabitEthernet0/0/0]quit
[AR2]interface LoopBack 0
[AR2-LoopBack0]ip address 2.2.2.2 32
[AR2-LoopBack0]quit
```

AR3 的配置：

```
<Huawei>system-view
Enter system view, return user view with Ctrl+Z.
[Huawei]undo info-center enable
Info: Information center is disabled.
[Huawei]sysname AR3
[AR3]interface g0/0/0
[AR3-GigabitEthernet0/0/0]ip address 23.1.1.3 24
[AR3-GigabitEthernet0/0/0]quit
[AR3]interface g0/0/1
[AR3-GigabitEthernet0/0/1]ip address 192.168.2.254 24
[AR3-GigabitEthernet0/0/1]quit
[AR3]interface g0/0/2
[AR3-GigabitEthernet0/0/2]ip address 172.16.2.254 24
[AR3-GigabitEthernet0/0/2]quit
```

PC3 的 IP 地址的配置如图 16-4 所示。

PC4 的 IP 地址的配置如图 16-5 所示。

图 16-4　配置 PC3 的 IP 地址

图 16-5　配置 PC4 的 IP 地址

（2）配置网络连通性。

AR1 的配置：

```
[AR1]ip route-static 0.0.0.0 0.0.0.0 12.1.1.2
```

AR3 的配置：

```
[AR3]ip route-static 0.0.0.0 0.0.0.0 23.1.1.2
```

（3）配置 IPSEC VPN。

第一步，定义感兴趣的流量。

AR1 的配置：

```
[AR1]acl 3000
[AR1-acl-adv-3000]rule 10 permit ip source 192.168.1.0 0.0.0.255
destination 192.168.2.0 0.0.0.255
[AR1-acl-adv-3000]quit
```

AR3 的配置：

```
[AR3]acl 3000
[AR3-acl-adv-3000]rule 10 permit ip source 192.168.2.0 0.0.0.255
destination 192.168.1.0 0.0.0.255
[AR3-acl-adv-3000]quit
```

第二步，设置提议。

AR1 的配置：

```
[AR1]ipsec proposal 1
[AR1-ipsec-proposal-1]quit
```

AR3 的配置：

```
[AR3]ipsec proposal 1
[AR3-ipsec-proposal-1]quit
```

在 AR1 上查看提议：

```
[AR1]display ipsec proposal                        //查看 IPSEC VPN 提议
Number of proposals: 1                             //编号为 1
IPSec proposal name: 1                             //名字为 1
 Encapsulation mode: Tunnel                        //封装模式为隧道
 Transform          : esp-new                      //封装为 ESP
 ESP protocol       : Authentication MD5-HMAC-96 //认证模式为 MD5
                    Encryption    DES              //用 DES 加密
```

第三步，设置安全策略。

AR1 的配置：

```
[AR1]ipsec  policy hcip 1 manual
[AR1-ipsec-policy-manual-hcip-1]security acl 3000
[AR1-ipsec-policy-manual-hcip-1]proposal 1
[AR1-ipsec-policy-manual-hcip-1]tunnel local 12.1.1.1
[AR1-ipsec-policy-manual-hcip-1]tunnel remote 23.1.1.3
[AR1-ipsec-policy-manual-hcip-1]sa spi outbound esp 1234
[AR1-ipsec-policy-manual-hcip-1]sa spi inbound esp 4321
[AR1-ipsec-policy-manual-hcip-1]sa string-key inbound esp simple lwljh
[AR1-ipsec-policy-manual-hcip-1]sa string-key outbound esp simple lwljh
```

AR3 的配置：

```
[AR3]ipsec policy hcip 1 manual
[AR3-ipsec-policy-manual-hcip-1]security acl 3000
[AR3-ipsec-policy-manual-hcip-1]proposal 1
[AR3-ipsec-policy-manual-hcip-1]tunnel local 23.1.1.3
[AR3-ipsec-policy-manual-hcip-1]tunnel remote 12.1.1.1
[AR3-ipsec-policy-manual-hcip-1]sa spi outbound esp 4321
[AR3-ipsec-policy-manual-hcip-1]sa spi inbound esp 1234
[AR3-ipsec-policy-manual-hcip-1]sa string-key inbound esp simple lwljh
[AR3-ipsec-policy-manual-hcip-1]sa string-key outbound esp simple lwljh
[AR3-ipsec-policy-manual-hcip-1]quit
```

查看策略：

```
[AR1]display ipsec policy                          //查看 IPSEC 的策略

===========================================
IPSec policy group: "hcip"
Using interface:
===========================================

   Sequence number: 1
   Security data flow: 3000
   Tunnel local  address: 12.1.1.1
   Tunnel remote address: 23.1.1.3
   Qos pre-classify: Disable
   Proposal name:1
   Inbound AH setting:
    AH SPI:
    AH string-key:
    AH authentication hex key:
   Inbound ESP setting:
    ESP SPI: 4321 (0x10e1)
    ESP string-key: lwljh
    ESP encryption hex key:
    ESP authentication hex key:
   Outbound AH setting:
    AH SPI:
    AH string-key:
    AH authentication hex key:
   Outbound ESP setting:
    ESP SPI: 1234 (0x4d2)
    ESP string-key: lwljh
    ESP encryption hex key:
    ESP authentication hex key:
```

第四步，在接口下调用。

AR1 的配置：

```
[AR1]interface g0/0/2
[AR1-GigabitEthernet0/0/2]ipsec policy hcip
[AR1-GigabitEthernet0/0/2]quit
```

AR3 的配置：

```
[AR3]interface g0/0/0
[AR3-GigabitEthernet0/0/0]ipsec policy hcip
[AR3-GigabitEthernet0/0/0]quit
```

4. 实验调试

（1）在 PC1 上访问 192.168.2.1，配置如图 16-6 所示。

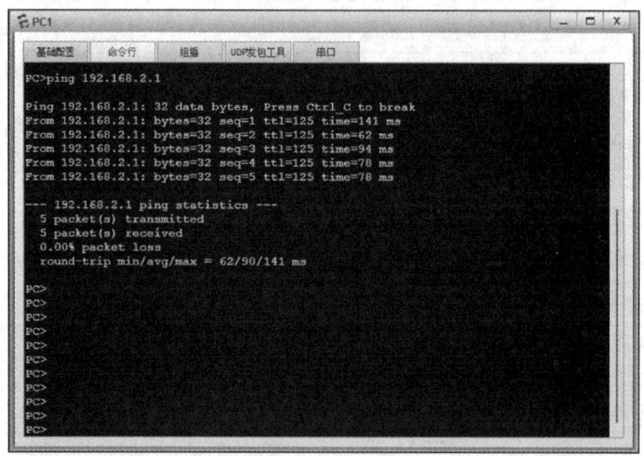

图 16-6　在 PC1 上访问 192.168.2.1

（2）在 AR1 的 GE0/0/2 接口抓包。

抓包截图如图 16-7 所示。

```
12 551.032000   12.1.1.1   23.1.1.3   …   126 ESP (SPI=0x000004d2)
13 551.047000   23.1.1.3   12.1.1.1   …   126 ESP (SPI=0x000010e1)
14 552.063000   12.1.1.1   23.1.1.3   …   126 ESP (SPI=0x000004d2)
15 552.079000   23.1.1.3   12.1.1.1   …   126 ESP (SPI=0x000010e1)
16 553.079000   12.1.1.1   23.1.1.3   …   126 ESP (SPI=0x000004d2)
17 553.110000   23.1.1.3   12.1.1.1   …   126 ESP (SPI=0x000010e1)
18 554.110000   12.1.1.1   23.1.1.3   …   126 ESP (SPI=0x000004d2)
19 554.125000   23.1.1.3   12.1.1.1   …   126 ESP (SPI=0x000010e1)

> Frame 15: 126 bytes on wire (1008 bits), 126 bytes captured (1008 bits) on interface 0
> Ethernet II, Src: HuaweiTe_eb:6b:eb (00:e0:fc:eb:6b:eb), Dst: HuaweiTe_8b:21:57 (00:e0:fc:8b:21:57)
> Internet Protocol Version 4, Src: 23.1.1.3, Dst: 12.1.1.1
> Encapsulating Security Payload
```

图 16-7　IPSEC VPN 数据包

通过以上输出可以看到，数据都加密了。

扫一扫，看视频

16.2　实验二：新华三路由器 IPSEC VPN 的配置

1．实验目的

（1）熟悉新华三路由器 IPSEC VPN 的应用场景。

（2）掌握新华三路由器 IPSEC VPN 的配置方法。

2．实验拓扑

配置新华三路由器 IPSEC VPN 的实验拓扑如图 16-8 所示。

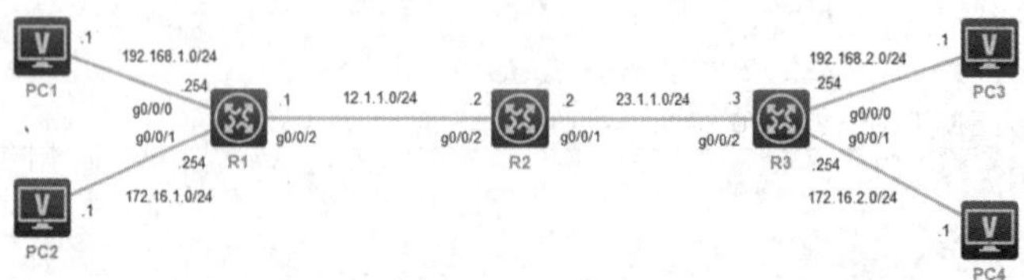

图 16-8　配置新华三路由器 IPSEC VPN 的实验拓扑

3. 实验步骤

（1）配置 IP 地址。

PC1 的 IP 地址的配置如图 16-9 所示。

PC2 的 IP 地址的配置如图 16-10 所示。

图 16-9　配置 PC1 的 IP 地址

图 16-10　配置 PC2 的 IP 地址

R1 的配置：

```
[R1]interface  g0/0/2
[R1-GigabitEthernet0/0/2]ip address 12.1.1.1 24
[R1-GigabitEthernet0/0/2]quit
[R1]interface g0/0/0
[R1-GigabitEthernet0/0/0]ip address 192.168.1.254 24
[R1-GigabitEthernet0/0/0]quit
[R1]interface g0/0/1
[R1-GigabitEthernet0/0/1]ip address 172.16.1.254 24
[R1-GigabitEthernet0/0/1]quit
```

R2 的配置：

```
[R2]interface g0/0/2
[R2-GigabitEthernet0/0/2]ip address 12.1.1.2 24
[R2-GigabitEthernet0/0/2]quit
[R2]interface g0/0/1
[R2-GigabitEthernet0/0/1]ip address 23.1.1.2 24
[R2-GigabitEthernet0/0/1]quit
[R2]interface LoopBack 0
[R2-LoopBack0]ip address 2.2.2.2 32
[R2-LoopBack0]quit
```

R3 的配置：

```
[R3]interface g0/0/2
[R3-GigabitEthernet0/0/2]ip address 23.1.1.3 24
[R3-GigabitEthernet0/0/2]quit
[R3]interface g0/0/0
[R3-GigabitEthernet0/0/0]ip address 192.168.2.254 24
[R3-GigabitEthernet0/0/0]quit
[R3]interface g0/0/1
[R3-GigabitEthernet0/0/1]ip address 172.16.2.254 24
[R3-GigabitEthernet0/0/1]quit
```

PC3 的 IP 地址的配置如图 16-11 所示。

PC4 的 IP 地址的配置如图 16-12 所示。

图 16-11 配置 PC3 的 IP 地址

图 16-12 配置 PC4 的 IP 地址

（2）配置网络连通性。

R1 的配置：

```
[R1]ip route-static 0.0.0.0 0.0.0.0 12.1.1.2
```

R3 的配置：

```
[R3]ip route-static 0.0.0.0 0.0.0.0 23.1.1.2
```

（3）配置 IPSEC VPN。

第一步，定义感兴趣的流量

R1 的配置：

```
[R1-acl-ipv4-adv-3000]rule 10 permit ip source 192.168.1.0 0.0.0.255 destination
 192.168.2.0 0.0.0.255
```

R3 的配置：

```
[R3-acl-ipv4-adv-3000]rule 10 permit ip source 192.168.2.0 0.0.0.255 destination
 192.168.1.0 0.0.0.255
```

第二步，设置提议。

R1 的配置：

```
[R1]ipsec transform-set joinlabs                       //创建 IPSEC 安全提议 tran1
//配置安全协议对 IP 报文的封装形式为隧道模式
[R1-ipsec-transform-set-joinlabs]encapsulation-mode tunnel
[R1-ipsec-transform-set-joinlabs]protocol esp    //配置采用的安全协议为 ESP
//配置 ESP 协议采用的加密算法为 128 位的 AES
[R1-ipsec-transform-set-joinlabs]esp encryption-algorithm  aes-cbc-128
//认证算法为 HMAC-SHA1
[R1-ipsec-transform-set-joinlabs]esp authentication-algorithm sha1
[R1-ipsec-transform-set-joinlabs]quit
```

R3 的配置：

```
[R3]ipsec  transform-set joinlabs
[R3-ipsec-transform-set-joinlabs]encapsulation-mode tunnel
[R3-ipsec-transform-set-joinlabs]protocol esp
[R3-ipsec-transform-set-joinlabs]esp encryption-algorithm aes-cbc-128
[R3-ipsec-transform-set-joinlabs]esp authentication-algorithm sha1
[R3-ipsec-transform-set-joinlabs]quit
```

在 R1 上查看提议：

```
<R1>display ipsec transform-set
IPsec transform set: joinlabs
  State: complete
  Encapsulation mode: tunnel
  ESN: Disabled
  PFS:
  Transform: ESP
  ESP protocol:
    Integrity: SHA1
    Encryption: AES-CBC-128
```

第三步，设置安全策略。

R1 的配置：

```
[R1]ike keychain lw
[R1-ike-keychain-lw]pre-shared-key address 23.1.1.3 255.255.255.0 key simple 123
4
[R1]ike profile ljh                //创建并配置 IKE profile，名称为 profile1:
[R1-ike-profile-ljh]keychain  lw
[R1-ike-profile-ljh]local-identity address 12.1.1.1
[R1-ike-profile-ljh]match remote  identity address 23.1.1.3 24
[R1-ike-profile-ljh]quit
//创建一条 IKE 协商方式的 IPSEC 安全策略，名称为 map1，顺序号为 10
[R1]ipsec  policy lxl 10 isakmp
//配置 IPSEC 隧道的对端 IP 地址为 2.2.2.1
[R1-ipsec-policy-isakmp-lxl-10]remote-address 23.1.1.3
[R1-ipsec-policy-isakmp-lxl-10]security acl 3000     //ACL 3000
```

```
//指定引用的安全提议为tran1
[R1-ipsec-policy-isakmp-lxl-10]transform-set joinlabs
//指定引用的 IKE profile 为 profile1
[R1-ipsec-policy-isakmp-lxl-10]ike-profile ljh
[R1-ipsec-policy-isakmp-lxl-10]quit
```

R3 的配置：

```
[R3]ike keychain lw
[R3-ike-keychain-lw]pre-shared-key address 12.1.1.1 24 key simple 1234
[R3-ike-keychain-lw]quit
[R3]ike profile ljh
[R3-ike-profile-ljh]keychain  lw
[R3-ike-profile-ljh]local-identity address 23.1.1.3
[R3-ike-profile-ljh]match remote  identity  address 12.1.1.1 24
[R3-ike-profile-ljh]quit
[R3]ipsec  policy lxl 10 isakmp
[R3-ipsec-policy-isakmp-lxl-10]remote-address 12.1.1.1
[R3-ipsec-policy-isakmp-lxl-10]security acl 3000
[R3-ipsec-policy-isakmp-lxl-10]transform-set joinlabs
[R3-ipsec-policy-isakmp-lxl-10]ike-profile ljh
[R3-ipsec-policy-isakmp-lxl-10]quit
```

查看策略：

```
[R1]display  ipsec policy
-------------------------------------------
IPsec Policy: lxl
-------------------------------------------

  -----------------------------
  Sequence number: 10
  Mode: ISAKMP
  -----------------------------
  Traffic Flow Confidentiality: Disabled
  Security data flow: 3000
  Selector mode: standard
  Local address:
  Remote address: 23.1.1.3
  Transform set:  joinlabs
  IKE profile: ljh
  IKEv2 profile:
  SA duration(time based): 3600 seconds
  SA duration(traffic based): 1843200 kilobytes
  SA idle time:
```

第四步，在接口下调用 IPSEC。

R1 的配置：

```
[R1]interface g0/0/2
```

```
[R1-GigabitEthernet0/0/2]ipsec apply policy lxl
```

R3 的配置：

```
[R3]interface g0/0/2
[R3-GigabitEthernet0/0/2]ipsec  apply policy lxl
```

4. 实验调试

（1）在 PC1 上访问 192.168.2.1，配置如图 16-13 所示。

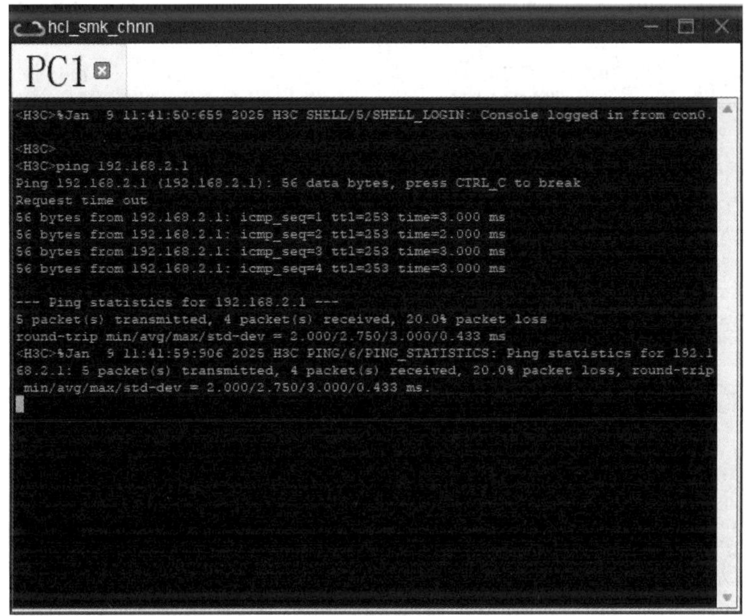

图 16-13　在 PC1 上访问 192.168.2.1

（2）在 R1 的 g0/0/2 接口抓包。

```
[R1]display ipsec sa
-------------------------------
Interface: GigabitEthernet0/0/2
-------------------------------


  -----------------------------
  IPsec policy: lxl
  Sequence number: 10
  Mode: ISAKMP
  -----------------------------
    Tunnel id: 0
    Encapsulation mode: tunnel
    Perfect Forward Secrecy:
    Inside VPN:
    Extended Sequence Numbers enable: N
```

```
Traffic Flow Confidentiality enable: N
Transmitting entity: Initiator
Path MTU: 1428
Tunnel:
    local  address: 12.1.1.1
    remote address: 23.1.1.3
Flow:
    sour addr: 192.168.1.0/255.255.255.0  port: 0  protocol: ip
    dest addr: 192.168.2.0/255.255.255.0  port: 0  protocol: ip
[Inbound ESP SAs]
  SPI: 924155223 (0x37157d57)
  Connection ID: 4294967296
  Transform set: ESP-ENCRYPT-AES-CBC-128 ESP-AUTH-SHA1
  SA duration (kilobytes/sec): 1843200/3600
  SA remaining duration (kilobytes/sec): 1843199/3542
  Max received sequence-number: 4
  Anti-replay check enable: Y
  Anti-replay window size: 64
  UDP encapsulation used for NAT traversal: N
  Status: Active
[Outbound ESP SAs]
  SPI: 218249012 (0x0d023734)
  Connection ID: 4294967297
  Transform set: ESP-ENCRYPT-AES-CBC-128 ESP-AUTH-SHA1
  SA duration (kilobytes/sec): 1843200/3600
  SA remaining duration (kilobytes/sec): 1843199/3542
  Max sent sequence-number: 4
  UDP encapsulation used for NAT traversal: N
  Status: Active
```

抓包截图如图 16-14 所示。

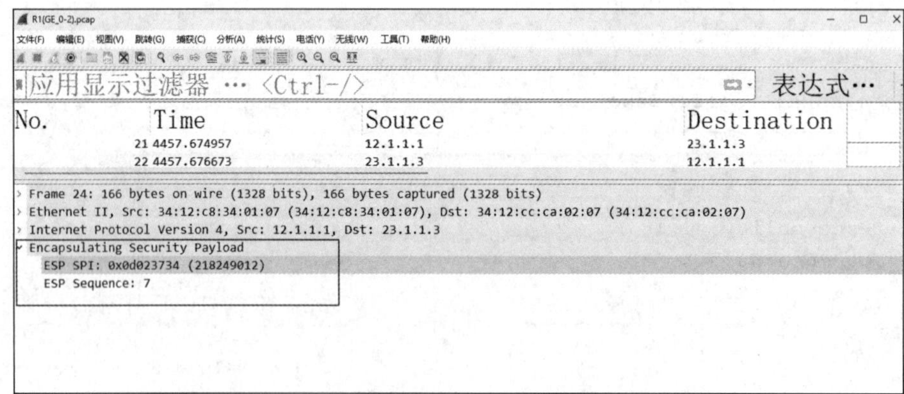

图 16-14　IPSEC VPN 数据包

通过以上输出结果可以看到，数据都加密了。

16.3 实验三：思科路由器 IPSEC VPN 的配置

扫一扫，看视频

1. 实验目的

（1）熟悉思科路由器 IPSEC VPN 的应用场景。

（2）掌握思科路由器 IPSEC VPN 的配置方法。

2. 实验拓扑

配置思科路由器 IPSEC VPN 的实验拓扑如图 16-15 所示。

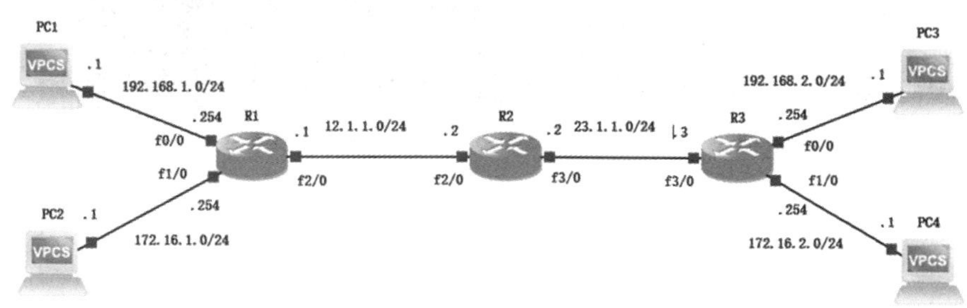

图 16-15 配置思科路由器 IPSEC VPN 的实验拓扑

3. 实验步骤

（1）配置 IP 地址。

PC1 的 IP 地址的配置如图 16-16 所示。

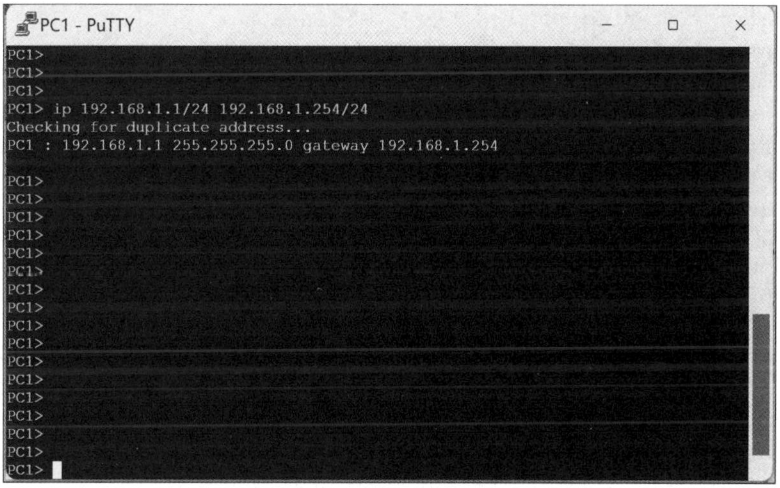

```
PC1 - PuTTY
PC1>
PC1>
PC1>
PC1> ip 192.168.1.1/24 192.168.1.254/24
Checking for duplicate address...
PC1 : 192.168.1.1 255.255.255.0 gateway 192.168.1.254

PC1>
PC1>
PC1>
PC1>
PC1>
PC1>
PC1>
PC1>
PC1>
PC1>
PC1>
PC1>
PC1>
PC1>
PC1>
PC1>
PC1>
```

图 16-16 配置 PC1 的 IP 地址

PC2 的 IP 地址的配置如图 16-17 所示。

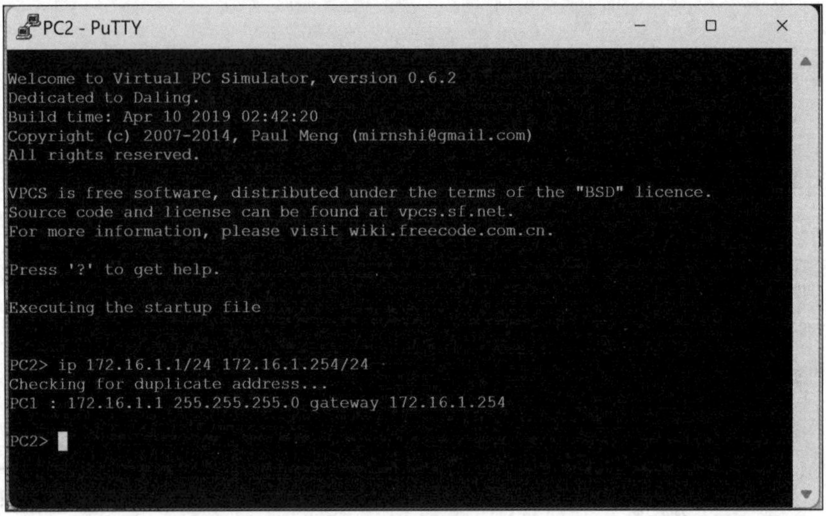

```
Welcome to Virtual PC Simulator, version 0.6.2
Dedicated to Daling.
Build time: Apr 10 2019 02:42:20
Copyright (c) 2007-2014, Paul Meng (mirnshi@gmail.com)
All rights reserved.

VPCS is free software, distributed under the terms of the "BSD" licence.
Source code and license can be found at vpcs.sf.net.
For more information, please visit wiki.freecode.com.cn.

Press '?' to get help.

Executing the startup file


PC2> ip 172.16.1.1/24 172.16.1.254/24
Checking for duplicate address...
PC1 : 172.16.1.1 255.255.255.0 gateway 172.16.1.254

PC2>
```

图 16-17　配置 PC2 的 IP 地址

R1 的配置：

```
R1#configure terminal
R1(config)#interface f0/0
R1(config-if)#ip address 192.168.1.254 255.255.255.0
R1(config-if)#no shutdown
R1(config-if)#exit
R1(config)#interface f1/0
R1(config-if)#ip address 172.16.1.254 255.255.255.0
R1(config-if)#no shutdown
R1(config-if)#exit
R1(config)#interface f2/0
R1(config-if)#ip address 12.1.1.1 255.255.255.0
R1(config-if)#no shutdown
R1(config-if)#exit
R1(config)#interface loopback 0
R1(config-if)#ip address 1.1.1.1 255.255.255.255
R1(config-if)#exit
```

R2 的配置：

```
R2#configure terminal
R2(config)#interface f2/0
R2(config-if)#ip address 12.1.1.2 255.255.255.0
R2(config-if)#no shutdown
R2(config-if)#exit
R2(config)#interface f3/0
R2(config-if)#ip address 23.1.1.2 255.255.255.0
R2(config-if)#no shutdown
R2(config-if)#exit
R2(config)#interface loopback 0
```

```
R2(config-if)#ip address 2.2.2.2 255.255.255.255
R2(config-if)#exit
```

R3 的配置：

```
R3#configure terminal
R3(config)#interface f3/0
R3(config-if)#ip address 23.1.1.3 255.255.255.0
R3(config-if)#no shutdown
R3(config-if)#exit
R3(config)#interface f0/0
R3(config-if)#ip address 192.168.2.254 255.255.255.0
R3(config-if)#no shutdown
R3(config-if)#exit
R3(config)#interface f1/0
R3(config-if)#ip address 172.16.2.254 255.255.255.0
R3(config-if)#no shutdown
R3(config-if)#exit
R3(config)#interface loopback 0
R3(config-if)#ip address 3.3.3.3 255.255.255.255
R3(config-if)#exit
```

PC3 的 IP 地址的配置如图 16-18 所示。

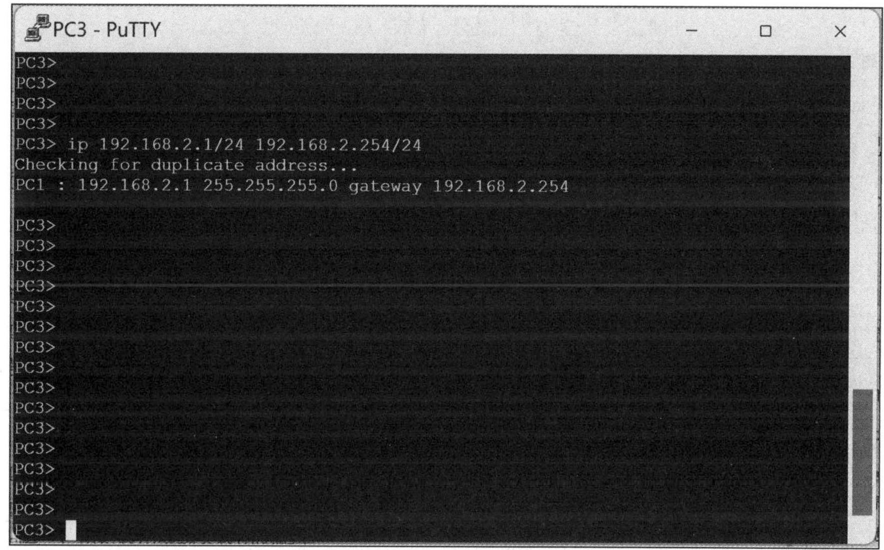

图 16-18 配置 PC3 的 IP 地址

PC4 的 IP 地址的配置如图 16-19 所示。

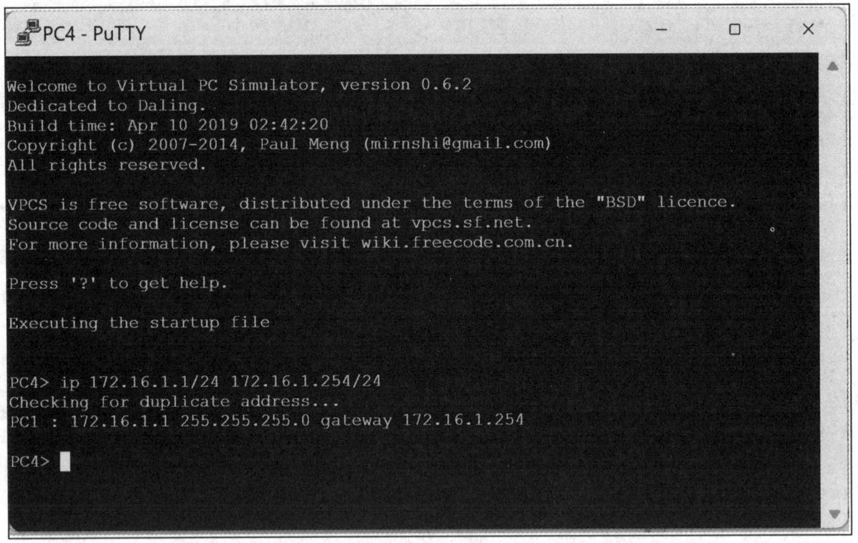

图 16-19　配置 PC4 的 IP 地址

（2）配置网络连通性。

R1 的配置：

```
R1(config)#ip route 0.0.0.0 0.0.0.0 12.1.1.2
```

R3 的配置：

```
R3(config)#ip route 0.0.0.0 0.0.0.0 23.1.1.2
```

（3）配置 IPSEC VPN。

第一步，定义感兴趣的流量。

R1 的配置：

```
R1(config)# access-list 100 permit ip 192.168.1.0 0.0.0.255 192.168.2.0 0.0.0.255
```

R3 的配置：

```
R3(config)# access-list 100 permit ip 192.168.2.0 0.0.0.255 192.168.1.0 0.0.0.255
```

第二步，创建 IKE 的策略。

R1 的配置：

```
R1(config)#crypto isakmp policy 10               //创建 IKE 的策略，优先级为 10
R1(config-isakmp)#encryption 3des                //用 3des 加密
R1(config-isakmp)#authentication pre-share       //身份认证用预共享密钥
R1(config-isakmp)#hash md5                       //配置完整性校验方式为 md5
R1(config-isakmp)#group 5                        //设置 DH 组 5
R1(config-isakmp)#exit
//配置与共享密钥为 joinlabs，对方的密钥也要是一致才能匹配成功，才能协商 IKE SA
R1(config)#crypto isakmp key 0 joinlabs address 23.1.1.3
```

R3 的配置：

```
R3(config)#crypto isakmp policy 10
R3(config-isakmp)#encryption 3des
R3(config-isakmp)#authentication pre-share
R3(config-isakmp)#hash md5
R3(config-isakmp)#group 5
R3(config-isakmp)#exit
R3(config)#crypto isakmp key 0 joinlabs address 12.1.1.1
```

在 R1 上查看提议：

```
R1#show crypto  isakmp policy
Global IKE policy
Protection suite of priority 10
      encryption algorithm:   Three key triple DES
      hash algorithm:         Message Digest 5
      authentication method:  Pre-Shared Key
      Diffie-Hellman group:   #5 (1536 bit)
      lifetime:               86400 seconds, no volume limit
Default protection suite
      encryption algorithm:   DES - Data Encryption Standard (56 bit keys).
      hash algorithm:         Secure Hash Standard
      authentication method:  Rivest-Shamir-Adleman Signature
      Diffie-Hellman group:   #1 (768 bit)
      lifetime:               86400 seconds, no volume limit
```

第三步，设置安全策略。

R1 的配置：

```
R1(config)#crypto ipsec transform-set lw esp-3des esp-sha-hmac
R1(cfg-crypto-trans)#mode tunnel
R1(cfg-crypto-trans)#exit
R1(config)#crypto map ljh 10 ipsec-isakmp
R1(config-crypto-map)#match address 100
R1(config-crypto-map)#set peer 23.1.1.3
R1(config-crypto-map)#set transform-set lw
R1(config-crypto-map)#exit
```

R3 的配置：

```
R3(config)#crypto ipsec transform-set lw esp-3des esp-sha-hmac
R3(cfg-crypto-trans)#mode tunnel
R3(cfg-crypto-trans)#exit
R3(config)#crypto map ljh 10 ipsec-isakmp
R3(config-crypto-map)#match address 100
R3(config-crypto-map)#set peer 12.1.1.1
R3(config-crypto-map)#set transform-set lw
R3(config-crypto-map)#exit
```

第四步，在接口下调用 MAP。

R1 的配置：

```
R1(config)#interface f2/0
R1(config-if)#crypto map ljh
R1(config-if)#exit
```

R3 的配置：

```
R3(config)#interface f3/0
R3(config-if)#crypto map ljh
R3(config-if)#exit
```

4. 实验调试

（1）在 PC1 上访问 192.168.2.1，配置如图 16-20 所示。

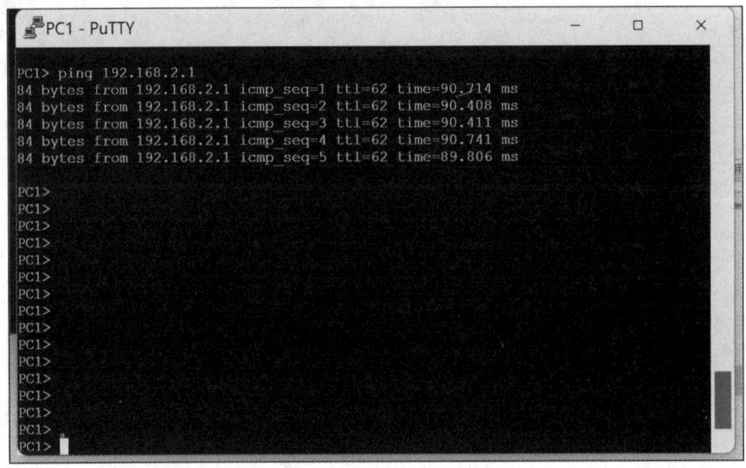

图 16-20　在 PC1 上访问 192.168.2.1

（2）在 R1 的 f2/0 接口抓包。

抓包截图如图 16-21 所示。

```
12 551.032000   12.1.1.1    23.1.1.3    …   126 ESP (SPI=0x000004d2)
13 551.047000   23.1.1.3    12.1.1.1    …   126 ESP (SPI=0x000010e1)
14 552.063000   12.1.1.1    23.1.1.3    …   126 ESP (SPI=0x000004d2)
15 552.079000   23.1.1.3    12.1.1.1    …   126 ESP (SPI=0x000010e1)
16 553.079000   12.1.1.1    23.1.1.3    …   126 ESP (SPI=0x000004d2)
17 553.110000   23.1.1.3    12.1.1.1    …   126 ESP (SPI=0x000010e1)
18 554.110000   12.1.1.1    23.1.1.3    …   126 ESP (SPI=0x000004d2)
19 554.125000   23.1.1.3    12.1.1.1    …   126 ESP (SPI=0x000010e1)

> Frame 15: 126 bytes on wire (1008 bits), 126 bytes captured (1008 bits) on interface 0
> Ethernet II, Src: HuaweiTe_eb:6b:eb (00:e0:fc:eb:6b:eb), Dst: HuaweiTe_8b:21:57 (00:e0:fc:8b:21:57)
> Internet Protocol Version 4, Src: 23.1.1.3, Dst: 12.1.1.1
> Encapsulating Security Payload
```

图 16-21　IPSEC VPN 数据包

通过以上输出结果可以看到，数据都加密了。

第五篇

综合项目案例

‖ 项目案例 17 ‖

中小型企业项目案例

扫一扫，看视频

17.1　实验一：华为中小型企业项目案例

1. 实验目的

（1）熟悉华为交换机和路由器的应用场景。

（2）掌握华为交换机和路由器的配置方法。

2. 实验拓扑

华为中小型企业项目的实验拓扑如图 17-1 所示。

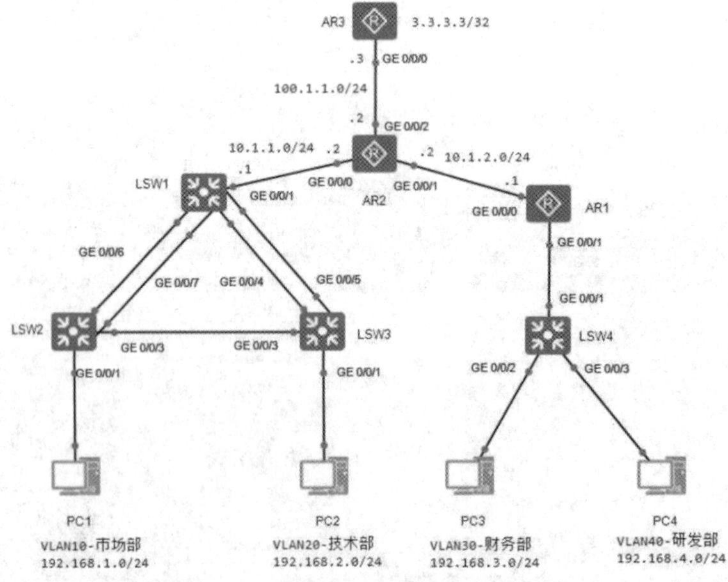

图 17-1　华为中小型企业项目的实验拓扑

3. 实验配置

（1）市场部和技术部的配置。

①创建 VLAN。

LSW1 的配置：

```
[LSW1]vlan batch 10 20
[LSW1]quit
```

LSW2 的配置：

```
[LSW2]vlan batch 10 20
[LSW2]QUIT
```

LSW3 的配置：

```
[LSW3]vlan batch 10 20
[LSW3]quit
```

②把接口划入 VLAN。

LSW2 的配置：

```
[LSW2]interface g0/0/1
[LSW2-GigabitEthernet0/0/1]port link-type access
[LSW2-GigabitEthernet0/0/1]port default vlan 10
[LSW2-GigabitEthernet0/0/1]quit
```

LSW3 的配置：

```
[LSW3]interface g0/0/1
[LSW3-GigabitEthernet0/0/1]port link-type access
[LSW3-GigabitEthernet0/0/1]port default vlan 20
[LSW3-GigabitEthernet0/0/1]quit
```

③设置 Trunk。

LSW2 的配置：

```
[LSW2]interface g0/0/3
[LSW2-GigabitEthernet0/0/3]port link-type trunk
[LSW2-GigabitEthernet0/0/3]port trunk allow-pass vlan 10 20
[LSW2-GigabitEthernet0/0/3]quit
```

LSW3 的配置：

```
[LSW3]interface g0/0/3
[LSW3-GigabitEthernet0/0/3]port link-type trunk
[LSW3-GigabitEthernet0/0/3]port trunk allow-pass vlan 10 20
[LSW3-GigabitEthernet0/0/3]quit
```

④设置以太网通道。

LSW1 的配置：

```
[LSW1]interface Eth-Trunk 1
[LSW1-Eth-Trunk1]trunkport GigabitEthernet 0/0/6 to 0/0/7
[LSW1-Eth-Trunk1]port link-type trunk
[LSW1-Eth-Trunk1]port trunk allow-pass vlan 10 20
```

```
[LSW1-Eth-Trunk1]quit
[LSW1]interface Eth-Trunk 2
[LSW1-Eth-Trunk2]trunkport GigabitEthernet 0/0/4 to 0/0/5
[LSW1-Eth-Trunk2]port link-type trunk
[LSW1-Eth-Trunk2]port trunk allow-pass vlan 10 20
[LSW1-Eth-Trunk2]quit
```

LSW2 的配置：

```
[LSW2]interface Eth-Trunk 1
[LSW2-Eth-Trunk1]trunkport GigabitEthernet 0/0/6 to 0/0/7
[LSW2-Eth-Trunk1]port link-type trunk
[LSW2-Eth-Trunk1]port trunk allow-pass vlan 10 20
[LSW2-Eth-Trunk1]quit
```

LSW3 的配置：

```
[LSW3]interface Eth-Trunk 2
[LSW3-Eth-Trunk2]trunkport GigabitEthernet 0/0/4 to 0/0/5
[LSW3-Eth-Trunk2]port link-type trunk
[LSW3-Eth-Trunk2]port trunk allow-pass vlan 10 20
[LSW3-Eth-Trunk2]quit
```

在 LSW1 上查看 Eth-Trunk 1 的信息：

```
[LSW1]display interface Eth-Trunk 1
Eth-Trunk1 current state : UP
Line protocol current state : UP
Description:
Switch Port, PVID :  1, Hash arithmetic : According to SIP-XOR-DIP,Maximal BW:
 2G, Current BW: 2G, The Maximum Frame Length is 9216
IP Sending Frames' Format is PKTFMT_ETHNT_2, Hardware address is 4c1f-cce0-2ec8
Current system time: 2025-01-22 15:17:12-08:00
    Input bandwidth utilization  :    0%
    Output bandwidth utilization :    0%
-----------------------------------------------------
PortName                      Status     Weight
-----------------------------------------------------
GigabitEthernet0/0/6            UP          1
GigabitEthernet0/0/7            UP          1
-----------------------------------------------------
The Number of Ports in Trunk : 2
The Number of UP Ports in Trunk : 2
```

通过以上输出结果可以看到，eth-trunk 1 带宽为 2G。

在 LSW1 上查看 Eth-Trunk 2 的信息：

```
[LSW1]display interface Eth-Trunk 2
Eth-Trunk2 current state : UP
Line protocol current state : UP
Description:
Switch Port, PVID :   1, Hash arithmetic : According to SIP-XOR-DIP,Maximal BW:
```

```
 2G, Current BW: 2G, The Maximum Frame Length is 9216
IP Sending Frames' Format is PKTFMT_ETHNT_2, Hardware address is 4c1f-cce0-2ec8
Current system time: 2025-01-22 15:18:09-08:00
    Input bandwidth utilization  :    0%
    Output bandwidth utilization :    0%
-----------------------------------------------------
PortName                      Status      Weight
-----------------------------------------------------
GigabitEthernet0/0/4            UP          1
GigabitEthernet0/0/5            UP          1
-----------------------------------------------------
The Number of Ports in Trunk : 2
The Number of UP Ports in Trunk : 2
```

通过以上输出结果可以看到，Eth-Trunk 2 带宽为 2G。

⑤开启 STP。

LSW1 的配置：

```
[LSW1]stp root primary
```

LSW2 的配置：

```
[LSW2]stp root secondary
```

在 LSW3 上查看 STP 的信息：

```
<LSW3>display stp brief
 MSTID  Port                        Role  STP State     Protection
   0    GigabitEthernet0/0/1        DESI  FORWARDING      NONE
   0    GigabitEthernet0/0/3        ALTE  DISCARDING      NONE
   0    Eth-Trunk2                  ROOT  FORWARDING      NONE
```

通过以上输出结果可以看到，LSW3 的 GE0/0/3 阻塞了。

⑥设置 DHCP。

LSW1 的配置：

```
[LSW1]dhcp enable
[LSW1]ip pool vlan10
[LSW1-ip-pool-vlan10]network 192.168.1.0 mask 24
[LSW1-ip-pool-vlan10]dns-list 8.8.8.8
[LSW1-ip-pool-vlan10]gateway-list 192.168.1.1
[LSW1-ip-pool-vlan10]quit
[LSW1]interface Vlanif 10
[LSW1-Vlanif10]ip address 192.168.1.1 24
[LSW1-Vlanif10]dhcp select global
[LSW1-Vlanif10]quit
[LSW1]interface Vlanif 20
[LSW1-Vlanif20]ip address 192.168.2.1 24
[LSW1-Vlanif20]dhcp select interface
[LSW1-Vlanif20]dhcp server dns-list 8.8.8.8
[LSW1-Vlanif20]quit
```

在 PC1 上通过 DHCP 获得 IP 地址，如图 17-2 所示。

```
PC1
基础配置 命令行 组播 UDP发包工具 串口
Welcome to use PC Simulator!

PC>ipconfig

Link local IPv6 address...........: fe80::5689:98ff:fe3a:7735
IPv6 address......................: :: / 128
IPv6 gateway......................: ::
IPv4 address......................: 192.168.1.254
Subnet mask.......................: 255.255.255.0
Gateway...........................: 192.168.1.1
Physical address..................: 54-89-98-3A-77-35
DNS server........................: 8.8.8.8


PC>
```

图 17-2　在 PC1 上通过 DHCP 获得 IP 地址

在 PC2 上通过 DHCP 获得 IP 地址，如图 17-3 所示。

图 17-3　在 PC2 上通过 DHCP 获得 IP 地址

（2）财务部和研发部的配置。

①创建 VLAN。

```
[LSW4]vlan batch 30 40
```

②把接口划入 VLAN。

```
[LSW4]interface g0/0/2
[LSW4-GigabitEthernet0/0/2]port link-type access
[LSW4-GigabitEthernet0/0/2]port default vlan 30
[LSW4-GigabitEthernet0/0/2]quit
[LSW4]interface g0/0/3
```

```
[LSW4-GigabitEthernet0/0/3]port link-type access
[LSW4-GigabitEthernet0/0/3]port default vlan 40
[LSW4-GigabitEthernet0/0/3]quit
```

③设置 Trunk。

```
[LSW4]interface g0/0/1
[LSW4-GigabitEthernet0/0/1]port link-type trunk
[LSW4-GigabitEthernet0/0/1]port trunk allow-pass vlan 30 40
[LSW4-GigabitEthernet0/0/1]quit
```

④设置 DHCP。

```
[AR1]interface g0/0/1.30
[AR1-GigabitEthernet0/0/1.30]dot1q termination vid 30
[AR1-GigabitEthernet0/0/1.30]ip address 192.168.3.1 24
[AR1-GigabitEthernet0/0/1.30]arp broadcast enable
[AR1-GigabitEthernet0/0/1.30]quit
[AR1]interface g0/0/1.40
[AR1-GigabitEthernet0/0/1.40]dot1q termination vid 40
[AR1-GigabitEthernet0/0/1.40]ip address 192.168.4.1 24
[AR1-GigabitEthernet0/0/1.40]arp broadcast enable
[AR1-GigabitEthernet0/0/1.40]quit
[AR1]dhcp enable
[AR1]interface g0/0/1.30
[AR1-GigabitEthernet0/0/1.30]dhcp  select interface
[AR1-GigabitEthernet0/0/1.30]dhcp  server dns-list 8.8.8.8
[AR1-GigabitEthernet0/0/1.30]quit
[AR1]interface g0/0/1.40
[AR1-GigabitEthernet0/0/1.40]dhcp  select interface
[AR1-GigabitEthernet0/0/1.40]dhcp  server dns-list 8.8.8.8
[AR1-GigabitEthernet0/0/1.40]quit
```

在 PC3 上通过 DHCP 获得 IP 地址，如图 17-4 所示。

图 17-4　在 PC3 上通过 DHCP 获得 IP 地址

在 PC4 上通过 DHCP 获得 IP 地址，如图 17-5 所示。

```
PC4
基础配置 命令行 组播 UDP发包工具 串口
Welcome to use PC Simulator!

PC>
PC>ipconfig

Link local IPv6 address...........: fe80::5689:98ff:fecb:16b9
IPv6 address......................: :: / 128
IPv6 gateway......................: ::
IPv4 address......................: 192.168.4.254
Subnet mask.......................: 255.255.255.0
Gateway...........................: 192.168.4.1
Physical address..................: 54-89-98-CB-16-B9
DNS server........................: 8.8.8.8


PC>
```

图 17-5 在 PC4 上通过 DHCP 获得 IP 地址

（3）内网互联互通。

①配置 IP 地址。

LSW1 的配置：

```
[LSW1]vlan 100
[LSW1-vlan100]quit
[LSW1]interface g0/0/1
[LSW1-GigabitEthernet0/0/1]port link-type access
[LSW1-GigabitEthernet0/0/1]port default vlan 100
[LSW1-GigabitEthernet0/0/1]quit
[LSW1]interface Vlanif 100
[LSW1-Vlanif100]ip address 10.1.1.1 24
[LSW1-Vlanif100]quit
```

AR1 的配置：

```
[AR1]interface g0/0/0
[AR1-GigabitEthernet0/0/0]ip address 10.1.2.1 24
[AR1-GigabitEthernet0/0/0]quit
```

AR2 的配置：

```
[AR2]interface g0/0/0
[AR2-GigabitEthernet0/0/0]ip address 10.1.1.2 24
[AR2-GigabitEthernet0/0/0]quit
[AR2]int
[AR2]interface g0/0/1
[AR2-GigabitEthernet0/0/1]ip address 10.1.2.2 24
[AR2-GigabitEthernet0/0/1]quit
[AR2]int
```

```
[AR2]interface g0/0/2
[AR2-GigabitEthernet0/0/2]ip address 100.1.1.2 24
[AR2-GigabitEthernet0/0/2]quit
```

AR3 的配置:

```
[AR3]interface g0/0/0
[AR3-GigabitEthernet0/0/0]ip address 100.1.1.3 24
[AR3-GigabitEthernet0/0/0]quit
[AR3]interface LoopBack 0
[AR3-LoopBack0]ip address 3.3.3.3 32
[AR3-LoopBack0]quit
```

②运行 OSPF。

LSW1 的配置:

```
[LSW1]ospf router-id 1.1.1.1
[LSW1-ospf-1]area 0
[LSW1-ospf-1-area-0.0.0.0]network 10.1.1.0 0.0.0.255
[LSW1-ospf-1-area-0.0.0.0]network 192.168.1.0 0.0.0.255
[LSW1-ospf-1-area-0.0.0.0]network 192.168.2.0 0.0.0.255
[LSW1-ospf-1-area-0.0.0.0]quit
```

AR1 的配置:

```
[AR1]ospf router-id 11.11.11.11
[AR1-ospf-1]area 0
[AR1-ospf-1-area-0.0.0.0]network 192.168.3.0 0.0.0.255
[AR1-ospf-1-area-0.0.0.0]network 192.168.4.0 0.0.0.255
[AR1-ospf-1-area-0.0.0.0]network 10.1.2.0 0.0.0.255
[AR1-ospf-1-area-0.0.0.0]quit
```

AR2 的配置:

```
[AR2]ospf router-id 2.2.2.2
[AR2-ospf-1]area 0
[AR2-ospf-1-area-0.0.0.0]network 10.1.1.0 0.0.0.255
[AR2-ospf-1-area-0.0.0.0]network 10.1.2.0 0.0.0.255
[AR2-ospf-1-area-0.0.0.0]quit
```

③在 OSPF 中下发默认路由。

AR2 的配置:

```
[AR2]ip route-static 0.0.0.0 0.0.0.0 100.1.1.3
[AR2]ospf 1
[AR2-ospf-1]default-route-advertise always
[AR2-ospf-1]quit
```

在 LSW1 上查看路由表:

```
[LSW1]display ip routing-table
Route Flags: R - relay, D - download to fib
------------------------------------------------------------------------------
Routing Tables: Public
        Destinations : 12       Routes : 12
```

```
Destination/Mask    Proto   Pre  Cost      Flags NextHop         Interface

        0.0.0.0/0   O_ASE   150  1           D   10.1.1.2        Vlanif100
      10.1.1.0/24   Direct  0    0           D   10.1.1.1        Vlanif100
      10.1.1.1/32   Direct  0    0           D   127.0.0.1       Vlanif100
      10.1.2.0/24   OSPF    10   2           D   10.1.1.2        Vlanif100
      127.0.0.0/8   Direct  0    0           D   127.0.0.1       InLoopBack0
     127.0.0.1/32   Direct  0    0           D   127.0.0.1       InLoopBack0
   192.168.1.0/24   Direct  0    0           D   192.168.1.1     Vlanif10
   192.168.1.1/32   Direct  0    0           D   127.0.0.1       Vlanif10
   192.168.2.0/24   Direct  0    0           D   192.168.2.1     Vlanif20
   192.168.2.1/32   Direct  0    0           D   127.0.0.1       Vlanif20
   192.168.3.0/24   OSPF    10   3           D   10.1.1.2        Vlanif100
   192.168.4.0/24   OSPF    10   3           D   10.1.1.2        Vlanif100
```

通过以上输出结果可以看到，AR2 给 LSW1 下发了一条默认路由。

（4）所有用户可以上外网。

①NAT 的设置。

```
[AR2]acl 2000
[AR2-acl-basic-2000]rule 10 permit source 192.168.1.0 0.0.0.255
[AR2-acl-basic-2000]rule 20 permit source 192.168.2.0 0.0.0.255
[AR2-acl-basic-2000]rule 30 permit source 192.168.3.0 0.0.0.255
[AR2-acl-basic-2000]rule 40 permit source 192.168.4.0 0.0.0.255
[AR2-acl-basic-2000]quit
[AR2]interface g0/0/2
[AR2-GigabitEthernet0/0/2]nat outbound 2000
[AR2-GigabitEthernet0/0/2]quit
```

②在 PC1 上访问 3.3.3.3，结果如图 17-6 所示。

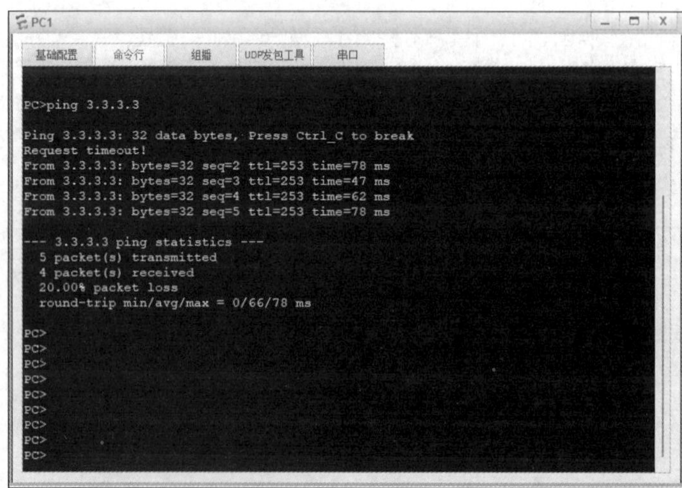

图 17-6　在 PC1 上访问 3.3.3.3

17.2　实验二：新华三中小型企业项目案例

扫一扫，看视频

1. 实验目的

(1) 熟悉新华三交换机和路由器的应用场景。

(2) 掌握新华三交换机和路由器的配置方法。

2. 实验拓扑

新华三中小型企业项目的实验拓扑如图 17-7 所示。

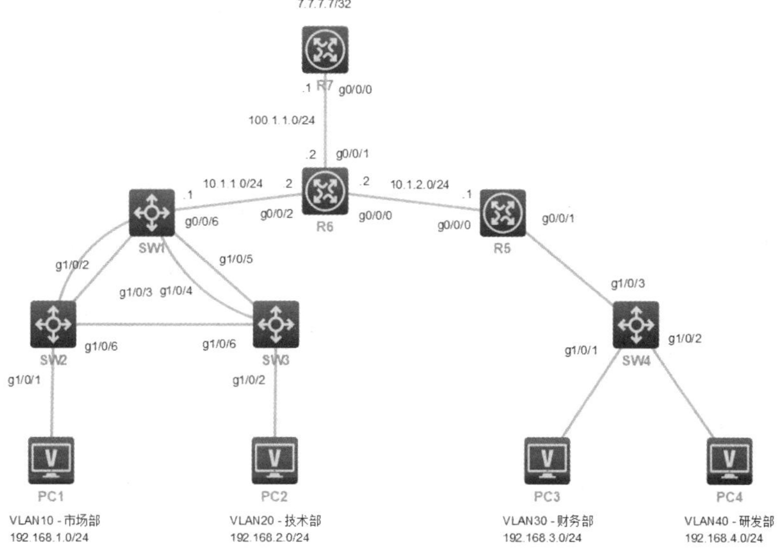

图 17-7　新华三中小型企业项目的实验拓扑

3. 实验配置

(1) 市场部和技术部的配置。

①创建 VLAN。

SW1 的配置：

```
[SW1]vlan 10
[SW1-vlan10]quit
[SW1]vlan 20
[SW1-vlan20]quit
```

SW2 的配置：

```
[SW2]vlan 10
[SW2-vlan10]quit
[SW2]vlan 20
```

```
[SW2-vlan20]quit
```

SW3 的配置：

```
[SW3]vlan 10
[SW3-vlan10]quit
[SW3]vlan 20
[SW3-vlan20]quit
```

②把接口划入 VLAN。

SW2 的配置：

```
[SW2]interface g1/0/1
[SW2-GigabitEthernet1/0/1]port link-type access
[SW2-GigabitEthernet1/0/1]port access vlan 10
[SW2-GigabitEthernet1/0/1]quit
```

SW3 的配置：

```
[SW3]interface g1/0/2
[SW3-GigabitEthernet1/0/2]port link-type access
[SW3-GigabitEthernet1/0/2]port access vlan 20
[SW3-GigabitEthernet1/0/2]quit
```

③设置 Trunk。

SW2 的配置：

```
[SW2]interface g1/0/6
[SW2-GigabitEthernet1/0/6]port link-type trunk
[SW2-GigabitEthernet1/0/6]port trunk permit vlan all
[SW2-GigabitEthernet1/0/6]quit
```

SW3 的配置：

```
[SW3]interface g1/0/6
[SW3-GigabitEthernet1/0/6]port link-type trunk
[SW3-GigabitEthernet1/0/6]port trunk permit vlan all
[SW3-GigabitEthernet1/0/6]quit
```

④设置以太网通道。

SW1 的配置：

```
[SW1]interface Bridge-Aggregation 1
[SW1-Bridge-Aggregation1]quit
[SW1]interface range g1/0/2 to g1/0/3
[SW1-if-range]port link-aggregation group 1
[SW1-if-range]quit
[SW1]interface Bridge-Aggregation 1
[SW1-Bridge-Aggregation1]port link-type trunk
[SW1-Bridge-Aggregation1]port trunk permit vlan all
[SW1-Bridge-Aggregation1]quit
[SW1]interface Bridge-Aggregation 2
[SW1-Bridge-Aggregation2]quit
[SW1]interface range g1/0/4 to g1/0/5
```

```
[SW1-if-range]port link-aggregation group 2
[SW1-if-range]quit
[SW1]interface Bridge-Aggregation 2
[SW1-Bridge-Aggregation2]port link-type trunk
[SW1-Bridge-Aggregation2]port trunk permit vlan all
[SW1-Bridge-Aggregation2]quit
```

SW2 的配置：

```
[SW2]interface Bridge-Aggregation 1
[SW2-Bridge-Aggregation1]quit
[SW2]interface range g1/0/2 to g1/0/3
[SW2-if-range]port link-aggregation group 1
[SW2]interface Bridge-Aggregation 1
[SW2-Bridge-Aggregation1]port link-type trunk
[SW2-Bridge-Aggregation1]port trunk permit vlan all
[SW2-Bridge-Aggregation1]quit
```

SW3 的配置：

```
[SW3]interface Bridge-Aggregation 2
[SW3-Bridge-Aggregation2]quit
[SW3]interface range g1/0/4 to g1/0/5
[SW3-if-range]port link-aggregation group 2
[SW3]interface Bridge-Aggregation 2
[SW3-Bridge-Aggregation2]port link-type trunk
[SW3-Bridge-Aggregation2]port trunk permit vlan all
[SW3-Bridge-Aggregation2]quit
```

在 SW1 上查看 Bridge-Aggregation 1 的信息：

```
[SW1]display interface Bridge-Aggregation 1
Bridge-Aggregation1
Current state: UP
Line protocol state: UP
IP packet frame type: Ethernet II, hardware address: 3c0f-97cf-0100
Description: Bridge-Aggregation1 Interface
Bandwidth: 2000000 kbps
2Gbps-speed mode, full-duplex mode
Link speed type is autonegotiation, link duplex type is autonegotiation
PVID: 1
Port link-type: Trunk
 VLAN Passing:  1(default vlan), 10, 20
 VLAN permitted: 1(default vlan), 2-4094
 Trunk port encapsulation: IEEE 802.1q
Last clearing of counters: Never
Last 300 seconds input:  0 packets/sec 217 bytes/sec 0%
Last 300 seconds output:  1 packets/sec 225 bytes/sec 0%
Input (total): 12366 packets, 4088794 bytes
      0 unicasts, 0 broadcasts, 0 multicasts, 0 pauses
Input (normal): 0 packets, 0 bytes
```

```
      0 unicasts, 0 broadcasts, 0 multicasts, 0 pauses
Input:  0 input errors, 0 runts, 0 giants, 0 throttles
      0 CRC, 0 frame, 0 overruns, 0 aborts
      0 ignored, 0 parity errors
Output (total): 12680 packets, 4077268 bytes
      0 unicasts, 0 broadcasts, 0 multicasts, 0 pauses
Output (normal): 0 packets, 0 bytes
      0 unicasts, 0 broadcasts, 0 multicasts, 0 pauses
Output: 0 output errors, 0 underruns, 0 buffer failures
      0 aborts, 0 deferred, 0 collisions, 0 late collisions
      0 lost carrier, 0 no carrier
```

通过以上输出结果可以看到，Bridge-Aggregation 1 带宽为 2Gb/s。

在 SW1 上查看 Bridge-Aggregation 2 的信息：

```
[SW1]display interface Bridge-Aggregation 2
Bridge-Aggregation2
Current state: UP
Line protocol state: UP
IP packet frame type: Ethernet II, hardware address: 3c0f-97cf-0100
Description: Bridge-Aggregation2 Interface
Bandwidth: 2000000 kbps
2Gbps-speed mode, full-duplex mode
Link speed type is autonegotiation, link duplex type is autonegotiation
PVID: 1
Port link-type: Trunk
 VLAN Passing:  1(default vlan), 10, 20
 VLAN permitted: 1(default vlan), 2-4094
 Trunk port encapsulation: IEEE 802.1q
Last clearing of counters: Never
Last 300 seconds input:  38 packets/sec 13395 bytes/sec 0%
Last 300 seconds output:  40 packets/sec 13499 bytes/sec 0%
Input (total):  11820 packets, 4015920 bytes
      0 unicasts, 0 broadcasts, 0 multicasts, 0 pauses
Input (normal):  0 packets, 0 bytes
      0 unicasts, 0 broadcasts, 0 multicasts, 0 pauses
Input:  0 input errors, 0 runts, 0 giants, 0 throttles
      0 CRC, 0 frame, 0 overruns, 0 aborts
      0 ignored, 0 parity errors
Output (total): 12038 packets, 4019934 bytes
      0 unicasts, 0 broadcasts, 0 multicasts, 0 pauses
Output (normal): 0 packets, 0 bytes
      0 unicasts, 0 broadcasts, 0 multicasts, 0 pauses
Output: 0 output errors, 0 underruns, 0 buffer failures
      0 aborts, 0 deferred, 0 collisions, 0 late collisions
      0 lost carrier, 0 no carrier
```

通过以上输出结果可以看到，Bridge-Aggregation 2 带宽为 2Gb/s。

⑤开启 STP。

SW1 的配置：

```
SW1(config)#spanning-tree vlan 10 priority 0
SW1(config)#spanning-tree vlan 20 priority 0
```

SW2 的配置：

```
SW2(config)#spanning-tree vlan 10 priority 4096
```

SW3 的配置：

```
SW3(config)#spanning-tree vlan 20 priority 4096
```

在 SW3 上查看 STP 的信息：

```
SW3#show spanning-tree vlan 10 bri
VLAN10
  Spanning tree enabled protocol ieee
  Root ID    Priority    0
             Address     cc01.2998.0001
             Cost        12
             Port        321 (Port-channel2)
             Hello Time   2 sec  Max Age 20 sec  Forward Delay 15 sec
  Bridge ID  Priority    32768
             Address     cc03.5828.0001
             Hello Time   2 sec  Max Age 20 sec  Forward Delay 15 sec
             Aging Time 300
Interface                                 Designated
Name                Port ID Prio Cost  Sts Cost  Bridge ID            Port ID
------------------- ------- ---- ----- --- ----- -------------------- -------
FastEthernet0/3      128.4   128    19 BLK   12  4096 cc02.7224.0001 128.4
Port-channel2       129.65   128    12 FWD    0     0 cc01.2998.0001 129.66
```

通过以上输出结果可以看到，SW3 的 f0/3 阻塞了。

在 SW2 上查看生成树 VLAN20 的信息：

```
SW2#show spanning-tree vlan 20 brief

VLAN20
  Spanning tree enabled protocol ieee
  Root ID    Priority    0
             Address     cc01.2998.0002
             Cost        12
             Port        321 (Port-channel1)
             Hello Time   2 sec  Max Age 20 sec  Forward Delay 15 sec
  Bridge ID  Priority    32768
             Address     cc02.7224.0002
             Hello Time   2 sec  Max Age 20 sec  Forward Delay 15 sec
             Aging Time 300

Interface                                 Designated
```

```
    Name                Port ID Prio Cost  Sts Cost  Bridge ID            Port ID
    -------------- ------- ---- ----- --- ----- -------------------- -------
    FastEthernet0/3      128.4    128    19 BLK    12  4096 cc03.5828.0002 128.4
    Port-channel1       129.65    128    12 FWD     0     0 cc01.2998.0002 129.65
```

通过以上输出结果可以看到，SW2 的 f0/3 阻塞了。

⑥设置 DHCP。

SW1 的配置：

```
[SW1]dhcp  enable
[SW1]dhcp  server ip-pool vlan10
[SW1-dhcp-pool-vlan10]network 192.168.1.0 24
[SW1-dhcp-pool-vlan10]gateway-list 192.168.1.1
[SW1-dhcp-pool-vlan10]dns-list 114.114.114.114
[SW1-dhcp-pool-vlan10]quit
[SW1]interface Vlan-interface 10
[SW1-Vlan-interface10]ip address 192.168.1.1 24
[SW1-Vlan-interface10]dhcp  select  server
[SW1-Vlan-interface10]quit
[SW1]dhcp server  ip-pool  vlan20
[SW1-dhcp-pool-vlan20]network 192.168.2.0 24
[SW1-dhcp-pool-vlan20]gateway-list 192.168.2.1
[SW1-dhcp-pool-vlan20]dns-list 114.114.114.114
[SW1-dhcp-pool-vlan20]quit
[SW1]interface Vlan-interface 20
[SW1-Vlan-interface20]ip address 192.168.2.1 24
[SW1-Vlan-interface20]dhcp  select server
[SW1-Vlan-interface20]quit
```

在 PC1 上通过 DHCP 获得 IP 地址，如图 17-8 所示。

在 PC2 上通过 DHCP 获得 IP 地址，如图 17-9 所示。

图 17-8　在 PC1 上通过 DHCP 获得 IP 地址

图 17-9　在 PC2 上通过 DHCP 获得 IP 地址

（2）财务部和研发部的配置。

①创建 VLAN。

```
[SW4]vlan 30
[SW4-vlan30]quit
[SW4]vlan 40
[SW4-vlan40]quit
```

②把接口划入 VLAN。

```
[SW4]interface g1/0/1
[SW4-GigabitEthernet1/0/1]port link-type access
[SW4-GigabitEthernet1/0/1]port access vlan 30
[SW4-GigabitEthernet1/0/1]quit
[SW4]interface g1/0/2
[SW4-GigabitEthernet1/0/2]port link-type access
[SW4-GigabitEthernet1/0/2]port access vlan 40
[SW4-GigabitEthernet1/0/2]quit
```

③设置 Trunk。

```
[SW4]interface g1/0/3
[SW4-GigabitEthernet1/0/3]port link-type trunk
[SW4-GigabitEthernet1/0/3]port trunk  permit vlan all
[SW4-GigabitEthernet1/0/3]quit
```

④设置 DHCP。

```
[R5]interface g0/0/1.30
[R5-GigabitEthernet0/0/1.30]vlan-type dot1q vid 30
[R5-GigabitEthernet0/0/1.30]ip address 192.168.3.254 24
[R5-GigabitEthernet0/0/1.30]quit
[R5]interface g0/0/1.40
[R5-GigabitEthernet0/0/1.40]vlan-type dot1q vid 40
[R5-GigabitEthernet0/0/1.40]ip address 192.168.4.254 24
[R5-GigabitEthernet0/0/1.40]quit
[R5]ip pool vlan10
[R5-ip-pool-vlan10]network 192.168.3.0 24
[R5-ip-pool-vlan10]gateway-list 192.168.3.254
[R5-ip-pool-vlan10]dns-list 114.114.114.114
[R5-ip-pool-vlan10]quit
[R5]ip pool vlan20
[R5-ip-pool-vlan20]network 192.168.4.0 24
[R5-ip-pool-vlan20]gateway-list 192.168.4.254
[R5-ip-pool-vlan20]dns-list 114.114.114.114
[R5-ip-pool-vlan20]quit
[R5]interface g0/0/0.30
[R5-GigabitEthernet0/0/0.30]dhcp select server
[R5-GigabitEthernet0/0/0.30]quit
[R5]interface  g0/0/0.40
[R5-GigabitEthernet0/0/0.40]dhcp select server
```

```
[R5-GigabitEthernet0/0/0.40]quit
```

在 PC3 上通过 DHCP 获得 IP 地址，如图 17-10 所示。

在 PC4 上通过 DHCP 获得 IP 地址，如图 17-11 所示。

图 17-10 在 PC3 上通过 DHCP 获得 IP 地址

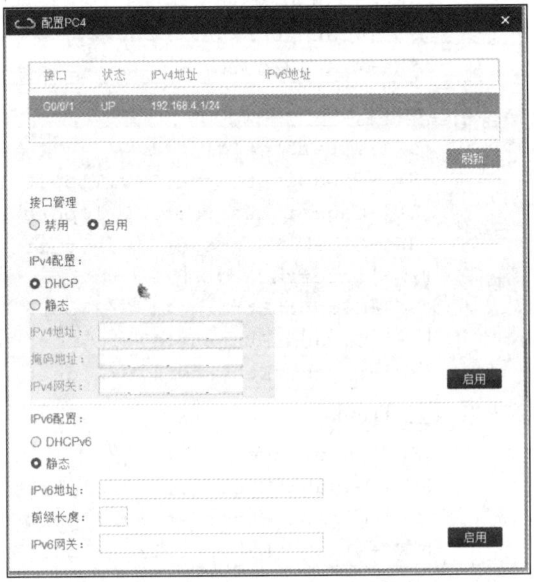

图 17-11 在 PC4 上通过 DHCP 获得 IP 地址

（3）内网互联互通。

①配置 IP 地址。

```
    [SW1]interface g1/0/6
    [SW1-GigabitEthernet1/0/6]port link-mode route
    The configuration of the interface will be restored to the default.
Continue? [Y/N]:y
    [SW1-GigabitEthernet1/0/6]ip address 10.1.1.1 24
    [SW1-GigabitEthernet1/0/6]quit
    [R5]interface g0/0/0
    [R5-GigabitEthernet0/0/0]ip address 10.1.2.1 24
    [R5-GigabitEthernet0/0/0]quit
    [R6]interface g0/0/0
    [R6-GigabitEthernet0/0/0]ip address 10.1.2.2 24
    [R6-GigabitEthernet0/0/0]quit
    [R6]interface g0/0/1
    [R6-GigabitEthernet0/0/1]ip address 100.1.1.2 24
    [R6-GigabitEthernet0/0/1]quit
    [R6]interface g0/0/2
    [R6-GigabitEthernet0/0/2]ip address 10.1.1.2 24
    [R6-GigabitEthernet0/0/2]quit
    [R7]interface g0/0/0
```

```
[R7-GigabitEthernet0/0/0]ip address 100.1.1.1 24
[R7-GigabitEthernet0/0/0]quit
[R7]interface LoopBack 0
[R7-LoopBack0]ip address 7.7.7.7 32
[R7-LoopBack0]quit
```

②运行 OSPF。

```
[SW1]ospf router-id 1.1.1.1
[SW1-ospf-1]area 0
[SW1-ospf-1-area-0.0.0.0]network  192.168.1.0 0.0.0.255
[SW1-ospf-1-area-0.0.0.0]network 192.168.2.0 0.0.0.255
[SW1-ospf-1-area-0.0.0.0]nctwork 10.1.1.0 0.0.0.255
[SW1-ospf-1-area-0.0.0.0]quit
[R5]ospf router-id 5.5.5.5
[R5-ospf-1]area 0
[R5-ospf-1-area-0.0.0.0]network 192.168.3.0 0.0.0.255
[R5-ospf-1-area-0.0.0.0]network 192.168.4.0 0.0.0.255
[R5-ospf-1-area-0.0.0.0]network 10.1.2.0 0.0.0.255
[R5-ospf-1-area-0.0.0.0]quit
[R6]ospf router-id 6.6.6.6
[R6-ospf-1]area 0
[R6-ospf-1-area-0.0.0.0]network  10.1.1.0 0.0.0.255
[R6-ospf-1-area-0.0.0.0]network 10.1.2.0 0.0.0.255
[R6-ospf-1-area-0.0.0.0]quit
```

③在 OSPF 中下发默认路由。

```
[R6]ip route-static 0.0.0.0 0.0.0.0 100.1.1.1
[R6]ospf 1
[R6-ospf-1]default-route-advertise always
[R6-ospf-1]quit
[SW1]display ip routing-table
Destinations : 24      Routes : 24
Destination/Mask    Proto   Pre Cost        NextHop        Interface
0.0.0.0/0            O_ASE2  150 1          10.1.1.2       GE1/0/6
0.0.0.0/32           Direct  0   0          127.0.0.1      InLoop0
10.1.1.0/24          Direct  0   0          10.1.1.1       GE1/0/6
10.1.1.0/32          Direct  0   0          10.1.1.1       GE1/0/6
10.1.1.1/32          Direct  0   0          127.0.0.1      InLoop0
10.1.1.255/32        Direct  0   0          10.1.1.1       GE1/0/6
10.1.2.0/24          O_INTRA 10  2          10.1.1.2       GE1/0/6
127.0.0.0/8          Direct  0   0          127.0.0.1      InLoop0
127.0.0.0/32         Direct  0   0          127.0.0.1      InLoop0
127.0.0.1/32         Direct  0   0          127.0.0.1      InLoop0
127.255.255.255/32   Direct  0   0          127.0.0.1      InLoop0
192.168.1.0/24       Direct  0   0          192.168.1.1    Vlan10
192.168.1.0/32       Direct  0   0          192.168.1.1    Vlan10
192.168.1.1/32       Direct  0   0          127.0.0.1      InLoop0
192.168.1.255/32     Direct  0   0          192.168.1.1    Vlan10
```

```
192.168.2.0/24      Direct  0    0          192.168.2.1   Vlan20
192.168.2.0/32      Direct  0    0          192.168.2.1   Vlan20
192.168.2.1/32      Direct  0    0          127.0.0.1     InLoop0
192.168.2.255/32    Direct  0    0          192.168.2.1   Vlan20
192.168.3.0/24      O_INTRA 10   3          10.1.1.2      GE1/0/6
192.168.4.0/24      O_INTRA 10   3          10.1.1.2      GE1/0/6
224.0.0.0/4         Direct  0    0          0.0.0.0       NULL0
224.0.0.0/24        Direct  0    0          0.0.0.0       NULL0
255.255.255.255/32  Direct  0    0          127.0.0.1     InLoop0
```

（4）所有用户可以上外网。

①NAT 的设置。

```
[R6]access-list basic 2000
[R6-acl-ipv4-basic-2000]rule 10 permit source 192.168.1.0 0.0.0.255
[R6-acl-ipv4-basic-2000]rule 20 permit source 192.168.2.0 0.0.0.255
[R6-acl-ipv4-basic-2000]rule 30 permit source 192.168.3.0 0.0.0.255
[R6-acl-ipv4-basic-2000]rule 40 permit source 192.168.4.0 0.0.0.255
[R6-acl-ipv4-basic-2000]quit
[R6]interface g0/0/1
[R6-GigabitEthernet0/0/1]nat outbound 2000
[R6-GigabitEthernet0/0/1]quit
R6(config)#ip nat inside source list 1 interface f2/0 overload
```

②在 PC1 上访问 7.7.7.7，结果如图 17-12 所示。

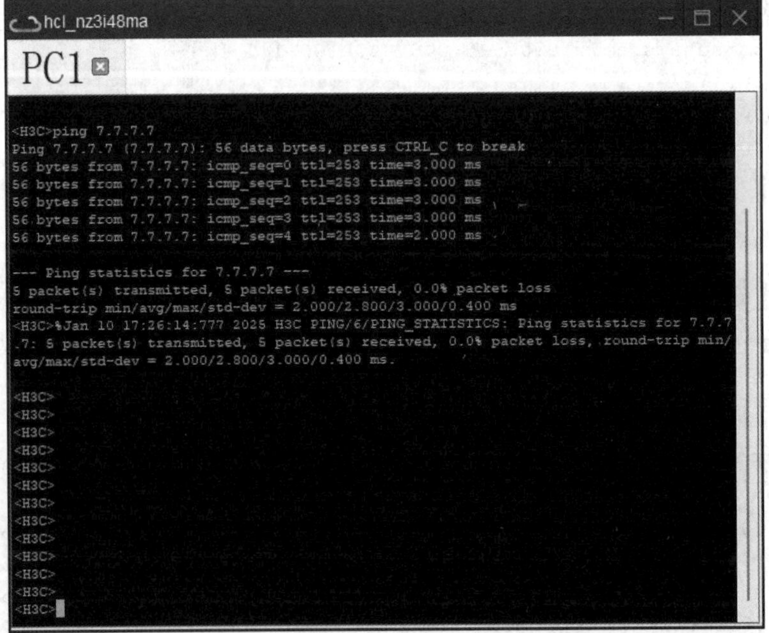

图 17-12　在 PC1 上访问 7.7.7.7

17.3　实验三：思科中小型企业项目案例

1. 实验目的

（1）熟悉思科交换机和路由器的应用场景。

（2）掌握思科交换机和路由器的配置方法。

2. 实验拓扑

思科中小型企业项目的实验拓扑如图 17-13 所示。

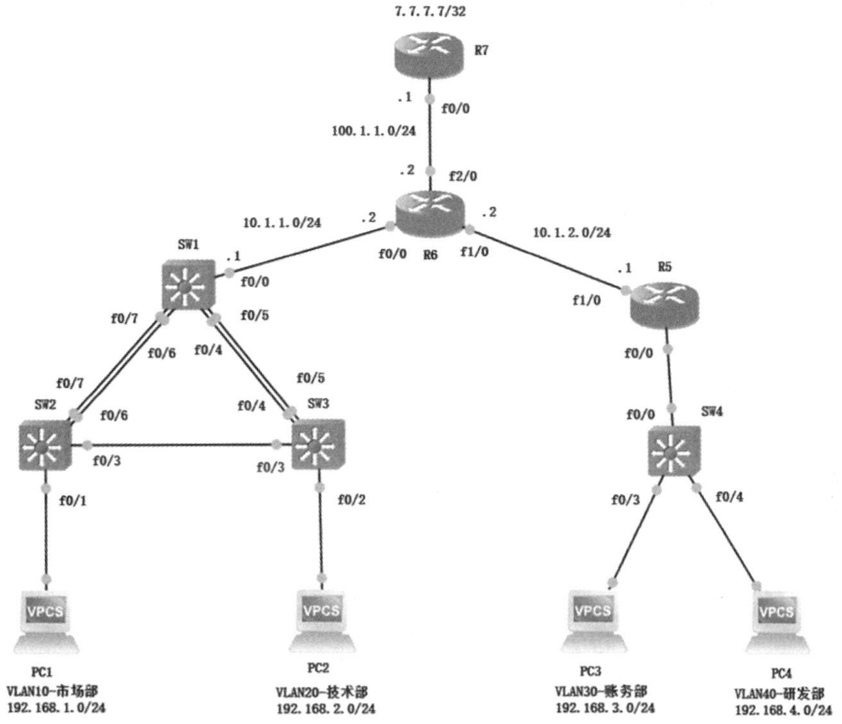

图 17-13　思科中小型企业项目的实验拓扑

3. 实验配置

（1）市场部和技术部的配置。

①创建 VLAN。

SW1 的配置：

```
SW1#vlan database
SW1(vlan)#vlan 10
VLAN 10 added:
```

```
    Name: VLAN0010
SW1(vlan)#vlan 20
VLAN 20 added:
    Name: VLAN0020
SW1(vlan)#exit
```

SW2 的配置：

```
SW2#vlan database
SW2(vlan)#vla
SW2(vlan)#vlan 10
VLAN 10 added:
    Name: VLAN0010
SW2(vlan)#vla
SW2(vlan)#vlan 20
VLAN 20 added:
    Name: VLAN0020
SW2(vlan)#exit
```

SW3 的配置：

```
SW3#vlan database
SW3(vlan)#vlan 10
VLAN 10 added:
    Name: VLAN0010
SW3(vlan)#vlan 20
VLAN 20 added:
    Name: VLAN0020
SW3(vlan)#exit
```

②把接口划入 VLAN。

SW2 的配置：

```
SW2(config)#interface f0/1
SW2(config-if)#switchport mode access
SW2(config-if)#switchport access vlan 10
SW2(config-if)#exit
```

SW3 的配置：

```
SW3(config)#interface f0/2
SW3(config-if)#switchport mode access
SW3(config-if)#switchport access vlan 20
SW3(config-if)#exit
```

③设置 Trunk。

SW2 的配置：

```
SW2(config)#interface f0/3
SW2(config-if)#switchport  trunk encapsulation dot1q
SW2(config-if)#switchport mode trunk
SW2(config-if)#switchport trunk allowed vlan all
SW2(config-if)#exit
```

SW3 的配置：

```
SW3(config)#interface f0/3
SW3(config-if)#switchport trunk encapsulation dot1q
SW3(config-if)#switchport mode trunk
SW3(config-if)#switchport trunk allowed vlan all
SW3(config-if)#exit
```

④设置以太网通道。

SW1 的配置：

```
SW1(config)#interface port-channel 1
SW1(config-if)#switchport trunk encapsulation dot1q
SW1(config-if)#switchport mode trunk
SW1(config-if)#switchport trunk allowed vlan all
SW1(config-if)#exit

SW1(config)#interface range f0/6 , f0/7
SW1(config-if-range)#switchport trunk encapsulation dot1q
SW1(config-if-range)#switchport mode trunk
SW1(config-if-range)#switchport trunk allowed vlan all
SW1(config-if-range)#channel-group 1 mode on
SW1(config-if-range)#exit

SW1(config)#interface port-channel 2
SW1(config-if)#switchport trunk encapsulation dot1q
SW1(config-if)#switchport mode trunk
SW1(config-if)#switchport trunk allowed vlan all
SW1(config-if)#exit

SW1(config)#interface range f0/4 , f0/5
SW1(config-if-range)#switchport trunk encapsulation dot1q
SW1(config-if-range)#switchport mode trunk
SW1(config-if-range)#switchport trunk allowed vlan all
SW1(config-if-range)#channel-group 2 mode on
SW1(config-if-range)#exit
```

SW2 的配置：

```
SW2(config)#interface port-channel 1
SW2(config-if)#switchport trunk encapsulation dot1q
SW2(config-if)#switchport mode trunk
SW2(config-if)#switchport trunk allowed vlan all
SW2(config-if)#exit

SW2(config)#interface range f0/6 , f0/7
SW2(config-if-range)#switchport trunk encapsulation dot1q
SW2(config-if-range)#switchport mode trunk
SW2(config-if-range)#switchport trunk allowed vlan all
SW2(config-if-range)#channel-group 1 mode on
```

```
SW2(config-if-range)#exit
```

SW3 的配置：

```
SW3(config)#interface port-channel 2
SW3(config-if)#switchport trunk encapsulation dot1q
SW3(config-if)#switchport mode trunk
SW3(config-if)#switchport trunk allowed vlan all
SW3(config)#interface port-channel 2
SW3(config-if)#exit

SW3(config)#interface range f0/4 , f0/5
SW3(config-if-range)#switchport trunk encapsulation dot1q
SW3(config-if-range)#switchport trunk allowed vlan all
SW3(config-if-range)#switchport mode trunk
SW3(config-if-range)#channel-group 2 mode on
SW3(config-if-range)#exit
```

在 SW1 上查看 port-channel 1 的信息：

```
SW1#show interfaces port-channel 1
Port-channel1 is up, line protocol is up
  Hardware is EtherChannel, address is cc01.2998.f006 (bia
cc01.2998.f006)
  MTU 1500 bytes, BW 200000 Kbit, DLY 1000 usec,
     reliability 255/255, txload 1/255, rxload 1/255
  Encapsulation ARPA, loopback not set
  Keepalive set (10 sec)
  Full-duplex, 100Mb/s
  Members in this channel: Fa0/6 Fa0/7
  ARP type: ARPA, ARP Timeout 04:00:00
  Last input 00:00:06, output never, output hang never
  Last clearing of "show interface" counters never
  Input queue: 0/75/0/0 (size/max/drops/flushes); Total output drops: 0
  Queueing strategy: fifo
  Output queue: 0/40 (size/max)
  5 minute input rate 0 bits/sec, 0 packets/sec
  5 minute output rate 0 bits/sec, 0 packets/sec
     0 packets input, 0 bytes, 0 no buffer
     Received 0 broadcasts, 0 runts, 0 giants, 0 throttles
     0 input errors, 0 CRC, 0 frame, 0 overrun, 0 ignored
     0 input packets with dribble condition detected
     0 packets output, 0 bytes, 0 underruns
     0 output errors, 0 collisions, 1 interface resets
     0 babbles, 0 late collision, 0 deferred
     0 lost carrier, 0 no carrier
     0 output buffer failures, 0 output buffers swapped out
```

通过以上输出结果可以看到，port-channel 1 带宽为 2Gb/s。

在 SW1 上查看 port-channel 2 的信息：

```
SW1#  show interfaces port-channel 2
Port-channel2 is up, line protocol is up
  Hardware is EtherChannel, address is cc01.2998.f004 (bia cc01.2998.f004)
  MTU 1500 bytes, BW 200000 Kbit, DLY 1000 usec,
     reliability 255/255, txload 1/255, rxload 1/255
  Encapsulation ARPA, loopback not set
  Keepalive set (10 sec)
  Full-duplex, 100Mb/s
  Members in this channel: Fa0/4 Fa0/5
  ARP type: ARPA, ARP Timeout 04:00:00
  Last input 00:00:00, output never, output hang never
  Last clearing of "show interface" counters never
  Input queue: 0/75/0/0 (size/max/drops/flushes); Total output drops: 0
  Queueing strategy: fifo
  Output queue: 0/40 (size/max)
  5 minute input rate 0 bits/sec, 0 packets/sec
  5 minute output rate 0 bits/sec, 0 packets/sec
     0 packets input, 0 bytes, 0 no buffer
     Received 0 broadcasts, 0 runts, 0 giants, 0 throttles
     0 input errors, 0 CRC, 0 frame, 0 overrun, 0 ignored
     0 input packets with dribble condition detected
     0 packets output, 0 bytes, 0 underruns
     0 output errors, 0 collisions, 1 interface resets
     0 babbles, 0 late collision, 0 deferred
     0 lost carrier, 0 no carrier
     0 output buffer failures, 0 output buffers swapped out
```

通过以上输出结果可以看到，port-channel 2 带宽为 2Gb/s。

⑤开启 STP。

SW1 的配置：

```
SW1(config)#spanning-tree vlan 10 priority 0
SW1(config)#spanning-tree vlan 20 priority 0
```

SW2 的配置：

```
SW2(config)#spanning-tree vlan 10 priority 4096
```

SW3 的配置：

```
SW3(config)#spanning-tree vlan 20 priority 4096
```

在 SW3 上查看生成树 VLAN10 的信息：

```
SW3#show spanning-tree vlan 10 bri
VLAN10
  Spanning tree enabled protocol ieee
  Root ID    Priority    0
             Address     cc01.2998.0001
             Cost        12
             Port        321 (Port-channel2)
             Hello Time   2 sec  Max Age 20 sec  Forward Delay 15 sec
```

```
  Bridge ID  Priority    32768
           Address     cc03.5828.0001
           Hello Time   2 sec  Max Age 20 sec  Forward Delay 15 sec
           Aging Time 300
Interface                           Designated
Name                 Port ID Prio Cost  Sts Cost  Bridge ID            Port ID
-------------------- ------- ---- ----- --- ----- -------------------- -------
FastEthernet0/3       128.4   128    19 BLK   12  4096 cc02.7224.0001 128.4
Port-channel2        129.65  128    12 FWD    0     0 cc01.2998.0001 129.66
```

通过以上输出结果可以看到，SW3 的 f0/3 阻塞了。

在 SW2 上查看生成树 VLAN20 的信息：

```
SW2#show spanning-tree vlan 20 brief
VLAN20
  Spanning tree enabled protocol ieee
  Root ID    Priority    0
           Address     cc01.2998.0002
           Cost        12
           Port        321 (Port-channel1)
           Hello Time   2 sec  Max Age 20 sec  Forward Delay 15 sec
  Bridge ID  Priority    32768
           Address     cc02.7224.0002
           Hello Time   2 sec  Max Age 20 sec  Forward Delay 15 sec
           Aging Time 300
Interface                           Designated
Name                 Port ID Prio Cost  Sts Cost  Bridge ID            Port ID
-------------------- ------- ---- ----- --- ----- -------------------- -------
FastEthernet0/3       128.4   128    19 BLK   12  4096 cc03.5828.0002 128.4
Port-channel1        129.65  128    12 FWD    0     0 cc01.2998.0002 129.65
```

通过以上输出结果可以看到，SW2 的 f0/3 阻塞了。

⑥设置 DHCP。

SW1 的配置：

```
SW1(config)#ip dhcp pool vlan10
SW1(dhcp-config)#network 192.168.1.0 /24
SW1(dhcp-config)#default-router 192.168.1.1
SW1(dhcp-config)#dns-server 114.114.114.114
SW1(dhcp-config)#exit
SW1(config)#interface vlan 10
SW1(config-if)#ip address 192.168.1.1 255.255.255.0
SW1(config-if)#no sh
SW1(config-if)#exit
SW1(config)#ip dhcp pool vlan20
SW1(dhcp-config)#network 192.168.2.0 /24
SW1(dhcp-config)#default-router 192.168.2.1
SW1(dhcp-config)#dns-server 114.114.114.114
SW1(dhcp-config)#exit
```

```
SW1(config)#interface vlan 20
SW1(config-if)#ip address 192.168.2.1 255.255.255.0
SW1(config-if)#exit
```

在 PC1 上通过 DHCP 获得 IP 地址，如图 17-14 所示。

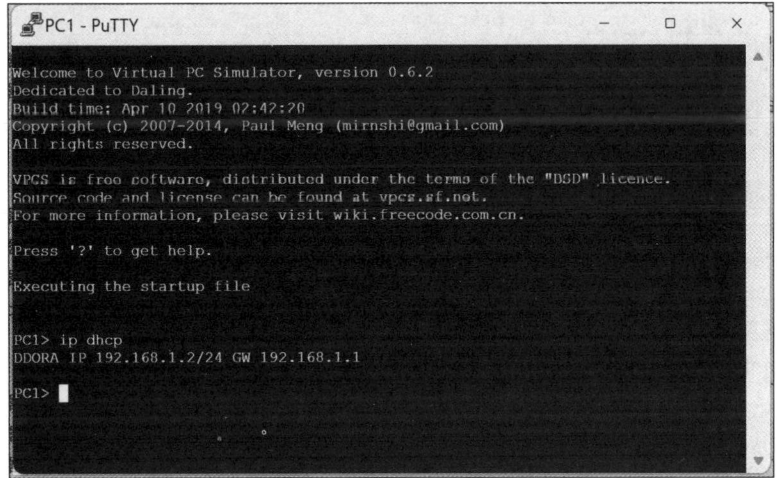

图 17-14　在 PC1 上通过 DHCP 获得 IP 地址

在 PC2 上通过 DHCP 获得 IP 地址，如图 17-15 所示。

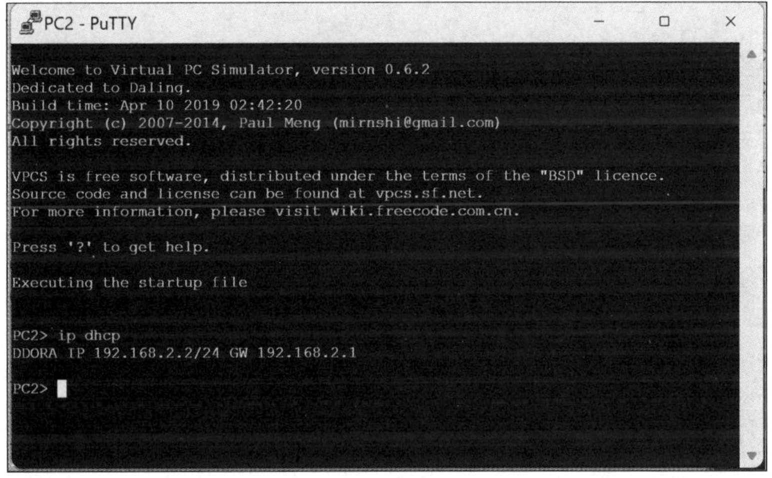

图 17-15　在 PC2 上通过 DHCP 获得 IP 地址

（2）财务部和研发部的配置。

①创建 VLAN。

```
SW4#vlan database
SW4(vlan)#vlan 30
VLAN 30 added:
```

```
   Name: VLAN0030
SW4(vlan)#vla
SW4(vlan)#vlan 40
VLAN 40 added:
   Name: VLAN0040
SW4(vlan)#exit
```

②把接口划入 VLAN。

```
SW4(config)#interface f0/3
SW4(config-if)#switchport mode access
SW4(config-if)#switchport access vlan 30
SW4(config-if)#exit
SW4(config)#interface f0/4
SW4(config-if)#switchport mode access
SW4(config-if)#switchport access vlan 40
SW4(config-if)#exit
```

③设置 Trunk。

```
SW4(config)#interface f0/0
SW4(config-if)#switchport trunk encapsulation dot1q
SW4(config-if)#switchport mode trunk
SW4(config-if)#switchport trunk allowed vlan all
SW4(config-if)#exit
```

④设置 DHCP。

```
R5(config)#interface f0/0
R5(config-if)#no shutdown
R5(config-if)#exit
R5(config)#interface f0/0.30
R5(config-subif)#encapsulation dot1Q 30
R5(config-subif)#ip address 192.168.3.1 255.255.255.0
R5(config-subif)#exit
R5(config)#interface f0/0.40
R5(config-subif)#encapsulation dot1Q 40
R5(config-subif)#ip address 192.168.4.1 255.255.255.0
R5(config-subif)#exit
R5(config)#ip dhcp pool vlan30
R5(dhcp-config)#network 192.168.3.0 /24
R5(dhcp-config)#default-router 192.168.3.1
R5(dhcp-config)#dns-server 114.114.114.114
R5(dhcp-config)#exit
R5(config)#ip dhcp pool vlan40
R5(dhcp-config)#network 192.168.4.0 /24
R5(dhcp-config)#default-router 192.168.4.1
R5(dhcp-config)#dns-server 114.114.114.114
R5(dhcp-config)#exit
```

在 PC3 上通过 DHCP 获得 IP 地址，如图 17-16 所示。

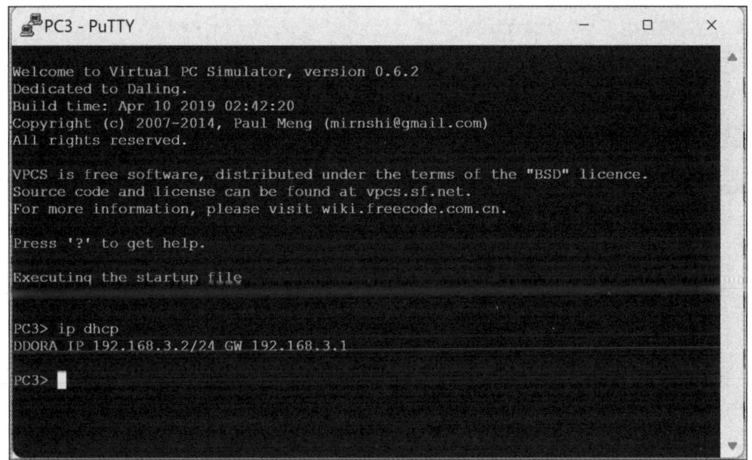

图 17-16　在 PC3 上通过 DHCP 获得 IP 地址

在 PC4 上通过 DHCP 获得 IP 地址，如图 17-17 所示。

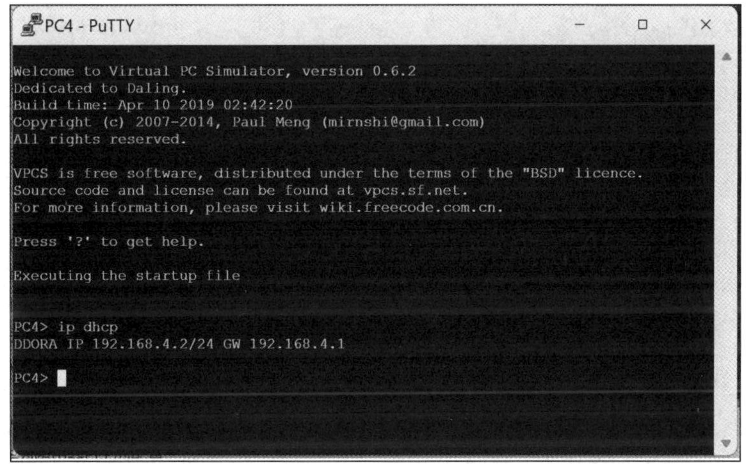

图 17-17　在 PC4 上通过 DHCP 获得 IP 地址

（3）内网互联互通。

①配置 IP 地址。

```
SW1(config)#interface f0/0
SW1(config-if)#ip address 10.1.1.1 255.255.255.0
SW1(config-if)#exit
R5(config)#interface f1/0
R5(config-if)#ip address 10.1.2.1 255.255.255.0
R5(config-if)#no shutdown
R5(config-if)#exit
R6(config)#interface f0/0
R6(config-if)#ip address 10.1.1.2 255.255.255.0
```

```
R6(config-if)#no shutdown
R6(config-if)#exit
R6(config)#interface f1/0
R6(config-if)#ip address 10.1.2.2 255.255.255.0
R6(config-if)#no shutdown
R6(config-if)#exit
R6(config)#interface f2/0
R6(config-if)#ip address 100.1.1.2 255.255.255.0
R6(config-if)#no shutdown
R6(config-if)#exit
R7(config)#interface f0/0
R7(config-if)#ip address 100.1.1.1 255.255.255.0
R7(config-if)#no shutdown
R7(config-if)#exit
R7(config)#interface loopback 0
R7(config-if)#ip address 7.7.7.7 255.255.255.255
R7(config-if)#exit
```

②运行 OSPF。

```
SW1(config)#router ospf  1
SW1(config-router)#router-id 1.1.1.1
SW1(config-router)#network 192.168.1.0 0.0.0.255 area 0
SW1(config-router)#network 192.168.2.0 0.0.0.255 area 0
SW1(config-router)#network 10.1.1.0 0.0.0.255 area 0
SW1(config-router)#exit
R5(config)#router ospf 1
R5(config-router)#router-id 5.5.5.5
R5(config-router)#network 192.168.3.0 0.0.0.255 area 0
R5(config-router)#network 192.168.4.0 0.0.0.255 area 0
R5(config-router)#network 10.1.2.0 0.0.0.255 area 0
R5(config-router)#exit
R6(config)#router ospf 1
R6(config-router)#router-id 6.6.6.6
R6(config-router)#network 10.1.1.0 0.0.0.255 area 0
R6(config-router)#network 10.1.2.0 0.0.0.255 area 0
R6(config-router)#exit
```

③在 OSPF 中下发默认路由。

```
R6(config)#ip route 0.0.0.0 0.0.0.0 100.1.1.1
R6(config)#router ospf 1
R6(config-router)#default-information originate always
SW1#show ip route
Codes: C - connected, S - static, R - RIP, M - mobile, B - BGP
      D - EIGRP, EX - EIGRP external, O - OSPF, IA - OSPF inter area
      N1 - OSPF NSSA external type 1, N2 - OSPF NSSA external type 2
      E1 - OSPF external type 1, E2 - OSPF external type 2
      i - IS-IS, su - IS-IS summary, L1 - IS-IS level-1, L2 - IS-IS level-2
      ia - IS-IS inter area, * - candidate default, U - per-user static route
```

```
      o - ODR, P - periodic downloaded static route
Gateway of last resort is 10.1.1.2 to network 0.0.0.0
O    192.168.4.0/24 [110/3] via 10.1.1.2, 00:00:59, FastEthernet0/0
     10.0.0.0/24 is subnetted, 2 subnets
O       10.1.2.0 [110/2] via 10.1.1.2, 00:00:59, FastEthernet0/0
C       10.1.1.0 is directly connected, FastEthernet0/0
C    192.168.1.0/24 is directly connected, Vlan10
C    192.168.2.0/24 is directly connected, Vlan20
O    192.168.3.0/24 [110/3] via 10.1.1.2, 00:00:59, FastEthernet0/0
O*E2 0.0.0.0/0 [110/1] via 10.1.1.2, 00:00:59, FastEthernet0/0
```

（4）所有用户可以上外网。

①NAT 的设置。

```
R6(config)#access-list 1 permit 192.168.1.0 0.0.0.255
R6(config)#access-list 1 permit 192.168.2.0 0.0.0.255
R6(config)#access-list 1 permit 192.168.3.0 0.0.0.255
R6(config)#access-list 1 permit 192.168.4.0 0.0.0.255
R6(config)#interface f0/0
R6(config-if)#ip nat inside
R6(config-if)#exit
R6(config)#interface f1/0
R6(config-if)#ip nat inside
R6(config-if)#exit
R6(config)#interface f2/0
R6(config-if)#ip nat outside
R6(config-if)#exit
R6(config)#ip nat inside source list 1 interface f2/0 overload
```

②在 PC1 上访问 7.7.7.7，结果如图 17-18 所示。

图 17-18　在 PC1 上访问 7.7.7.7